教育部经济管理类核心课程教材

Operations Research

运筹学

▶▶ 徐 渝 李鹏翔 郑斐峰 编著

中国人民大学出版社
· 北京 ·

前　言

　　运筹学是应用系统的、科学的和数学分析的方法，通过建模、检验和求解数学模型来获得最优决策的科学。它将工程思想和管理思想相结合，主要以定量分析为主来研究管理问题，是经济管理类本科/硕士各专业不可或缺的学科基础课。

　　运筹学课程要求学生掌握运筹学整体优化的思想和若干定量分析的优化技术，以便能正确应用各类模型分析和解决并不十分复杂的实际问题。运筹学教学是培养和提高本科生/硕士生科学思维、实践技能和创新能力等综合素质的有效途径。通过"运筹学"的课程训练，可以为学生未来深造和今后从事科学研究打下坚实的定量分析基础。

　　本教材强调基本概念、基本原理、基本方法与基本技能的训练，对相对成熟的运筹分支力求做到概念准确、原理清楚、求解方法熟练，并注重创新应用；强调将知识的传授、能力的培养和素质的提高结合起来，倡导更新思维、激活知识、挖掘潜能的创造性教育方法；强调科学思维、科学方法、实践技能和创新能力的综合培养。

　　本教材适合理论教学 64 个学时，其中包括 8 个学时的上机实验；实践教学 32 个学时，其中包括 6 个学时的课堂研讨；作业布置 12～16 次，中间可穿插小组讨论。理论教学中，排队论和库存论内容可根据学时的具体情况进行取舍。实践教学可采取小组课程设计形式，要求学生选择自己身边的运筹学问题、理论教学中的研讨专题或 $Interfaces$ 杂志上的运筹学获奖应用文章，进行适度研究并进行交流讨论和答辩考核。上机实验主要是学习和掌握相关的运筹学工具软件。"运筹学"课程的前期基础课为高等数学、线性代数和概率论。

　　本教材是在徐渝教授主编的两套运筹学教材（《运筹学》（上），清华大学出版社，2005；《运筹学》，陕西人民出版社，2007）的基础上经过修订和改编而成的。本教材继承了原有教材的特色和优点，而且在 2006—2012 年的近十轮教学实践中广泛征求教师和学生的意见和建议并予以采纳。在教材内容上，兼顾了两套教材的核心内容，以满足本科教学和工程硕士（专业学位）教学的需要；在编著风格上，强化了常见疑难之处的讲解叙述，特别提供了用于帮助理解的示意插图，更新了部分陈旧内容，增强了文字表达的可读性，改编和增加了部分习题，强调了练习题的层次递进特点；在实践教学上，修订了原有的选题指导和建议，更新了部分实例和学生实践习作。本教材编写的宗旨是方便教师使用，易于读者理解。

　　感谢西安交通大学"运筹学"精品课程小组成员对教材编写的帮助和支持，感谢历届本科生和工程硕士学员在课堂教学和实践教学中提出的宝贵意见和建议，他们在作业、小组讨论和实践答辩中提出的问题是我们改进教学与教材的动力源泉。

编者

目　录

绪　论

　　关于运筹学（operations research 或 operational research，缩写为 OR），国内外许多著名的科学家和运筹学界的先驱都给出过颇具影响的定义。尽管其观察视角有所不同，但从哲学层面而言，核心都是用科学方法来处理自然环境和社会环境中有关人和物的运行体系的科学。近代运筹学工作者则在操作层面上给出更为明确具体的定义，即运筹学是应用系统的、科学的、数学分析的方法，通过建模、检验和求解数学模型来获得最优决策的科学。具体包括：

　　（1）研究方法：应用数学语言来描述实际系统，通过建立和求解相应的数学模型，并对模型进行检验和分析，从而求得解决实际问题的最优方案。

　　（2）研究目的：制定合理运用人、财、物的最优方案，为管理决策者提供决策支持。

　　（3）研究对象：包括各种社会经济系统，可以是新系统的优化设计，也可以是已有系统的最佳运营问题。

　　（4）学科特点：研究队伍通常是跨专业的综合性团队，追求使系统的总目标或全局目标达到最优的决策方案。

1. 运筹学的三个来源

　　运筹学的起源和发展来自军事、管理和经济三大领域的实践活动。

　　军事领域的推动主要来源于两次世界大战的作战研究需要。从兰彻斯特关于战争胜负与兵力多寡、火力强弱的若干军事论文，到爱迪生研究反潜战中使用的战术对策演示盘，从鲍德西（Bawdsey）雷达站的研究到大西洋反潜战的工作，再到英国战斗机中队援法决策问题，大量的成功案例彰显出运筹学的巨大作用。第二次世界大战时期军事运筹学的特点是：采集实际数据，多学科密切配合，定量化、系统化方法发展迅速，解决方法渗透着物理学思想。

　　（1）布莱克特杂技班的杰出工作。

　　第二次世界大战期间，为抗击德国对英伦三岛的狂轰滥炸，提高英国本土的防空能力，急需解决雷达探测、信息传递、作战指挥、战斗机与防空火力的协调问题。一支称为"布莱克特杂技班"的跨专业综合性队伍（包括心理学家 3 人，数学家 2 人，数学物理学家 2 人，天文物理学家 1 人，普通物理学家 1 人，陆军军官 1 人，测量员 1 人）探讨将雷达信息传递给指挥系统和武器系统的最佳方式，尝试解决雷达与防空武器最佳配置问题。他们的杰出工作展现了运筹学的本色与特色，成为运筹学的起源与典范。具体表现为：项目巨大的实际价值、明确的目标、整体优化的思想、数量化的分析、多学科协同、最优化的结果和简明朴素的表述。

（2）大西洋反潜战。

1942 年，为协助英国打破德国对英吉利海峡的海上封锁，美国麻省理工学院的莫斯（Morse）教授应美国大西洋舰队反潜指挥官贝克（Baker）舰长的请求，担任反潜运筹组的计划与监督工作。研究给出的两条重要建议是：1）将反潜攻击由反潜舰艇投掷水雷改为飞机投掷深水炸弹，起爆深度由 100 米改为 25 米左右，即当德国潜艇刚刚下潜时攻击效果最佳；2）运送物资的船队和护航舰艇编队由小规模、多批次改为大规模、少批次，以便降低损失率。丘吉尔采纳了莫斯的建议，最终打破了德国的封锁，重创了德国潜艇部队。莫斯教授也因此获得了英国及美国的战时最高勋章。

（3）英国战斗机中队援法决策问题。

第二次世界大战开始不久，英国在面临德军突破马奇诺防线而法军节节败退的不利形势下，曾派遣十几个战斗机中队援法抗德。因战斗损失，法国总理要求再增援 10 个中队在法国上空与德国空军作战，英国首相丘吉尔准备同意该请求。英国运筹学者经过快速研究，给出了建议：鉴于当时的环境和条件，两周后援法战斗机将损失殆尽。运筹学家用简单的图表和透彻的分析说服丘吉尔做出决定：不再增派新的战斗机中队，并将在法国的英国战斗机大部分撤回本土，以本土为基地继续抗德。这一明智决策最终扭转了不利战局。

管理领域中许多实际问题的解决也推动了运筹学的发展。在科学管理时代，为提高劳动生产率，管理科学学派的先驱们研究过许多有价值的实际问题，其成果逐步发展成为运筹学的重要分支。机床切削效率与车速、进刀量等的数学关系属于优选问题；用于生产活动分析和计划安排的甘特图逐步发展成为统筹方法。基于工人劳动动作的优化研究，泰勒制定了操作规范，提出了泰勒工作制；法约尔提出的管理原则体现了对组织机构设置、管理权限、生产计划等问题的优化思考，这些成果逐步发展成为管理科学的古典学派观点。

1939 年，苏联数学家康特洛维奇（Контрович）出版了著名的《生产组织与计划中的数学方法》，这是运筹学在理论和方法上较为完整的最早著作。其研究的问题包括：生产配置问题、原材料的合理利用问题、运输计划问题和播种面积的最优分配问题等。研究结果不仅给出了数学模型，而且可以确定最优方案。康特洛维奇的杰出贡献使运筹学的理论和方法形成了体系，其确定极值的方法超出了经典数学分析方法的范畴。

有关经济理论方面的研究，尤其是数理经济学派的工作，对运筹学的发展也产生了巨大的影响。其典型代表是：魁内（Qusnay）1758 年的《经济表》、瓦尔拉斯（Walras）的一般均衡理论和冯·诺依曼（Von Neumann）1932 年提出的广义经济平衡模型。这些数理经济学的研究成果对运筹学的发展起到了极大的促进作用。

另外，特别需要提到的是冯·诺依曼的开创性工作，包括：1939 年提出宏观经济优化的控制论模型，该模型已经成为数量经济学的经典模型；1944 年与摩根斯坦（Morgenstern）合作出版《对策论与经济行为》一书，使对策论成为运筹学的重要分支；他领导研究和发明的电子计算机已成为运筹学的技术实现支柱之一；他最早肯定并扶持的年轻学者丹茨格（Dantzig）提出了求解线性规划问题的单纯形法。

2. 运筹学发展简史

运筹学的发展，大致经历了四个时期：萌芽时期、早期研究时期、形成与发展时期和现代运筹学时期。运筹学整体优化的思想精髓古人早就运用自如，只是限于当时的科技水平没有形成理论和方法上完整的体系。古人应用运筹学思想来解决实际问题的典型案例有：

（1）阿基米德设计的西那库斯城的设防方案；

（2）战国时期田忌赛马的故事；

（3）战国时期川西太守李冰父子主持修建的都江堰水利工程；

（4）北宋年间大臣丁谓负责的开封皇宫工程；

（5）《梦溪笔谈》中记载的军粮供应与用兵进退的关系问题。

这些事例都闪耀着运筹帷幄、整体优化的朴素思想。

魁内的《经济表》、第一次世界大战时期兰彻斯特的军事论文，以及有关生产组织与计划问题的研究可谓运筹学早期研究的典型代表。

运筹学的形成与发展主要源于第二次世界大战及战后的研究成果。此时，运筹学不仅在军事领域得到了实际应用，而且开始进入工业部门和管理领域。20世纪50—60年代，各种运筹学会纷纷成立，运筹学队伍开始壮大，运筹学刊物开始创办，运筹学课程开始进入高校。大量的理论成果和研究专著不断问世，标志着运筹学的发展进入了黄金时代。

1947年，丹茨格提出单纯形法；

1950—1956年，线性规划的对偶理论诞生；

1951年，Kuhn-Tucker定理奠定了非线性规划的理论基础；

1954年，网络流理论建立；

1955年，随机规划创立；

1958年，整数规划及割平面解法创立；

1958年，求解动态规划问题的Bellman原理发表；

1960年，丹茨格和沃尔夫（Wolfe）建立大型线性规划问题的分解算法。

这一时期，运筹学的各个分支得到不断地充实和完善，并逐步形成了学科的理论体系（见表0—1）。

表0—1　　　　　　　　　　　运筹学的理论体系

确定性模型	随机性模型
数学规划	对策论
线性规划	排队论
整数规划	可靠性理论
非线性规划	搜索论
动态规划	计算机随机模拟
几何规划	决策论
参数规划	库存论
多目标规划	
组合优化	
图论与网络分析	
优选与统筹方法	

现代运筹学时期的到来得益于计算机科学的飞速发展。线性规划和非线性规划各种算法的研究带动了运筹学各理论分支的快速发展。20 世纪 60—70 年代，运筹学各分支所取得的突破性进展充实和强化了学科框架，丰富和完善了运筹学特有的方法论和理论体系。

（1）关于线性规划求解算法，著名的 Klee-Minty 反例推动了哈奇杨（Khachiyan）的椭球算法和卡马卡（Karmarkar）算法的问世，斯麦尔（S. Smale）也得出了关于单纯形法计算量的结果；

（2）变尺度法的出现使非线性规划获得了突破性进展；

（3）运筹学的新领域和新方法层出不穷，如萨蒂（T. L. Saaty）创立的层次分析法（AHP）。

20 世纪 70 年代末 80 年代初，运筹学的发展由于过于偏重理论和算法而引发了关于"运筹学危机"的回顾和反思，强调运筹学的发展不应脱离理论与实践相结合的主流方向。20 世纪 90 年代，运筹学的理念和方法得到了很多技术领域的认同并得到了广泛应用。例如，航天、航空、汽车、机械等行业都广泛采用"优化设计"和计算机辅助设计（CAD）；1998 年齐默曼（Zimmermann）领导的《全德邮件快递线路的优化设计》项目，由公路、铁路和航空部门合作，借助计算机和信息技术的支持获得了成功。

当然，这一时期的运筹学发展仍然面临各种挑战。齐默曼（1982）明确指出了运筹学发展的四大差距。第一，在培养专业运筹学工作者和教授学生掌握运筹学理论和方法上的差距；第二，缺乏面向用户使用的 OR 软件；第三，运筹学的交流仅限于学术圈内，缺乏与管理决策者的沟通；第四，"好"的理论不多且缺乏非数学的理论，如 OR 行为理论和工程师所用的理论等。在随后的 20 年中，广大运筹学工作者一直在缩小这些差距，并不断探索运筹学的未来之路。

与传统的运筹学相比，当代运筹学的研究前提已经发生了显著变化。现实世界是复杂的（局部性态的简单总和并不能代表整体性态），环境往往快速多变，既不确定又不可预知。因而运筹学模型开始逐步强调柔性或适应性。在对问题的解决上，允许逐步接近问题的实质；在方法论上，强调交互式过程；在求解结果上，不再苛求最优解。

回顾运筹学的发展历史，理念更新、实践为本和多学科交叉是其永恒的学科特点。柔性理念兼顾了问题求解中的结构化因素和非结构化因素，因为管理决策并非仅仅由定量因素所决定。用满意解代替最优解，用人机交互代替程序化求解，正是这种由纯粹的定量因素分析转变为兼顾管理者主观判断的理念变革的体现。以实践为本，坚持问题推动，是运筹学不断发展和前进的原动力，理论与实践的相互印证和交叉推进将是运筹学的主流方向。多学科的交叉渗透既能使运筹学从不同学科的发展中汲取营养，也能使运筹学在其他学科中得到更加广泛的应用。

如今，运筹学作为一门科学已经发展成枝繁叶茂的参天大树。反映运筹学和管理科学各个领域最新进展的系列丛书、理论与应用方面的著作众多，总的来说主要涵盖四大领域：

（1）**数学规划**：包括线性规划，整数规划，非线性规划，内点方法（interior point methods），博弈论，网络优化模型，组合数学，均衡规划，互补理论（complementarity theory），多目标优化，动态规划，随机规划，复杂性理论等。

（2）应用概率：包括排队论，仿真，更新理论（renewal theory），布朗运动与扩散过程，决策分析，马尔科夫决策过程，可靠性理论，预测，以及其他应用方面的随机过程。

（3）生产与运作管理：包括库存论，生产调度，容量规划（capacity planning），设施选址（facility location），供应链管理，分布式系统，原料需求规划（materials requirements planning），敏捷系统（just-in-time systems），柔性制造系统，生产线设计，物流规划，策略问题等。

（4）运筹学应用与管理科学：包括电信，卫生保健，资本预算与金融，市场营销，公共政策，军事运筹学，服务运作，运输系统等方面的应用。

展望未来，运筹学的发展充满希望。

3. 运筹学方法论

应用运筹学解决实际管理问题时，要求研究者站在系统的、全局的和整体优化的角度来思考问题。尤其是当所面临的问题错综复杂，具有多个相互冲突的目标和选项时，更需要一支综合性的队伍，发挥各自的专业特长，从不同的角度出发，针对问题的性质共同商讨解决问题的方法。必须明确：需要决策的问题是什么，管理层要求达到的目标是什么，为达成这些目标所拥有的资源和条件有哪些，实现这些目标受到的限制条件有哪些，等等。要明确上述问题，与管理层进行良好的沟通至关重要，因为管理决策的制定需要综合考虑定性和定量两个方面的因素。应用运筹学处理问题的一般步骤如下：

（1）定义问题。

观察实际，辨析问题，提出问题，并明确地界定问题。要领会管理层的要求和意图，并与管理层保持沟通。

（2）收集数据。

收集与问题有关的数据，包括技术参数、财务数据和统计数据等。实际中，往往是关键数据找不到，或者很模糊，而且收集数据需要花费大量的时间，但这是解决问题的前提和基础。

（3）构建模型。

根据问题的性质和特点，选择适当的模型类别来描述问题。在抓住问题本质的前提下，作适当简化，忽略一些次要因素。然后设定一组决策变量，使之构成一个完整的决策问题方案。最后根据目标测度和各种约束间的逻辑关系，建立目标函数，分类写出各种约束条件，构建问题的数学模型。值得注意的是，从不同的视角观察问题往往会得到不同的解决方案。

（4）求解模型。

选择适当的方法，求解优化模型，尽可能利用已有的工具软件或自编程序，使用计算机求解。

（5）测试并修正模型。

虽然求得了模型的最优解，但模型是否准确表达了实际问题的要求尚需进行检验和测试。可能模型求得的结果不能给出合理的解释，也可能在建模时遗漏了重要的约束条件。另外，当模型中的参数改变时，模型的预测结果是否以一种合理的方式改变？

这些检验和测试关乎模型的正确与否，只有反复检验并修正模型，模型的求解结果才能令人信服。

（6）用模型分析问题并提出管理建议。

根据模型的求解结果提出相应的管理建议，据此管理层就可以对如何处理问题做出决策。

（7）协助管理者实施管理建议。

协助、监督管理建议的实施，并随时解决实施中可能遇到的问题，确保新方案的实施与设计初衷和管理层的意图相一致。

4. 中国运筹学的发展回顾

1956 年，在著名科学家钱学森、许国志先生的推动下，中科院力学所成立了中国第一个运筹学小组。1959 年，第二个运筹学小组在中科院数学所成立。1963 年，首次在中国科技大学应用数学系开设运筹学专业。1965 年，我国数学家华罗庚教授开始到全国各地推广优选法，传播运筹学思想和理念。1980 年，中国运筹学会成立，华罗庚教授担任第一届理事长，许国志和越民义担任副理事长。1982 年，中国运筹学会成为国际运筹联合会（IFORS）的成员。1992 年，中国运筹学会从中国数学会独立出来，成为国家一级学会。

中国运筹学会积极参与和发起成立了亚太地区运筹学联合会（APORS）。作为APORS 1991—1994 年的主席，徐光辉先生组织了 1991 年在北京召开的 APORS 第二届学术大会。同时作为 APORS 的代表，徐光辉还在 1992—1994 年担任了国际运筹联合会（IFORS）的副主席，并成功申办了 1999 年的第十四届 IFORS 大会。

在国际运筹学界，设有两项运筹学应用大奖。其一是 IFORS 面向发展中国家设立的运筹进展奖（Prize for Operational Research in Development），该奖三年一次，在 IFORS 大会上颁发。其二是 INFORMS（1994 年美国运筹学会与管理科学学会合并成立 INFORMS）设立的被誉为运筹学奥斯卡奖的 Franz Edelman 奖，授予全球年度运筹学的最佳应用（大约 6 篇），并在杂志 *Interfaces* 第二年的首期刊登所有获奖应用论文。我国运筹学工作者至今尚未获得过 Franz Edelman 奖，但已多次获得 IFORS 设立的运筹进展奖。

（1）1996 年，中科院应用数学所章祥荪、崔晋川在加拿大温哥华举行的第十四届 IFORS 大会上获得一等奖，论文题目是《国家经济信息系统中的项目评估系统》。四川联合大学刘光中等获得二等奖，论文题目是《长江上游生态发展》。

（2）1999 年，中科院系统所陈锡康、潘晓明和杨翠红在北京召开的第十五届 IFORS 大会上获得一等奖，论文题目是《中国粮食产量预测研究》。山东师范大学赵庆祯，曲阜师范大学李继乾、王长钰、章志敏获二等奖，论文题目是《运筹学在农业管理中的应用》。

（3）2005 年，武汉科技学院沈吟东在第十七届 IFORS 大会上获得二等奖，论文题目是《*Integrated Bus Transit Scheduling for Beijing Bus Group Based on Regionalized Operation Mode*》。

中国运筹学尽管在理论和应用方面与国际水平仍有一定差距，但近年来中国的运筹学工作者在国际主流的运筹学杂志上发表论文的数量逐渐增加，相信在不久的将来会有更多的国内学者在包括《管理科学》（*Management Science*）和《运筹学》（*Operations Research*）在内的国际一流运筹学期刊上发表论文。

5. 如何学好运筹学

运筹学是一门以训练逻辑思维为主的课程，注重模型和定量分析方法，但又不是运筹数学；具有很强的实践性，注重原理、方法和应用，教学中对理论推导可不做过高要求。学生创造性思维的培养离不开逻辑思维，但学习过程中也不应忽视非逻辑思维能力的培养。

运筹学的灵魂是"整体优化"，教与学的过程都应重视三个结合。一是注重先进思想与坚实基础的结合；二是注重理论与实践的结合；三是注重方法、工具与创造性思维的结合。我们倡导"快乐运筹"的理念和"勤于思考、勇于实践"的精神，也建议读者保持良好的学习心态。

掌握运筹学整体优化的思想和若干定量分析的优化技术，是培养和提高学生科学思维、科学方法、实践技能和创新能力等综合素质的重要而有效的途径。通过运筹学课程的学习和实践，可以为学生未来的进一步深造和从事科研工作打下坚实的定量分析基础，也能为创新思维与应用创造良好的条件。

运筹学具有自己特定的研究方法论，其每个分支的理论和方法都具有缜密的逻辑性。问题导向的思维逻辑贯穿始终，无论是理论还是算法，步步均有依据，而其实质却又非常简单。掌握运筹学理论和方法的过程会有不少困难，但成功后的喜悦则使人倍感欣慰。

建议教学按照课程内外 1：2 的比例安排，学生对于学习中的问题和灵感可随时记录并不断积累，坚持扎扎实实地独立完成作业，认真参与小组讨论、课堂研讨和运筹学实践活动。只要耕耘，就会有收获，期待广大读者学习与研究的累累硕果！

第 1 章

线性规划与单纯形法

本章要点：

1. 线性规划问题各种解的概念及性质定理
2. 表格单纯形法与最优表的构成
3. 大 M 法和两阶段法
4. 线性规划建模的条件、步骤及技巧训练

§1.1 线性规划的概念

1.1.1 线性规划问题的导出

在管理实践中，很多实际问题都可以归结为线性规划（linear programming，LP）问题。常见的问题有两类：一类是如何统筹安排，以便用最少的资源消耗去完成一项确定的任务；另一类是在给定的资源限制条件下，如何恰当地利用这些资源使得完成的任务量最大。下面举两个简单的例子，以导出线性规划的概念。

1. 配比问题

如何用浓度为 45% 和 92% 的硫酸配置 100 吨浓度为 80% 的硫酸呢？假设取 45% 和 92% 的硫酸分别为 x_1 和 x_2 吨，则有二元一次方程组：

$$\begin{cases} x_1 + x_2 = 100 \\ 0.45x_1 + 0.92x_2 = 0.8 \times 100 \end{cases}$$

求解即可得出答案。然而，如果市场上有 5 种不同浓度的硫酸（30%，45%，73%，85%，92%）可选，且价格不尽相同，那么又如何进行配比呢？

假设取这 5 种硫酸分别为 x_1，x_2，x_3，x_4，x_5 吨，则有：

$$\begin{cases} x_1 + x_2 + x_3 + x_4 + x_5 = 100 \\ 0.3x_1 + 0.45x_2 + 0.73x_3 + 0.85x_4 + 0.92x_5 = 0.8 \times 100 \end{cases}$$

这时方程组中有 5 个变量，但只有两个方程，因此会有无穷多种配比方案。如何从中选择最优的配比方案呢？这需要确定一个衡量标准，比如考虑费用最省的方案。如果 5 种硫酸的价格分别为：400，700，1 400，1 900，2 500 元/吨，则有：

$$\min Z = 400x_1 + 700x_2 + 1\,400x_3 + 1\,900x_4 + 2\,500x_5$$

$$\text{s. t.} \begin{cases} x_1 + x_2 + x_3 + x_4 + x_5 = 100 \\ 0.3x_1 + 0.45x_2 + 0.73x_3 + 0.85x_4 + 0.92x_5 = 0.8 \times 100 \\ x_j \geqslant 0, \quad j = 1,2,\cdots,5 \end{cases}$$

这就是一个线性规划问题的数学模型，由目标要求、约束条件和非负条件三部分组成。其特点是，目标函数和约束条件的表达式都是线性表达式。

2. 生产计划问题

某企业生产 A，B，C 三种产品，所需消耗的资源包括工时和原材料。每生产 1 单位产品所消耗的资源量、每天可获得的资源总量以及单位产品的利润，如表 1—1 所示。问应如何制定日生产计划，才能使上述三种产品获得的总利润达到最大？

要解决这个问题，首先要明确以下几点：

（1）何为生产计划？

（2）总利润如何描述？（牵涉决策变量该如何设置的问题。）

（3）还要考虑什么因素？（比如所受到的资源限制条件等。）

表 1—1 　　　　　　　　　　　生产计划问题数据表

生产单位产品所需资源＼产品　资源	A	B	C	每天可获得的资源总量
工时（小时）	1	1	1	3
原材料（吨）	1	4	7	9
产品利润（元/吨）	2 000	3 000	1 000	

设 x_1，x_2，x_3 分别为三种产品的产量。将产品利润的单位转换为"千元"，以简化相应参数（避免数值差异过大），最终得到数学模型：

$$\max Z = 2x_1 + 3x_2 + x_3$$

$$\text{s. t.} \begin{cases} x_1 + x_2 + x_3 \leqslant 3 \\ x_1 + 4x_2 + 7x_3 \leqslant 9 \\ x_j \geqslant 0, \quad j = 1,2,3 \end{cases}$$

这也是一个线性规划问题的数学模型。其中目标要求为三种产品的总利润最大，约束条件为两种资源的限制量。非负条件是根据问题的实际意义添加的，因为产量不可能是负数。

1.1.2　线性规划的定义和数学描述

从配比问题和生产计划问题的讨论中，可以看出一些共同的特点：

（1）用一组未知变量表示要求解的方案，这组未知变量称为决策变量；

（2）存在一定的限制条件，而且可以用线性表达式表示；

（3）有一个目标要求（极大化或极小化），目标可表示为关于未知变量的线性表达式，称为目标函数；

（4）对决策变量有非负要求。

于是可以得到线性规划的一般定义：

[**定义 1.1**] 对于求取一组变量 $x_j(j=1,2,\cdots,n)$，使之既满足线性约束条件，又使具有线性表达式的目标函数取得极大值或极小值的一类最优化问题称为线性规划问题，简称线性规划。线性规划可用多种形式来描述。最常见的有一般形式、紧缩形式、矩阵形式和向量—矩阵形式。

一般形式：

$$\max(\text{或 } \min)Z = c_1x_1 + c_2x_2 + \cdots + c_nx_n$$

$$\text{s. t.}\begin{cases} a_{11}x_1 + a_{12}x_2 + \cdots + a_{1n}x_n \leqslant (=,\geqslant)b_1 \\ a_{21}x_1 + a_{22}x_2 + \cdots + a_{2n}x_n \leqslant (=,\geqslant)b_2 \\ \vdots \\ a_{m1}x_1 + a_{m2}x_2 + \cdots + a_{mn}x_n \leqslant (=,\geqslant)b_m \\ x_1,x_2,\cdots,x_n \geqslant 0 \end{cases} \quad (1\text{—}1)$$

紧缩形式：

$$\max(\text{或 } \min)Z = \sum_{j=1}^{n} c_jx_j$$

$$\text{s. t.}\begin{cases} \sum_{j=1}^{n} a_{ij}x_j \leqslant (=,\geqslant)b_i, \quad i=1,2,\cdots,m \\ x_j \geqslant 0, \quad j=1,2,\cdots,n \end{cases} \quad (1\text{—}2)$$

矩阵形式：

$$\max(\text{或 } \min)Z = CX$$

$$\text{s. t.}\begin{cases} AX \leqslant (=,\geqslant)b \\ X \geqslant 0 \end{cases} \quad (1\text{—}3)$$

式中，$\begin{cases} C = (c_1,c_2,\cdots,c_n) \\ X = (x_1,x_2,\cdots,x_n)^{\mathrm{T}}, A = \begin{bmatrix} a_{11} & a_{12} & \cdots & a_{1n} \\ a_{21} & a_{22} & \cdots & a_{2n} \\ \vdots & \vdots & & \vdots \\ a_{m1} & a_{m2} & \cdots & a_{mn} \end{bmatrix} \\ b = (b_1,b_2,\cdots,b_m)^{\mathrm{T}} \end{cases}$。

向量—矩阵形式：

$$\max(\text{或 } \min)Z = CX$$

$$\text{s. t.}\begin{cases} \sum_{j=1}^{n} P_jx_j \leqslant (=,\geqslant)b \\ X \geqslant 0 \end{cases} \quad (1\text{—}4)$$

式中，$P_j = (a_{1j},a_{2j},\cdots,a_{mj})^{\mathrm{T}}$，即 $A = (P_1,P_2,\cdots,P_m)$。

[**例 1—1**] 以"生产计划问题"为例，写出线性规划模型的 4 种形式。

解：该线性规划模型的一般形式为：

$$\max Z = 2x_1 + 3x_2 + x_3$$

$$\text{s. t.} \begin{cases} x_1 + x_2 + x_3 \leqslant 3 \\ x_1 + 4x_2 + 7x_3 \leqslant 9 \\ x_j \geqslant 0, \quad j = 1,2,3 \end{cases}$$

紧缩形式：

$$\max Z = \sum_{j=1}^{3} c_j x_j$$

$$\text{s. t.} \begin{cases} \sum_{j=1}^{3} a_{ij} x_j \leqslant b_i, \quad i = 1,2 \\ x_j \geqslant 0, \quad j = 1,2,3 \end{cases}$$

式中：$C = (c_1, c_2, c_3) = (2,3,1)$；$b = (b_1, b_2)^{\mathrm{T}} = (3,9)^{\mathrm{T}}$

$$A = (a_{ij}) = \begin{pmatrix} 1 & 1 & 1 \\ 1 & 4 & 7 \end{pmatrix}$$

矩阵形式：

$$\max Z = CX$$

$$\text{s. t.} \begin{cases} AX \leqslant b \\ X \geqslant 0 \end{cases}$$

式中：$C = (c_1, c_2, c_3) = (2,3,1)$；$b = (b_1, b_2)^{\mathrm{T}} = (3,9)^{\mathrm{T}}$

$$X = (x_1, x_2, x_3)^{\mathrm{T}}; A = \begin{pmatrix} 1 & 1 & 1 \\ 1 & 4 & 7 \end{pmatrix}$$

向量—矩阵形式：

$$\max Z = CX$$

$$\text{s. t.} \begin{cases} \sum_{j=1}^{3} P_j x_j \leqslant b \\ X \geqslant 0 \end{cases}$$

式中：$C = (c_1, c_2, c_3) = (2,3,1)$；$b = (b_1, b_2)^{\mathrm{T}} = (3,9)^{\mathrm{T}}$

$X = (x_1, x_2, x_3)^{\mathrm{T}}; P_j = (a_{1j}, a_{2j}, a_{3j})^{\mathrm{T}}, \quad j=1, 2, 3$

即 $A = (P_1, P_2, P_3)$。

1.1.3　线性规划的标准型

线性规划的标准型是为研究简便而约定的一种统一的标准格式，其特点是：

（1）目标要求约定极大化 max（也可约定极小化 min）；

（2）约束条件用等式表示；

（3）决策变量非负；

（4）右端常数非负。

任何线性规划模型均可按照上述约定，通过改写转化成标准形式的线性规划模型。改写前后的两个线性规划本质上属于同一问题的线性规划，差别仅在于表达的格式要求不同。线性规划的标准型也有一般形式、紧缩形式、矩阵形式和向量—矩阵形式。线性规划问题的标准化过程就是将一般的线性规划转化为线性规划标准型的过程。

1. 目标要求的标准化

当目标要求是极小化时，可通过引入变换 $Z' = -Z$ 来实现目标要求的标准化。令 $Z' = -Z$，则 $\min Z = CX \rightarrow \max Z' = -CX$。

图 1—1 是描述目标要求标准化过程的示意图。

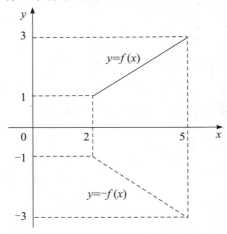

图 1—1　目标要求的标准化过程

2. 约束条件的标准化

（1）若约束条件是"$\leqslant$"类型，只需在约束不等式左边加上一个非负的松弛变量，然后把不等号改为等号。

（2）若约束条件是"$\geqslant$"类型，只需在约束不等式左边减去一个非负的剩余变量，然后把不等号改为等号。

（3）若决策变量符号不限（既可以取正值，也可以取负值），只需引入非负的新变量 x_k^1 和 x_k^2，并令 $x_k = x_k^1 - x_k^2$，代入该约束条件，用 $x_k^1 - x_k^2$ 取代 x_k。这样在模型中出现的变量均为非负，而所得最终结果中 x_k 的取值没有符号限制。

（4）若右端常数为负值，在约束等式两边同乘（-1）即可。

[**例 1—2**] 将下面的线性规划问题化为标准型：

$$\min Z = -2x_1 + 3x_2 - x_3$$

$$\text{s. t.} \begin{cases} x_1 - x_2 + x_3 \leqslant 10 \\ 3x_1 + 2x_2 - x_3 \geqslant 8 \\ x_1 - 3x_2 + x_3 = -1 \\ x_1, x_2 \geqslant 0, x_3 \text{ 符号不限} \end{cases}$$

解：标准化过程应当按照下面的顺序进行：

（1）令 $x_3 = x_3' - x_4$ 以解决 x_3 符号不限的问题；

（2）约束 1 引入非负松弛变量 x_5；约束 2 引入非负剩余变量 x_6；约束 3 变号（两边同乘 -1）；

（3）引入变换 $Z' = -Z$，将目标要求标准化；

（4）进一步整理得出最终结果。

$$\max Z = 2x_1 - 3x_2 + (x_3' - x_4) + 0 \cdot x_5 + 0 \cdot x_6$$

$$\text{s. t.} \begin{cases} x_1 - x_2 + (x_3' - x_4) + x_5 = 10 \\ 3x_1 + 2x_2 - (x_3' - x_4) - x_6 = 8 \\ -x_1 + 3x_2 - (x_3' - x_4) = 1 \\ x_1, x_2, x_3', x_4, x_5, x_6 \geqslant 0 \end{cases}$$

$$\max Z = 2x_1 - 3x_2 + x_3 - x_4$$

$$\text{s. t.} \begin{cases} x_1 - x_2 + x_3 - x_4 + x_5 = 10 \\ 3x_1 + 2x_2 - x_3 + x_4 - x_6 = 8 \\ -x_1 + 3x_2 - x_3 + x_4 = 1 \\ x_1, x_2, x_3, x_4, x_5, x_6 \geqslant 0 \end{cases}$$

标准化过程的技巧是首先解决变量符号不限的问题，因为若令 $x_k = x_k^1 - x_k^2$ 就必然会影响包含 x_k 的目标函数和所有约束条件的表达式。标准化过程的其他步骤只影响目标函数或某一约束条件。在不至于引起混淆的前提下，最终结果中可用 x_3 替代 x_3'，因为决策变量名称的改变对线性规划问题本身没有影响。

§1.2　线性规划的各种解及其性质

§1.1 介绍了线性规划的数学模型及其描述形式，本节讨论线性规划各种解的概念、图解法和线性规划解的相关性质，这些内容是理解单纯形法原理的前提和基础。

1.2.1　线性规划的各种解

对线性规划标准型的矩阵形式（1—3），设 $AX = b$ 是线性规划的约束方程组，含有 n 个决策变量和 m 个约束条件。在系数矩阵 A 中寻找一个 m 阶的方阵 B，若 B 的行列式非奇异（$|B| \neq 0$），则称 B 为线性规划问题的一个基，它由 m 个独立的列向量构成。与 B 中的列相对应的 m 个决策变量称为基变量，其余不与 B 的列相对应的 $(n-m)$ 个决策变量称为非基变量。与基变量对应的列构成的列向量称为基向量，与非基变量对应的列构成的列向量称为非基向量（见图 1—2）。

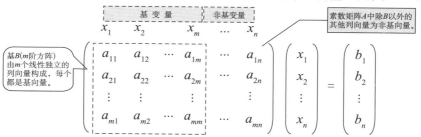

图 1—2　线性规划问题中的基

线性规划问题各种解的定义：

（1）**可行解**：满足约束条件 $AX = b$ 和非负条件 $X \geqslant 0$ 的一组决策变量取值。

（2）**可行域**：所有可行解的集合称为可行域，即 $D = \{X \mid AX = b, X \geqslant 0\}$。

（3）**最优解**：使目标函数达到最优值的可行解。

$$\max Z = CX$$

$$\text{s. t.} \begin{cases} AX = b \\ X \geqslant 0 \end{cases} \tag{1—5}$$

式中，$\begin{cases} C = (c_1, c_2, \cdots, c_n) \\ X = (x_1, x_2, \cdots, x_n)^{\mathrm{T}}, A = \begin{bmatrix} a_{11} & a_{12} & \cdots & a_{1n} \\ a_{21} & a_{22} & \cdots & a_{2n} \\ \vdots & \vdots & & \vdots \\ a_{m1} & a_{m2} & \cdots & a_{mn} \end{bmatrix} \\ b = (b_1, b_2, \cdots, b_m)^{\mathrm{T}} \end{cases}$。

（4）**基本解**：若 B 是线性规划问题的一个基，令所有非基变量等于 0，由约束方程组解出基变量的取值，两者搭配构成的一组决策变量取值称为关于基 B 的基本解，简称为线性规划的基本解。线性规划基本解的个数等于基的个数，最多不超过 C_n^m 个。

（5）**基本可行解**：满足非负条件的基本解，其对应的基称为可行基。

（6）**基本最优解**：使目标函数达到最优值的基本可行解，其对应的基称为最优基。

线性规划各种解之间的关系可以用图 1—3 加以描述。

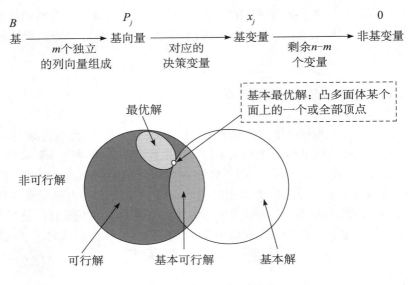

图 1—3　线性规划各种解的关系

1.2.2　图解法

线性规划的图解法就是用几何作图的方法分析并求出其最优解的过程。其思路是：先将约束条件加以图解，求得满足约束条件的解的集合（即可行域），然后结合目标函数的要求从可行域中找出最优解。

下面通过一些例子来讨论图解法的实施过程。

[例 1—3]
$$\max Z = 2x_1 + 3x_2$$
$$\text{s. t.}\begin{cases} 1/3x_1 + 1/3x_2 \leqslant 1 \\ 1/3x_1 + 4/3x_2 \leqslant 3 \\ x_1, x_2 \geqslant 0 \end{cases}$$

解： 该线性规划的可行域为图 1—4 中四边形 $OAED$（即阴影区），虚线为目标函数等值线，箭头为目标函数值递增的方向。沿着箭头的方向平移目标函数等值线，得到最优点 E（1，2），相应的目标函数最大值为 $Z_{\max} = 8$。

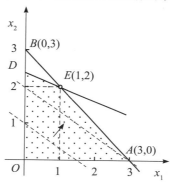

图 1—4 例 1—3 图解结果

[例 1—4] 将例 1—3 中的目标要求改为 $\max Z = x_1 + x_2$，可行域不变。

解： 平移目标函数等值线的最终结果是：目标函数等值线与可行域的一条边界（线段 AE）重合。这表明该线性规划有无穷多个最优解，即线段 AE 上的所有点都是最优点，因为都使目标函数取得相同的最大值 $Z_{\max} = 3$。

[例 1—5] 将例 1—3 中目标要求改为极小化，目标函数和约束条件均不变。

解： 可行域与例 1—3 相同，目标函数等值线也完全相同，只是在求最优解时，应沿着与箭头相反的方向平移目标函数等值线，求得的结果是有唯一最优解 $x_1 = 0$，$x_2 = 0$，对应着图 1—4 中的坐标原点。

[例 1—6]
$$\max Z = x_1 + 2x_2$$
$$\text{s. t.}\begin{cases} -2x_1 + x_2 \leqslant 1 \\ x_1, x_2 \geqslant 0 \end{cases}$$

解： 本例中的可行域是一无界区域，如图 1—5 中阴影区所示。虚线为目标函数等值线，沿着箭头所指的方向平移可使目标函数值无限增大，因此找不到最优解。这种情况通常称为无"有限最优解"或"最优解无界"。如果一个实际问题抽象成像例 1—6 这样的线性规划模型，比如生产计划问题，其经济含义为：某些资源是无限制的，产量可以无限增大。这显然与实际不符，此时应重新检查并修正模型，否则没有实际意义。

注意：对于无界可行域，也可能出现有唯一最优解或无穷多个最优解的情况。比如目标要求改为 $\min Z = x_1 + 2x_2$ 或 $\max Z = -2x_1 + x_2$，而约束条件与例 1—6 相同的两种情况。

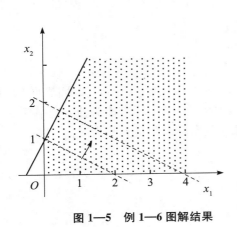

图 1—5　例 1—6 图解结果　　　　图 1—6　例 1—7 图解结果

[例 1—7]

$$\min Z = -2x_1 + 3x_2$$

$$\text{s. t.} \begin{cases} x_1 + x_2 \leqslant 3 \\ -x_1 - x_2 \leqslant -5 \\ x_1, x_2 \geqslant 0 \end{cases}$$

解：从图 1—6 可以看出，两个约束条件相互矛盾，同时满足约束条件和非负条件的点不存在，即不存在可行解（可行域为空集），当然也不会有最优解。若一个实际问题的线性规划模型出现可行域为空集的情况，应检查是否有相互矛盾的约束条件。如有，则应先加以剔除，然后再考虑求解的问题。

用图解法求解线性规划时，各种求解结果与各种类型的可行域之间的对应关系可以用图 1—7 加以描述。

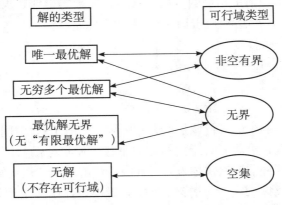

图 1—7　图解结果与各类可行域的对应关系

用图解法求解线性规划时，有两点需特别注意：

（1）线性规划的可行域一定是凸多边形或凸多面体。所以，图 1—8 中
（a）、（b）、（c）所示阴影区域都不可能是某个线性规划的可行域，而（d）、（e）
所示阴影区域则有可能。

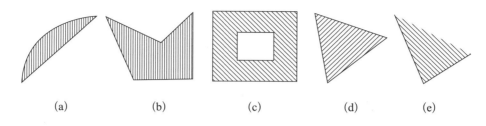

| (a) | (b) | (c) | (d) | (e) |

图 1—8　线性规划可行域的判断

（2）目标函数 $Z = ax_1 + bx_2$ 取值的递增方向与系数 a、b 有关。当 $a > 0$，$b > 0$ 时，右上方为递增方向；当 $a < 0$，$b < 0$ 时左下方为递增方向。总之，离开原点向外发散的方向是目标函数取值递增的方向。图 1—9 中箭头所指的方向即为目标函数值递增的方向。

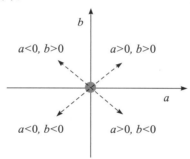

图 1—9　目标函数递增方向与其系数的关系

图解法小结：

（1）使用条件：

线性规划决策变量最多不超过三个。

（2）基本步骤：

第 1 步：建立平面（或空间）直角坐标系。

第 2 步：根据约束条件和非负条件画出可行域。

第 3 步：画出目标函数等值线（至少两条），结合目标函数优化要求，平移目标函数等值线求出最优解。

（3）图解法的优点是简单直观，缺点是没有通用性。

1.2.3　基本可行解的几何意义

基本可行解对应着可行域（凸多边形或凸多面体）的顶点。下面用例 1—8 的图解过程及求解结果来说明基本解和基本可行解所对应的点及其在几何位置

上的特殊含义。

[例 1—8]

$$\max Z = 2x_1 + 5x_2$$

$$\text{s. t.} \begin{cases} x_1 + x_2 \leqslant 4 \\ -x_1 + 2x_2 \leqslant 2 \\ x_1 - x_2 \leqslant 2 \\ x_1, x_2 \geqslant 0 \end{cases}$$

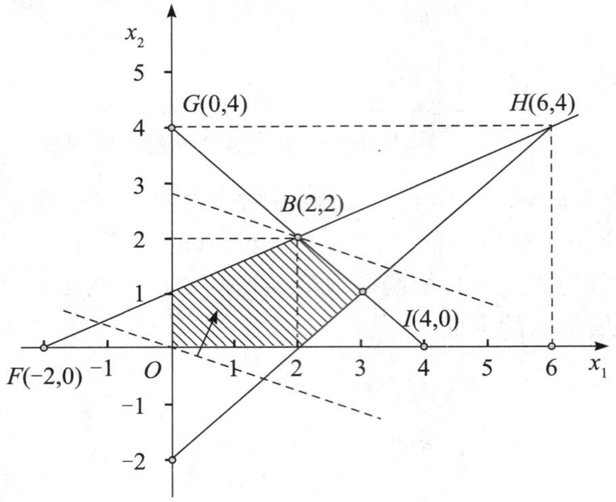

图 1—10 例 1—8 图解结果

解：求解结果如图 1—10 所示，发现点 I，H，G 均在第一象限，但它们是基本解而不是基本可行解，这与基本可行解的非负性是否相矛盾？为回答这个问题，需要讨论基本解是如何求出的。

第 1 步：将线性规划模型标准化。

第 2 步：按照基本解的定义：

(1) 寻找基（该例中基应为非退化的 3 阶方阵），其总数不超过 C_5^3。

(2) 对于给定的基，确定基变量和非基变量；

(3) 令非基变量取值为 0，解出基变量的取值；

(4) 基变量和相应的非基变量搭配构成基本解；

按照上面的步骤求解，可求得最终结果为：

H $(6，4，-6，0，0)^T$，C $(3，1，0，3，0)^T$，B $(2，2，0，0，2)^T$

D $(2，0，2，4，0)^T$，F $(-2，0，6，0，4)^T$，I $(4，0，0，6，-2)^T$

E $(0，-2，6，6，0)^T$，A $(0，1，3，0，3)^T$，G $(0，4，0，-8，6)^T$

O $(0，0，4，2，2)^T$

显然，点 I，H，G 作为 5 维空间的点，均有负分量。因此都是基本解而不是基本可行解。请读者将求得的基本解和图解法结果进行对照，在图 1—10 中标出相应的点。

可以看出，基本解对应着二维平面上线性规划可行域所有边界的延长线、坐标轴之间的交点，而基本可行解则对应着可行域的顶点。

1.2.4 线性规划解的性质

[**定义 1.2**] 凸集——设 K 是 n 维欧氏空间的一个点集，若任意两点 $X^{(1)} \in K$，$X^{(2)} \in K$ 的连线上的一切点 $\alpha X^{(1)} + (1-\alpha) X^{(2)} \in K (0 < \alpha < 1)$，则称 K 为凸集。

[**定义 1.3**] 凸组合——设 $X^{(1)}, X^{(2)}, \cdots, X^{(k)}$ 是 n 维欧氏空间中的 k 个点，若存在 k 个数 $\mu_1, \mu_2, \cdots, \mu_k$，满足 $0 \leqslant \mu_i \leqslant 1 (i=1,2,\cdots,k)$，且 $\sum_{i=1}^{k} \mu_i = 1$，则称 $X = \mu_1 X^{(1)} + \mu_2 X^{(2)} + \cdots + \mu_k X^{(k)}$ 为 $X^{(1)}, X^{(2)}, \cdots, X^{(k)}$ 的凸组合。

[**定义 1.4**] 顶点——设 K 是凸集，$X \in K$；若 X 不能用 $X^{(1)} \in K$，$X^{(2)} \in K$ 的线性组合表示，即 $X \neq \alpha X^{(1)} + (1-\alpha) X^{(2)} (0 < \alpha < 1)$，则称 X 为 K 的一个顶点。

思考："顶点"的定义方式有什么特点？这种定义方式在什么场合运用最方便？

下面讨论线性规划解的一些性质定理。

[**定理 1.1**] 线性规划问题的可行域 $D = \{X \mid AX = b, X \geqslant 0\}$ 是凸集。

证明思路：根据凸集的定义，采用直接方法证明。

具体步骤：（1）从 D 中任取两个不同的点，它们应满足可行解定义中的相应条件；

（2）证明 $X = \alpha X^{(1)} + (1-\alpha) X^{(2)} \in D$（利用（1），证明 X 满足凸集定义中的相应条件）。

[**定理 1.2**]（线性规划几何理论基本定理）若 $D = \{X \mid AX = b, X \geqslant 0\}$，则 X 是 D 的一个顶点的充分必要条件是 X 为线性规划的基本可行解。

证明思路：先给出一个引理，然后通过引理将定理 1.2 的证明过程进行转化。具体的做法如下。

定理 1.2 可描述为：X 是 D 的一个顶点 $\Leftrightarrow$ X 为 LP 的基本可行解；

通过引理：X 为 LP 的基本可行解 $\Leftrightarrow$ X 的正分量所对应的系数列向量线性无关；

问题转化为：X 是 D 的一个顶点 $\Leftrightarrow$ X 的正分量所对应的系数列向量线性无关。

证明要点：

（1）引理。

必要性→：由基本可行解的定义直接证得。

充分性←：已知 X 的正分量有 k 个，分 $k=m$ 和 $k<m$ 两种情况进行讨论。

$\begin{cases} k=m \to X=(x_1, x_2, \cdots, x_m, 0, \cdots, 0)^{\mathrm{T}} \text{ 即为基本可行解；} \\ k<m \to \text{补 } m-k \text{ 个 } 0, \text{得到一个退化的基本可行解。} \end{cases}$

（2）定理 1.2 采用反证法证明。

必要性→：

第 1 步：将反证法假设和已知条件具体化，即假设 X 的正分量所对应的系数列向量 $P_1, P_2, \cdots, P_k$ 线性相关，则存在不全为 0 的 $\alpha_1, \alpha_2, \cdots, \alpha_k$，使得

$$\alpha_1 P_1 + \alpha_2 P_2 + \cdots + \alpha_k P_k = 0$$

由 X 是可行解知：$x_1 P_1 + x_2 P_2 + \cdots + x_k P_k = b$。

由此构造两个特殊的表达式：

$$(x_1 + \lambda\alpha_1) P_1 + (x_2 + \lambda\alpha_2) P_2 + \cdots + (x_k + \lambda\alpha_k) P_k = b$$
$$(x_1 - \lambda\alpha_1) P_1 + (x_2 - \lambda\alpha_2) P_2 + \cdots + (x_k - \lambda\alpha_k) P_k = b$$

式中，$\lambda > 0$。

第 2 步：寻找 X 附近的属于 D 的两个点 $X^{(1)}$ 和 $X^{(2)}$，寻找这两个点的技巧是通过将第一步得到的两个式子相加减得到。

第 3 步：选取适当的 λ，如取 $\lambda = \min\left\{\dfrac{x_i}{|\alpha_i|} \mid \alpha_i \neq 0\right\}$，则可以保证

$$x_i \pm \lambda\alpha_i \geqslant 0, \quad i = 1, 2, \cdots, k$$

从而保证 $X = \dfrac{1}{2} X^{(1)} + \dfrac{1}{2} X^{(2)}$，导致与"$X$ 是顶点"相矛盾。

充分性←：

第 1 步：将反证法假设具体化，明确正分量；

第 2 步：由大前提 X 是可行解，找出不全为 0 的一组数；

第 3 步：得到 $P_1, P_2, \ldots, P_m$ 线性相关的结论，与已知条件相矛盾。

[**定理 1.3**] 若可行域非空有界，则线性规划问题的目标函数一定可以在可行域的顶点上达到最优值。

证明思路：首先可行域非空有界就肯定有最优解，本定理要证明的是设在非顶点 X 处取得最优值，则存在顶点 $X^{(1)}$ 和 $X^{(2)}$ 也取得相同的最优值。

[**定理 1.4**] 若目标函数在 k 个点处达到最优值（$k \geqslant 2$），则在这些顶点的凸组合上也达到最优值。

证明思路：根据凸组合的定义直接证得结论。

上述 4 个定理带给我们一些有意义的启示：

（1）LP 的可行域一定是凸集，但是凸集不一定成为 LP 的可行域，而非凸集一定不会是 LP 的可行域。（为什么？能举例说明吗？）

（2）线性规划的基本可行解和可行域的顶点是一一对应的，类似于坐标与点的对应关系。

（3）在可行域中寻找 LP 的最优解可以转化为只在可行域的顶点中寻找，从而把一个无限的问题转化为一个有限的问题。

（4）若一个 LP 有两个或两个以上的最优解，那么就一定有无穷多个最优解。虽然最优解有无穷多个，但基本最优解的个数是有限的。在凸多面体的某个面上，所有的点对应的解都是最优解，但只有顶点对应的解才是基本最优解。

§1.3　单纯形法

单纯形法是线性规划求解的通用算法。其基本思想就是顶点的逐步转移，

即从可行域的一个顶点（基本可行解）开始，转移到另一个顶点（另一个基本可行解）的迭代过程。转移的条件是使目标函数值得到改善（逐步变优）。当目标函数达到最优值时，问题也就得到了最优解。

从线性规划解的性质定理可知，线性规划问题的可行域是凸多边形或凸多面体。如果一个线性规划问题有最优解，就一定可以在可行域的顶点上找到。换言之，若某线性规划只有唯一的一个最优解，那么这个最优解所对应的点一定是可行域的一个顶点。若该线性规划有多个最优解，那么肯定在可行域的顶点中至少可以找到一个最优解。因此，所需解决的问题是：

（1）如何寻找一个初始的基本可行解使迭代开始？

（2）为使目标函数逐步变优，怎样进行顶点的转移？

（3）目标函数何时达到最优，判断的标准是什么？

1.3.1　单纯形法原理

为便于大家理解单纯形法求解 LP 问题的迭代过程和算法原理，我们以 §1.1 中提到的生产计划问题为例，通过由简单到一般的归纳过程，阐明单纯形法原理。

[**例 1—9**] 求解线性规划：

$$\max Z = 2x_1 + 3x_2 + 3x_3 \qquad （要求三种产品的总利润最大）$$

$$\text{s.t.} \begin{cases} x_1 + x_2 + x_3 \leqslant 3 & （工时约束,每天不超过 3 小时） \\ x_1 + 4x_2 + 7x_3 \leqslant 9 & （原材料约束,每天不超过 9 吨） \\ x_1, x_2, x_3 \geqslant 0 & （三种产品的产量非负） \end{cases}$$

解：第 1 步：引入非负的松弛变量 x_4，x_5，将该线性规划转化为标准型。

$$\max Z = 2x_1 + 3x_2 + 3x_3 + 0x_4 + 0x_5$$

$$\text{s.t.} \begin{cases} x_1 + x_2 + x_3 + x_4 = 3 \\ x_1 + 4x_2 + 7x_3 + x_5 = 9 \\ x_1, x_2, x_3, x_4, x_5 \geqslant 0 \end{cases}$$

第 2 步：寻求初始可行基，确定基变量。

$$A = \begin{pmatrix} 1 & 1 & 1 & 1 & 0 \\ 1 & 4 & 7 & 0 & 1 \end{pmatrix}, B = (P_4, P_5) = \begin{pmatrix} 1 & 0 \\ 0 & 1 \end{pmatrix}，对应的基变量是 x_4，x_5。$$

第 3 步：写出初始基本可行解和相应的目标函数值，注意两个关键的基本表达式：

（1）用非基变量表示基变量的表达式：

$$\begin{cases} x_4 = 3 - x_1 - x_2 - x_3 \\ x_5 = 9 - x_1 - 4x_2 - 7x_3 \end{cases} \Rightarrow 初始基本可行解 \Rightarrow X^{(0)} = (0,0,0,3,9)^T$$

（2）用非基变量表示目标函数的表达式：

$$Z = 2x_1 + 3x_2 + 3x_3 \Rightarrow 当前的目标函数值 \Rightarrow Z^{(0)} = 0$$

该结果的经济含义是不生产任何产品，资源全部节余（$x_4 = 3$，$x_5 = 9$），三种产品的总利润为 0。这肯定不是最优结果，因为只要任意生产一定数量的某种产品，就可以使产品的总利润大于零。

第 4 步：分析两个基本表达式，观察目标函数是否可以改善。

（1）分析用非基变量表示目标函数的表达式。非基变量前面的系数均为正数，所以任何一个非基变量进基（即变成基变量），都能使 Z 值增加，因此通常把非基变量前面的系数叫做"检验数"。

（2）考虑究竟选哪一个非基变量进基。比如可以选 x_1 为进基变量（也称为换入变量），因为它是正检验数所对应的非基变量。而且正检验数越大，目标函数值（Z 值）增加越快。因此，一般会选择最大正检验数对应的非基变量进基。

（3）怎样确定出基变量？可以按下面的顺序进行讨论。

1）x_1 进基意味着其取值从 0 变成一个正数，其经济意义就是生产 A 产品，考虑 x_1 的取值能否无限增大。

2）当 x_1 增加时，x_4，x_5 如何变化？

3）现在的非基变量是哪些？

4）具体如何确定换出变量？

结合例 1—9 具体分析，写出用非基变量表示基变量的表达式：

$$\begin{cases} x_4 = 3 - x_1 - x_2 - x_3 \\ x_5 = 9 - x_1 - 4x_2 - 7x_3 \end{cases}$$

其中 x_2 和 x_3 是非基变量，取值为 0，可暂时不予考虑。当 x_1 增加时，x_4 和 x_5 会减小，但是这种减小是有限度的——必须保证在大于等于 0 的前提下减小，以保持解的可行性。于是有：

$$\begin{cases} x_4 = 3 - x_1 \geqslant 0 \\ x_5 = 9 - x_1 \geqslant 0 \end{cases} \Rightarrow \begin{cases} x_1 \leqslant \dfrac{3}{1} \\ x_1 \leqslant \dfrac{9}{1} \end{cases} \Rightarrow x_1 \leqslant \min\left\{ \dfrac{3}{1}, \dfrac{9}{1} \right\} = 3 \overset{\triangle}{=} \theta$$

即当 x_1 的值从 0 增加到 3 时，x_4 首先变为 0，此时 $x_5 = 6 > 0$，因此可以选 x_4 为出基变量（换出变量）。这种用来确定出基变量的规则称为"最小比值原则"（或 θ 原则）。

注意：如果 x_1 的系数列向量 $P_1 \leqslant 0$，最小比值原则将失效。即此时 x_1 的值无论怎样增大，解的可行性总能得到满足，这样将会导致"无界解"的产生。

（4）进行基变换，产生新的基变量和新的非基变量。

新的基变量将是 x_1，x_5，新的非基变量则是 x_2，x_3，x_4。

再写出用非基变量表示基变量的表达式：

$$\begin{cases} x_4 = 3 - x_1 - x_2 - x_3 \\ x_5 = 9 - x_1 - 4x_2 - 7x_3 \end{cases} \Rightarrow \begin{cases} x_1 = 3 - x_2 - x_3 - x_4 \\ x_5 = 6 - 3x_2 - 6x_3 + x_4 \end{cases}$$

可得新的基本可行解 $X^{(1)} = (3, 0, 0, 0, 6)^T$。

（5）写出用非基变量表示目标函数的表达式：

$$\begin{aligned} Z &= 2x_1 + 3x_2 + 3x_3 \\ &= 2(3 - x_2 - x_3 - x_4) + 3x_2 + 3x_3 \\ &= 6 + x_2 + x_3 - 2x_4 \end{aligned}$$

可得相应的目标函数值为 $Z^{(1)} = 6$，已得到改善。

由于检验数仍有正的，可以返回（1）继续进行讨论。

第 5 步：上述过程何时停止？

当非基变量前面的系数（检验数）全部非正时，当前的基本可行解就是最优解。因为在用非基变量表示目标函数的表达式中，如果让负检验数所对应的变量进基，目标函数值将会减小。

1.3.2　表格单纯形法

在实际求解中，为了便于计算和检查，常常用单纯形表格来实施计算过程。这种利用单纯形表格求解线性规划的方法就称为表格单纯形法。

1. 初始单纯形表的建立

初始单纯形表的结构如表 1—2 所示，可分为表头部分和主体部分。主体部分又可以分为基变量及其取值（X_B 和 b 对应的列）、当前目标函数值（$-Z$ 对应的 b 列元素）、约束条件系数矩阵及比值列、检验数行 4 个部分。

表 1—2　初始单纯形表格的结构

C_B	X_B	c_j / x_j / b	2 x_1	3 x_2	3 x_3	0 x_4	0 x_5	θ_j
0	x_4	3	1	1	1	1	0	
0	x_5	9	1	4	7	0	1	
	$-Z$	0	2	3	3	0	0	c_j-z_j

（表头部分／主体部分；检验数行）

其中，C_B 对应的列是基于当前基变量填写的该基变量在目标函数中的系数，通常称为基变量的价值系数。

表格的设计依据是：将 $-Z$ 看作不参与基变换的基变量，把目标函数表达式改写成方程的形式，和原有的 m 个约束方程组成一个具有 $n+m+1$ 个变量、$m+1$ 个方程的方程组：

$$
\begin{cases}
a_{11}x_1 + a_{12}x_2 + \cdots + a_{1n}x_n + x_{n+1} = b_1 \\
a_{21}x_1 + a_{22}x_2 + \cdots + a_{2n}x_n + x_{n+2} = b_2 \\
\vdots \\
a_{m1}x_1 + a_{m2}x_2 + \cdots + a_{mn}x_n + x_{n+m} = b_m \\
-Z + c_1x_1 + c_2x_2 + \cdots + c_nx_n + c_{n+1}x_{n+1} + \cdots + c_{n+m}x_{n+m} = 0
\end{cases}
$$

$$-Z \quad x_1 \quad x_2 \quad \cdots \quad x_n \quad x_{n+1} \quad \cdots \quad x_{n+m} \quad b$$

取出系数写成增广矩阵的形式：

$$
\begin{array}{ccccccccc}
-Z & x_1 & x_2 & \cdots & x_n & x_{n+1} & x_{n+2} & \cdots & x_{n+m} & b
\end{array}
$$

$$
\begin{pmatrix}
0 & a_{11} & a_{12} & \cdots & a_{1n} & 1 & 0 & \cdots & 0 & b_1 \\
0 & a_{21} & a_{22} & \cdots & a_{2n} & 0 & 1 & \cdots & 0 & b_2 \\
\vdots & \vdots & \vdots & & \vdots & \vdots & \vdots & & \vdots & \vdots \\
0 & a_{m1} & a_{m2} & \cdots & a_{mn} & 0 & 0 & \cdots & 1 & b_m \\
1 & c_1 & c_2 & \cdots & c_n & c_{n+1} & c_{n+2} & \cdots & c_{n+m} & 0
\end{pmatrix}
$$

$-Z$，x_{n+1}，$\cdots$，x_{n+m} 所对应的系数列向量构成一个基，用矩阵的初等行变换将该基变成单位阵，这时 c_{n+1}，c_{n+2}，$\cdots$，c_{n+m} 变成 0，相应的增广矩阵变成如下形式：

$$
\begin{bmatrix}
0 & a_{11} & a_{12} & \cdots & a_{1n} & 1 & 0 & \cdots & 0 & b_1 \\
0 & a_{21} & a_{22} & \cdots & a_{2n} & 0 & 1 & \cdots & 0 & b_2 \\
\vdots & \vdots & \vdots & & \vdots & \vdots & \vdots & & \vdots & \vdots \\
0 & a_{m1} & a_{m2} & \cdots & a_{mn} & 0 & 0 & \cdots & 1 & b_m \\
1 & \sigma_1 & \sigma_2 & \cdots & \sigma_n & 0 & 0 & \cdots & 0 & -z^0
\end{bmatrix}
$$

式中，$\sigma_j = c_j - \sum\limits_{i=1}^{m} c_{n+i} a_{ij}$ $(j = 1, 2, \cdots, n)$；$-z^0 = 0 - \sum\limits_{i=1}^{m} c_{n+i} b_i$，则目标函数值应为 $z^0 = \sum\limits_{i=1}^{m} c_{n+i} b_i$。增广矩阵的最后一行恰好就是用非基变量表示目标函数的表达式，因此 $\sigma_j (j = 1, 2, \cdots, n)$ 就是非基变量的检验数。

2. 检验数的计算

关于检验数的计算通常有两种方法：

（1）利用矩阵的行变换，把目标函数表达式中基变量前面的系数变为 0；

（2）使用计算公式 $\sigma_j = c_j - \sum\limits_{i=1}^{m} c_{n+i} a_{ij} = c_j - C_B P_j \overset{\Delta}{=} c_j - z_j$ $(j = 1, 2, \cdots, n)$。

3. 表格单纯形法的计算过程

我们结合例 1—9 进行解释，例 1—9 的表格单纯形法计算过程如表 1—3 所示。

表 1—3　　　　　　　　　例 1—9 的表格单纯形法计算过程

C_B	X_B	c_j / x_j / b	2 x_1	3 x_2	3 x_3	0 x_4	0 x_5	θ_j
0	x_4	3	①	1	1	1	0	3/1
0	x_5	9	1	4	7	0	1	9/1
	$-Z$	0	2	3	3	0	0	
2	x_1	3	1	1	1	1	0	3/1
0	x_5	6	0	③	6	-1	1	6/3
	$-Z$	-6	0	1	1	-2	0	
2	x_1	1	1	0	-1	4/3	$-1/3$	
3	x_2	2	0	1	2	$-1/3$	1/3	
	$-Z$	-8	0	0	-1	$-5/3$	$-1/3$	

首先，将线性规划模型标准化，建立初始单纯形表并计算非基变量的检验数。

对于极大化线性规划问题，选择任意一个正检验数所对应的变量 x_k 作为进基变量，如表 1—3 中检验数 2 所对应的变量 x_1，相应的系数列称为主元列（表 1—3 中加粗竖线所标出的列）。

然后，按照最小比值原则确定出基变量 x_l，计算最小比值的公式是：

$$\theta = \min_{i}\left\{\frac{(b_i)}{(a_{ik})}\,\middle|\,a_{ik} > 0\right\} = \frac{b_l}{a_{lk}}$$

在单纯形表中，比值实际上就是各约束等式右端常数与对应的主元列正系数之比，写在右端的 θ_i 列。选择最小比值所在的行（称为主元行，如表 1—3 中加粗横线指示的行）对应的基变量作为出基变量，如表 1—3 中的 x_4。

主元列和主元行的交叉元素称为主元素，一般在单纯形迭代表格中用"圆圈"圈起。实施矩阵的初等行变换，把主元素变成 1，主元列变成单位向量，这就是所谓的换基迭代，也称枢运算或旋转运算。从得到的新表中，可找到新的基本可行解和相应的目标函数值。如此反复迭代，直至求得最优表格。对于极大化线性规划，当所有的检验数全部非正时，即得到最优表格。

表 1—3 显示了例 1—9 经过两次迭代、共三张表格（初始单纯形表格、第一次迭代表格和第二次迭代表格）求得了最优解，其中第二次迭代表格就是最优表格。从最优表格得知，例 1—9 的最优解为：$X^* = (1,2,0,0,0)^{\mathrm{T}}$，相应的目标函数最优值为 $Z_{\max} = 8$。实际计算中，往往将所有的表格连在一起，显得紧凑也便于检查。建议读者尽量使用单纯形表格进行求解。

注意：作业中常常出现将最优解和最优值混淆的情况。正确的理解和表达是：最优解用 X^* 表示，是列向量，书写时注意转置符号。最优值是一个数值，用 $Z_{\max}$ 或 $Z_{\min}$ 表示，不要写成表示对 Z 的表达式求最大或最小的 $\max$（或 $\min$）Z。

1.3.3 单纯形法的一般描述

单纯形法是一种迭代算法。在用单纯形法求解一般线性规划时，必须首先确定初始基本可行解，并根据判别准则进行最优性检验。如果已经得到最优解或者判定该线性规划没有"有限最优解"，则可停止迭代；否则就进行换基迭代，求得新的基本可行解。如此反复迭代，直至求出最优解。

1. 确定初始基本可行解

要确定初始基本可行解，必须首先确定初始可行基。针对不同的具体情况，可选择使用以下方法来确定初始可行基。

（1）观察法：若系数矩阵中含有现成的单位阵，可将该单位阵作为初始可行基。

（2）当约束条件中全部是"≤"类型的约束时，可将新增的松弛变量作为初始基变量，对应的系数列向量恰好构成单位阵，可将该单位阵作为初始可行基。

（3）当约束条件都是"≥"或"＝"类型的约束时，先将约束条件标准化，再引入非负的人工变量，以人工变量作为初始基变量，其对应的系数列向量构成单位阵（人造基），将该人造基作为初始可行基。然后用大 M 法或两阶段法求解。

在等式约束左边加入一个非负的人工变量，其目的是使约束方程的系数矩阵中出现一个单位阵。用单位阵的每一个列向量对应的决策变量作为"基变量"，出现在单纯形表格中的解答列（即约束方程的右端常数）值正好就是基变量的取值。

试讨论：如果约束条件中既有"≤"类型的约束，又有"≥"或"="类型的约束，怎么办？为什么要选单位阵作为初始可行基呢？

初始可行基确定后，只要根据"用非基变量表示基变量的表达式"，令非基变量等于0，算出基变量取值，搭配在一起即构成初始基本可行解。

2. 判别准则

判别准则是判断是否已得到最优解或者确定线性规划没有"有限最优解"的基本依据。

首先写出两个基本表达式的一般形式。为简单明了而又不失一般性，这里就线性规划的约束条件全部是"≤"类型、新增松弛变量作为初始基变量的情况进行讨论。此时线性规划的标准型为：

$$\max Z = \sum_{j=1}^{n} c_j x_j + \sum_{j=n+1}^{n+m} 0 x_j$$

$$\text{s. t.} \begin{cases} a_{11}x_1 + a_{12}x_2 + \cdots + a_{1n}x_n + x_{n+1} = b_1 \\ a_{21}x_1 + a_{22}x_2 + \cdots + a_{2n}x_n + x_{n+2} = b_2 \\ \vdots \\ a_{m1}x_1 + a_{m2}x_2 + \cdots + a_{mn}x_n + x_{n+m} = b_m \\ x_1, x_2, \cdots, x_{n+m} \geqslant 0 \end{cases}$$

取 $B^{(0)} = (P_{n+1}, P_{n+2}, \cdots, P_{n+m}) = \begin{pmatrix} 1 & 0 & \cdots & 0 \\ 0 & 1 & \cdots & 0 \\ \vdots & \vdots & & \vdots \\ 0 & 0 & \cdots & 1 \end{pmatrix}$ 作为初始可行基，则

可得到初始基本可行解为 $X^{(0)} = (0, 0, \cdots, 0, b_1, b_2, \cdots, b_m)^{\mathrm{T}}$。

一般地，经过若干次迭代，对于基 B，其用非基变量表示基变量的表达式为：

$$x_{n+i} = b_i' - \sum_{j=1}^{n} a_{ij}' x_j, \quad i = 1, 2, \cdots, m \tag{1—5}$$

用非基变量表示目标函数的表达式为：

$$Z = \sum_{j=1}^{n+m} c_j x_j = \sum_{j=1}^{n} c_j x_j + \sum_{i=1}^{m} c_{n+i} x_{n+i} = \sum_{j=1}^{n} c_j x_j + \sum_{i=1}^{m} c_{n+i} (b_i' - \sum_{j=1}^{n} a_{ij}' x_j)$$

$$= \sum_{i=1}^{m} c_{n+i} b_i' + \sum_{j=1}^{n} c_j x_j - \sum_{i=1}^{m} \sum_{j=1}^{n} c_{n+i} a_{ij}' x_j$$

$$= \sum_{i=1}^{m} c_{n+i} b_i' + \sum_{j=1}^{n} (c_j - \sum_{i=1}^{m} c_{n+i} a_{ij}') x_j$$

令 $Z_0 = \sum_{i=1}^{m} c_{n+i} b_i', z_j = \sum_{i=1}^{m} c_{n+i} a_{ij}'$，则：

$$Z = Z_0 + \sum_{j=1}^{n}(c_j - z_j)x_j$$

令 $\sigma_j = c_j - z_j$ ，则：

$$Z = Z_0 + \sum_{j=1}^{n}\sigma_j x_j \tag{1—6}$$

下面证明最优性判别定理和无"有限最优解"判别定理。

[定理 1.5] 最优性判别定理。

若 $X^{(0)} = (0,0,\cdots,0,b_1',b_2',\cdots,b_m')^{\mathrm{T}}$ 是对应于基 B 的基本可行解，σ_j 是非基变量 $x_j^{(0)}$ 的检验数，若对于一切非基变量的角标 j ，均有 $\sigma_j \leqslant 0$ ，则 $X^{(0)}$ 为最优解。

证明：对于一切非基变量的角标 j ，均有 $\sigma_j \leqslant 0$ ，且 $x_j^{(0)} \geqslant 0$ 。由式（1—6）知，对任一可行解 X ，均有 $Z \leqslant Z_0$ 。而基本可行解 $X^{(0)}$ 能使等式成立，故 $X^{(0)}$ 为最优解。

[定理 1.6] 无"有限最优解"判别定理。

若 $X^{(0)} = (0,0,\cdots,0,b_1',b_2',\cdots,b_m')^{\mathrm{T}}$ 为一基本可行解，有一非基变量 x_k ，其检验数 $\sigma_k > 0$ ，而对于 $i=1,2,\cdots,m$ ，均有 $a_{ik}' \leqslant 0$ ，则该线性规划问题没有"有限最优解"。

证明：构造一个新解 $X^{(1)}$ ，其分量为：

$$x_{n+i}^{(1)} = b_i' - \lambda a_{ik}', \quad \lambda > 0, \quad i \text{ 为基变量角标}$$
$$x_k^{(1)} = \lambda$$
$$x_j^{(1)} = 0, \quad 1 \leqslant j \leqslant n \text{ 且 } j \neq k$$

由于 $a_{ik}' \leqslant 0$ ，所以 $X^{(1)}$ 对任意 $\lambda > 0$ 都是可行解。此外，把 $X^{(1)}$ 代入目标函数中可得：

$$Z = Z_0 + \lambda \sigma_k$$

由于 $\sigma_k > 0$ ，所以 $\lim\limits_{\lambda \to +\infty} Z = +\infty$ 。

上述证明方法属于构造性证明，其依据是用非基变量表示基变量的表达式构造一组可行解，使之对应的目标函数值趋于无穷大。其几何意义是，沿着可行域无界边界朝目标函数值递增方向前进的一组可行解。

在用单纯形法迭代求解过程中，无"有限最优解"表现为最小比值原则失效的情况。比如，用非基变量表示基变量的表达式是 $\begin{cases} x_1 = 3 - x_2 - x_3 - x_4 \\ x_5 = 6 - 3x_2 - 6x_3 + x_4 \end{cases}$ ，即代表两个约束条件 $\begin{cases} x_1 + x_2 + x_3 + x_4 = 3 \\ 3x_2 + 6x_3 - x_4 + x_5 = 6 \end{cases}$ ，决策变量 x_2 对应的系数列向量 $P_2 = (1,3)^{\mathrm{T}}$ 。

当前的换入变量是 x_2 ，按最小比值原则确定换出变量，即要求

$$\begin{cases} x_1 = 3 - x_2 - x_3 - x_4 \geqslant 0 \\ x_5 = 6 - 3x_2 - 6x_3 + x_4 \geqslant 0 \end{cases}$$

于是就有：

$$\begin{cases} x_2 \leqslant 3/1 \\ x_2 \leqslant 6/3 \end{cases} \Rightarrow x_2 \leqslant \min\{3/1, 6/3\} = \theta$$

这里 x_2 对应的系数列 $P_2 = (1,3)^T$，如果系数列向量变成 $(-1,0)^T$，则用非基变量表示基变量的表达式就变成：

$$\begin{cases} x_1 = 3 + x_2 - x_3 - x_4 \geqslant 0 \\ x_5 = 6 + 0x_2 - 6x_3 + x_4 \geqslant 0 \end{cases}$$

解的可行性自然满足，所以最小比值原则失效。即 x_2 的值可以任意增大，这就意味着原线性规划无"有限最优解"。

3. 进行基变换

进行基变换的关键是如何选择进基变量和如何确定出基变量。

选择进基变量的原则是：对于极大化线性规划，应选择正检验数（或最大正检验数）所对应的变量进基，目的是使目标函数得到较快增加。进基变量对应的系数列称为主元列。

出基变量应按最小比值原则确定，以便保持解的可行性。出基变量所在的行称为主元行。主元行和主元列的交叉元素称为主元素。这样进行基变换后得到的新解，其非零分量对应的系数列向量是否仍然保持线性独立？用反证法可以得到肯定的结论。

4. 换基迭代（也称主元变换、旋转运算或枢运算）

按照主元素进行矩阵的初等行变换——把主元素变成 1，主元列的其他元素变成 0（即主元列变为单位列向量）。写出新的基本可行解，返回最优性检验。

1.3.4　各种类型线性规划的处理

实践中会碰到各种各样的线性规划，因此进行恰当的分类并总结相应的处理方法是很必要的。

1. 分类及处理方法

类型 1：目标要求是极大化目标函数，约束条件是"$\leqslant$"类型的线性规划，通常可以在约束条件左边加上非负松弛变量变成等式约束，即约束条件标准化。将引入的松弛变量作为初始基变量，则初始可行基就是一个单位阵，可直接用单纯形法求解。

类型 2：目标要求是极大化目标函数，约束条件是"$=$"类型的线性规划，先在约束条件左边加上非负的人工变量，并将引入的人工变量作为初始基变量，则初始可行基是一个单位阵，然后用大 M 法或两阶段法求解。

类型 3：目标要求是极大化目标函数，约束条件是"$\geqslant$"类型，这时首先要将约束条件标准化，左边减去非负的剩余变量，变成等式约束，然后按照类型 2 进行处理。

类型 4：目标要求是极小化目标函数，可以按以下两种方法处理：

方法 1——按照目标要求的标准化方法化为极大化问题，然后依极大化问题的相关类型处理求解。要注意的是原问题和转化后的极大化问题最优解相同，但目标函数最优值互为相反数。

方法 2——按照极小化问题直接在单纯形表格上计算处理，但相应的原则要作改动。

考虑一下，哪些原则要改动，怎样改动？

2. 处理人工变量的方法

当线性规划中引入人工变量后，可以用大 M 法或两阶段法求解。这两种方法都是用来处理人工变量的单纯形法。

（1）大 M 法。

在约束条件中加入非负人工变量的目的是使之对应的系数列向量构成单位阵。问题是加入的人工变量是否合理？应当如何处理？

对于极大化线性规划，只要在目标函数中给人工变量前面添上一个绝对值很大的负系数 $-M$（M 远远大于 0），仍然用单纯形法求解。迭代过程中，只要基变量中还存在人工变量，由于绝对值很大的负系数 $-M$ 的作用，目标函数就不可能实现极大化，这就是所谓的惩罚。

求解结果只可能有两种：

1）最优表中的基变量均非人工变量，则最优解就是原线性规划的最优解，不影响目标函数的取值。

2）最优表中的基变量仍含有人工变量，表明原线性规划的约束条件被破坏，线性规划没有可行解，因而也没有最优解。求得的最优解是增加人工变量后所构成的另一线性规划问题的最优解。

（2）两阶段法。

两阶段法就是分两个阶段求解以处理人工变量的方法。

第 1 阶段：建立辅助线性规划并求解，目的是判断原线性规划是否存在基本可行解。

辅助线性规划的目标函数 W 为所有人工变量之和，目标要求是使目标函数极小化，约束条件与原线性规划相同。

求解结果中目标函数 W 的取值有以下三种情况：

1）W 最优值＝0，即所有人工变量取值为 0（均为非基变量），因此最优解可以作为原线性规划的初始基本可行解，转入第二阶段。

2）W 最优值＝0，但人工变量中有等于 0 的基变量，构成退化的基本可行解。此时选一个不是人工变量的非基变量进基，把在基中的人工变量替换出来，即可转化为情况 1）。

3）W 最优值＞0，表明至少有一个人工变量取值大于 0，即基变量中至少包含 1 个人工变量，则原问题没有可行解，讨论结束。

第 2 阶段：将第 1 阶段的最优解作为初始可行解，同时得到原约束方程组的等价变形。将目标函数换成原问题的目标函数，进行单纯形迭代，求出最优解。

在用单纯形法求解线性规划的过程中，还可能出现其他各种各样的问题，这里就一些最常见的问题进行讨论。

根据最小比值原则确定出基变量时，首先要计算比值。该比值为解答列元素除以主元列正元素。对于主元列的 0 元素或负元素，无须计算"比值"。因为根据用非基变量表示基变量的表达式，并结合基变量取值的非负要求，可知此时解的可行性自然得到满足。如果主元列元素全部为 0 元素或负元素，则最小比值失效，线性规划无"有限最优解"。

如果出现若干个相同的最小比值，说明出现了退化的基本可行解，即非零分量的个数小于约束方程的个数。一般来说，可以在相同的最小比值中任选一个，并将所对应的基变量作为换出变量。但"摄动原理"的规则告诉我们，从相同比值对应的基变量中选下标最大的基变量作为换出变量可以避免出现"死循环"的现象。

选择进基变量时，如果同时有若干个正检验数，该怎么选？原则上，可以选任意一个正检验数所对应的变量进基。但实践中，手工求解往往选最大正检验数所对应的变量进基，以期使目标函数值得到较大改善，而计算机求解时则常选从左至右第 1 个出现的正检验数所对应的非基变量进基，以省略为了选择最大正检验数而增加的比较程序。

前面曾提到极小化线性规划问题可以化为极大化线性规划（标准型）处理，但也可以直接按极小化问题用表格单纯形法求解，只要改动相关的几条原则即可，包括最优性判断准则、选择进基变量的原则以及处理人工变量的大 M 法。

[**例 1—10**] 直接按极小化问题求解下面的线性规划：

$$\min Z = x_1 + 2x_2$$

$$\text{s. t.} \begin{cases} -x_1 + 2x_2 \geqslant 2 \\ x_1 \leqslant 3 \\ x_1 \geqslant 0, x_2 \geqslant 0 \end{cases}$$

解：对第一个约束条件引入剩余变量 x_3 和人工变量 x_5。对第二个约束条件引入松弛变量 x_4，把约束条件标准化。由于人工变量的引入，拟采用大 M 法求解。于是得到下面的线性规划：

$$\min Z = x_1 + 2x_2 + Mx_5$$

$$\text{s. t.} \begin{cases} -x_1 + 2x_2 - x_3 + x_5 = 2 \\ x_1 + x_4 = 3 \\ x_1, x_2, x_3, x_4, x_5 \geqslant 0 \end{cases}$$

表格单纯形法的求解过程如表 1—4 所示。

表 1—4　　　　　例 1—10 表格单纯形法求解的迭代过程

C_B	X_B	b	c_j / x_j $\rightarrow$ 1 x_1	2 x_2	0 x_3	0 x_4	M x_5	θ_j
M	x_5	2	−1	②	−1	0	1	2/2
0	x_4	3	1	0	0	1	0	—
−Z		−2M	1+M	2−2M	M	0	0	
2	x_2	1	−1/2	1	−1/2	0	1/2	
0	x_4	3	1	0	0	1	0	
−Z		−2	2	0	1	0	M−1	

从表 1—4 的求解过程可知，直接按极小化线性规划求解时的变化：

（1）用大 M 法求解时，人工变量在目标函数中的系数是一个很大的正数 M；

（2）选择最小的负检验数所对应的变量进基；

（3）当所有非基变量的检验数全部非负时，当前的基本可行解就是最优解。

由表 1—4 得到例 1—10 的最优解为 $X^* = (0,1,0,3,0)^T$，相应的目标函数最优值为 $Z_{\min} = 2$。

§1.4　线性规划的应用

线性规划建模的方法、技巧及能力培养是本章的核心内容之一。本节首先介绍线性规划建模的条件和步骤，然后针对经济管理领域中典型的线性规划问题进行讨论。建立数学模型和研究求解方法，目的都是为了解决实际问题，即给出最优或满意的方案，为决策提供定量分析依据，因此应用研究非常重要。

1.4.1　线性规划的建模条件和建模步骤

任何一种模型及其求解方法的使用都是有条件的，线性规划也不例外。对于一个实际问题，只有具备以下三个条件，才可以考虑用线性规划来处理。

（1）优化条件：问题的目标有极大化或极小化的要求，而且目标函数能用关于决策变量的线性函数来表示。

（2）选择条件：有多种可供选择的可行方案，以便能从中选取最优方案。

（3）限制条件：达到目标的条件是有一定限制的（比如，资源的供应量是有限的），而且这些限制条件可以用关于决策变量的线性等式或线性不等式来表示。

此外，描述问题的决策变量相互之间应有一定的联系，有可能建立数学关系，即这些变量之间是内部相关的，这一点自然是不言而喻的。

在建立模型时，必须仔细分析问题背景，整理已知数据和相关信息，然后按照以下步骤建立适当的线性规划模型。

第 1 步：设置要求解的决策变量。这一步很关键，也比较困难。决策变量选取得当，不仅能顺利地建立模型，而且能方便地求解，否则很可能事倍功半。

第 2 步：找出所有的限制条件或约束条件，并用关于决策变量的线性方程或线性不等式来表示。当限制条件多、背景比较复杂时，可采用图示或表格形式列出所有的已知数据和信息，以避免"遗漏"或"重复"所造成的错误。

第 3 步：明确目标要求，并用决策变量的线性函数来表示，标出对目标函数是取极大还是取极小的要求。

决策变量的非负要求可根据问题的实际意义加以确定。当然,建模的第 2 步和第 3 步次序可以颠倒,但第 1 步必须首先进行。

下面将结合经济管理领域中的一些典型问题,讨论线性规划的建模问题和相关技巧。

1.4.2 经济管理领域中几类典型的线性规划问题

在经济管理领域中,有大量的实际问题可以归结为线性规划问题来研究。这些问题背景不同,表现各异,但其数学模型却有完全相同的形式。尽可能多地掌握一些典型模型,不仅有助于深刻理解线性规划本身的理论和方法,而且有利于灵活地处理千差万别的实际问题,以提高解决实际问题的能力。

1. 生产组织与计划问题

(1) 产品计划问题。

该类问题的一般提法是:用若干种原材料(资源)生产某几种产品,原材料(或资源)的供应有一定限制,要求制定一个生产计划,使其在一定数量的资源限制条件下能得到最大的收益。如果用 $B_1, B_2, \cdots, B_m$ 种资源生产 $A_1, A_2, \cdots, A_n$ 种产品,单位产品所需资源数(如原材料、人力、时间等)、所得利润及可供应的资源总量已知(见表 1—5),问应如何组织生产才能使利润最大?

表 1—5 产品计划问题有关信息表

生产单位产品所需资源 \ 产品 \ 资源	A_1	A_2	$\cdots$	A_n	可获得的资源量
B_1	a_{11}	a_{12}	$\cdots$	a_{1n}	b_1
B_2	a_{21}	a_{21}	$\cdots$	a_{2n}	b_2
$\vdots$	$\vdots$	$\vdots$		$\vdots$	$\vdots$
B_m	a_{m1}	a_{m2}	$\cdots$	a_{mn}	b_m
单位产品所得利润	c_1	c_2	$\cdots$	c_n	

设 x_j 为生产 A_j 种产品的计划产量,则可列出这类问题的数学模型:

$$\max Z = \sum_{j=1}^{n} c_j x_j$$

$$\text{s. t.} \begin{cases} \sum_{j=1}^{n} a_{ij} x_j \leqslant b_i, & i = 1, 2, \cdots, m \\ x_j \geqslant 0, & j = 1, 2, \cdots, n \end{cases}$$

其中约束条件表示生产各种产品所耗费的资源总量不能超过可获得的资源总量。决策变量的非负约束表示产品的产量不会是负数。

[例 1—11] 某工厂生产 A,B 两种产品,均需经过两道工序,每生产一吨产品 A 需要经第一道工序加工 2 小时,第二道工序加工 3 小时;每生产一吨产品 B 需要经第一道工序加工 3 小时,第二道工序加工 4 小时。可供利用的

第一道工序为 12 小时，第二道工序为 24 小时。生产产品 B 的同时产出副产品 C，每生产 1 吨产品 B，可同时得到 2 吨产品 C 而无须外加任何费用；副产品 C 中一部分可以盈利，剩下的只能报废。出售产品 A 每吨能盈利 400 元，出售产品 B 每吨能盈利 1 000 元。销售每吨副产品 C 能盈利 300 元，但若剩余，要报废的产品则每吨损失 200 元。经市场预测，在计划期内产品 C 最大销量为 5 吨。试列出线性规划模型，决定 A、B 两种产品的产量，使工厂的总利润最大。

解： 有关信息整理如图 1—11 所示。利润与产量的关系如图 1—12 所示。设 x_1 为产品 A 的产量，x_2 为产品 B 的产量，x_3 为产品 C 的销售量，x_4 为产品 C 的报废量。依题意，可得如下线性规划模型：

$$\max Z = 4x_1 + 10x_2 + 3x_3 - 2x_4$$

$$\text{s. t.}\begin{cases} 2x_1 + 3x_2 \leqslant 12 \\ 3x_1 + 4x_2 \leqslant 24 \\ 2x_2 = x_3 + x_4 \\ x_3 \leqslant 5 \\ x_1, x_2, x_3, x_4 \geqslant 0 \end{cases}$$

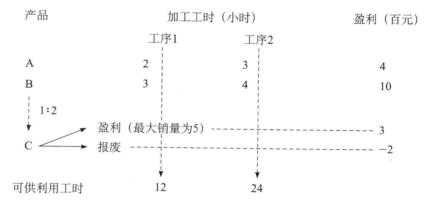

图 1—11　例 1—11 有关信息整理

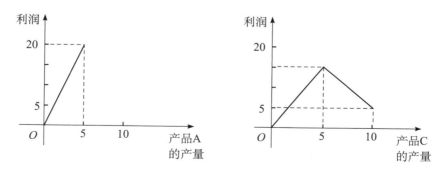

图 1—12　利润与产量的关系图

由于副产品 C 的出现使问题变得复杂了。其产量与利润的关系表现为一条折线，属于分段线性函数。为建立线性规划，我们增加了决策变量的数量，将副产品 C 的销售量和报废量分别设置为决策变量 x_3 和 x_4，产量则可表示为两者之和，这样就化解了问题中的非线性因素。另外，由于线性规划模型中有一个等式约束，利用这一点可以消去一个决策变量，从而使该模型进一步化简。

（2）产品配套问题。

[例 1—12] 某产品由两个零件 I 和三个零件 II 组成，每个零件均可由三个车间各自生产，但各车间的生产效率和总工时限制各不相同，表 1—6 给出了有关信息。试确定各车间生产每种零件的工作时间，使生产产品的件数最多。

表 1—6   例 1—12 有关信息表

车 间	总工时（小时）	生产效率（件/小时）		生产工时数（小时）	
		零件 I	零件 II	零件 I	零件 II
1	100	8	6	x_{11}	x_{12}
2	50	10	15	x_{21}	x_{22}
3	75	16	21	x_{31}	x_{32}

解：设 x_{ij} 为第 i 个车间生产第 j 个零件的时间（小时），则生产出两种零件的数量分别是：$8x_{11}+10x_{21}+16x_{31}$ 和 $6x_{12}+15x_{22}+21x_{32}$。

组装成的产品数为 $\min\left\{\dfrac{8x_{11}+10x_{21}+16x_{31}}{2},\dfrac{6x_{12}+15x_{22}+21x_{32}}{3}\right\}$。

注意，这是非线性表达式。为了消除该非线性因素，引入一个新变量 Y：

令 $Y=\min\left\{\dfrac{8x_{11}+10x_{21}+16x_{31}}{2},\dfrac{6x_{12}+15x_{22}+21x_{32}}{3}\right\}$，则目标要求可以写成：$\max Z=Y$。然后，把 Y 的表达式改写成下面两个不等式，增添到约束条件中去。

$$Y\leqslant\frac{8X_{11}+10X_{21}+16X_{31}}{2}$$

$$Y\leqslant\frac{6X_{12}+15X_{22}+21X_{32}}{3}$$

于是得到该问题的 LP 模型为：

$$\max Z=Y$$

$$\text{s. t.}\begin{cases} x_{11}+x_{12}\leqslant 100 \\ x_{21}+x_{22}\leqslant 50 \\ x_{31}+x_{32}\leqslant 75 \\ 8x_{11}+10x_{21}+16x_{31}\geqslant 2Y \\ 6x_{12}+15x_{22}+21x_{32}\geqslant 3Y \\ x_{11},x_{12},x_{21},x_{22},x_{31},x_{32},Y\geqslant 0 \end{cases}$$

2. 合理下料问题

合理下料问题的一般提法是：已知某种尺寸的棒料或板材，需要将其切割成一定数量既定规格的几种零件毛坯，问应如何选取合理的下料方法，使得既满足对截出毛坯的数量要求，又使所用的原材料最少（或废料最少）？

解决这类问题一般有两个步骤：

第 1 步：按照一定的思路，设法列出所有的排料方案（也称下料方案或排料图）。一般来说，排下料方案是十分困难的。当方案很多，甚至无法一一列出时，通常应先确定一些筛选原则，把明显不合理的方案删除，仅仅考虑剩余的为数不太多的方案。

第 2 步：设 $x_i(i=1,2,\cdots,n)$ 表示按第 i 种方案下料的棒料根数（或板材块数），按照问题的要求建立线性规划模型。

［例 1—13］ 某厂接受了一批加工订货，客户要求加工 100 套钢架，每套由长 2.9 米、2.1 米和 1.5 米的圆钢各一根组成。现仅有一批长 7.4 米的棒料毛坯，问应如何下料，使所用的棒料根数最少？

解： 最简单的处理方法是从一根棒料上截取 2.9 米、2.1 米和 1.5 米的棒料各一根，正好配成一套钢架，100 套钢架总共需要 100 根棒料毛坯。每根棒料毛坯剩下 0.9 米的料头，100 根毛坯总共剩下 90 米料头。根据经验，这肯定不是最好的办法，因为合理套裁一定会有更好的效果。

先设法列出所有的下料方案，思路如下：先考虑从一根棒料上截取 2.9 米一根，剩余棒料尽量截取 2.1 米和 1.5 米的配件，找出所有可能的组合，记录所剩的废料长度；然后假设从一根棒料上截取 2.9 米两根，剩余棒料尽量截取 2.1 米和 1.5 米的配件，同样找出所有可能的组合，记录所剩的废料长度。直至考虑所有可能组合，将下料方案归纳为表 1—7 的数据表格。

表 1—7　　　　　　　　　　　　棒料毛坯的切割方案

所得根数 配件 ＼ 方案	1	2	3	4	5	6	7	8
2.9 米配件	2	1	1	1	0	0	0	0
2.1 米配件	0	2	1	0	3	2	1	0
1.5 米配件	1	0	1	3	0	2	3	4
废料长度	0.1	0.3	0.9	0	1.1	0.2	0.8	1.4

设 $x_i(i=1,2,\cdots,n)$ 表示按第 i 种方案下料的棒料根数，即可建立线性规划模型如下：

$$\min Z = \sum_{i=1}^{8} x_i$$

$$\text{s. t.} \begin{cases} 2x_1 + 1x_2 + 1x_3 + 1x_4 + 0x_5 + 0x_6 + 0x_7 + 0x_8 = 100 \\ 0x_1 + 2x_2 + 1x_3 + 0x_4 + 3x_5 + 2x_6 + 1x_7 + 0x_8 = 100 \\ 1x_1 + 0x_2 + 1x_3 + 3x_4 + 0x_5 + 2x_6 + 3x_7 + 4x_8 = 100 \\ x_1, x_2, \cdots, x_8 \geqslant 0 \end{cases}$$

3. 合理配料问题

这类问题的一般提法是：由多种原料配置成含有 m 种成分的产品，已知产品中所含各成分的需要量及每种原料的价格，同时知道各种原料中所含 m 种成分的数量，求出使产品成本最低的配料方案。伙食问题（也称营养问题）、饲料配比问题、化工产品中的混合问题等都属于这类问题。

[**例 1—14**]（营养问题）现准备采购甲、乙两种食品，已知价格及相关的营养成分如表 1—8 所示。表中最右栏给出了按营养学标准每人每天的最低需要量。问应如何采购食品才能在保证营养要求的前提下花费最省？

表 1—8 营养问题已知数据表

1kg 食物所含营养成分数量 \ 食品 \ 营养成分	甲	乙	每天的最低需要量（单位）
维生素	1	3	90
淀粉	5	1	100
蛋白质	3	2	120
单价（元）	1.2	1.9	

解：设 x_1，x_2 分别为甲、乙两种食品的采购量，则购买两种食品的总费用为：

$$Z = 1.2x_1 + 1.9x_2$$

依题意可列出下面的线性规划：

$$\min Z = 1.2x_1 + 1.9x_2$$

$$\text{s. t.} \begin{cases} x_1 + 3x_2 \geqslant 90 \\ 5x_1 + x_2 \geqslant 100 \\ 3x_1 + 2x_2 \geqslant 120 \\ x_1, x_2 \geqslant 0 \end{cases}$$

营养问题不仅适用于运动员集训队、幼儿园、医院等团体的营养配餐，也可广泛用于机关、学校、企业等企事业单位和家庭食谱的设计。对不同对象的营养要求可以从营养学资料或通过咨询医生得到。各种食品的价格应通过不同季节的市场调查获取。一些其他的特殊要求，比如饮食习惯、偏好等可通过适当处理后转化为约束条件加到模型中去。

[**例 1—15**]（饲料配比问题）配合饲料厂生产以鸡饲料为主的配合饲料，现准备研制一种新的肉用仔鸡专用饲料，所用原料的营养成分、饲养标准和购进价格如表 1—9 和表 1—10 所示。希望这种新饲料能满足肉用仔鸡的喂养需要，同时又使总成本尽可能低，问应如何设计配比方案？

解：设每 100 斤饲料中配给的玉米、豆饼、麦麸、鱼粉、骨粉、鸡促进素分别为 x_1，x_2，x_3，x_4，x_5 和 x_6 斤，则饲料配比为 $x_1 : x_2 : x_3 : x_4 : x_5 : x_6$，可得到下面的线性规划：

表 1—9　　　　　　　　　　　　　　原料营养成分表

营养成分（%） 原料	粗蛋白	钙	总磷	赖氨酸	蛋氨酸	色氨酸	光氨酸	购进价（元/斤）
玉米	8.6	0.04	0.21	0.27	0.13	0.08	0.18	0.314
豆饼	43	0.32	0.5	2.45	0.48	0.6	0.6	0.54
麦麸	15.4	0.14	1.06	0.54	0.18	0.27	0.4	0.22
鱼粉	62	3.91	2.9	4.35	1.65	0.8	0.56	1.2
骨粉		36.4	16.4					0.4
鸡促进素		31.5	4.5					0.5

表 1—10　　　　　　　　　　　　　　营养成分需求表

所需营养成分（%） 饲料品种	粗蛋白	钙	总磷	赖氨酸	蛋氨酸	色氨酸	光氨酸
肉用仔鸡	19	1	0.7	0.94	0.36	0.19	0.32

$$\min Z = 0.314x_1 + 0.54x_2 + 0.22x_3 + 1.2x_4 + 0.4x_5 + 0.5x_6$$

$$\text{s. t.} \begin{cases} 8.6x_1 + 43x_2 + 15.4x_3 + 62x_4 \geqslant 19 \\ 0.04x_1 + 0.32x_2 + 0.14x_3 + 3.91x_4 + 36.4x_5 + 31.5x_6 \geqslant 1 \\ 0.21x_1 + 0.5x_2 + 1.06x_3 + 2.9x_4 + 16.4x_5 + 4.5x_6 \geqslant 0.7 \\ 0.27x_1 + 2.45x_2 + 0.54x_3 + 4.35x_4 \geqslant 0.94 \\ 0.13x_1 + 0.48x_2 + 0.18x_3 + 1.65x_4 \geqslant 0.36 \\ 0.08x_1 + 0.6x_2 + 0.27x_3 + 0.8x_4 \geqslant 0.19 \\ 0.18x_1 + 0.6x_2 + 0.4x_3 + 0.56x_4 \geqslant 0.32 \\ x_1 + x_2 + x_3 + x_4 + x_5 + x_6 = 100 \\ x_1, x_2, x_3, x_4, x_5, x_6 \geqslant 0 \end{cases}$$

为便于计算和表达，可将约束条件两边分别扩大一个倍数并加以整理，再进行计算。

4. 运输问题

运输问题大体上分为四种类型：

类型 1：产销平衡的运输问题（也称物资调运问题）。

类型 2：产销不平衡的运输问题。

类型 3：作物布局问题。

一般提法是：在若干块土地上种植若干种作物，已知各块土地的面积、作物计划播种面积及单产，问如何安排种植计划，使总产量最高？

类型 4：工厂布局问题。

一般提法是：设有 n 个原料产地 $A_1, A_2, \cdots, A_n$，生产某种原料分别为 a_i 个单位（$i = 1, 2, \cdots, n$），同时又分别需要成品 b_i 个单位，而一个单位成品需 c 个单位原料制成。若在 A_i 地设加工厂，则产品加工费用为 d_i 元/单位，在 A_i 地设厂对生产规划有一定的限制——生产成品的数量最多为 l_i 个单位，最少为 f_i 个单位。原料的单位运价及成品的单位运价均为已知，问应在何地设厂、生产多少成品才能既满足需要又使生产费用（包括原料和成品运费、成品加工费）最省？

关于产销平衡的运输问题将在本书第 3 章详细讨论。产销不平衡的运输问题可以转化为产销平衡的运输问题处理。作物布局问题和工厂布局问题表面上看和运输问题没有联系，但从建立的线性规划模型来看则完全类似，所以上述几类问题均可归结为运输问题。

5. 最大流量问题

[例 1—16] 某油田通过输油管道向港口输送原油，中间有 4 个泵站，每段管道上的输送能力如图 1—13 所示，已知泵站没有储存能力，求这个系统的最大输送能力。

解： 设从各点往其他点的输送量如表 1—11 所示。依题意，目标函数为输送原油的总量；约束条件有两类，一类是管道上的流量约束，另一类是每个中间泵站上的平衡约束，即中间泵站上的原油流入量和流出量相等。

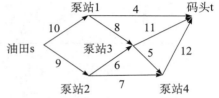

图 1—13 例 1—16 输油管道图

表 1—11　　　　　　　　　例 1—16 原油输送量表

出发点	到达点	输送量
s	泵站 1	x_1
s	泵站 2	x_2
泵站 1	泵站 3	x_3
泵站 1	码头 t	x_4
泵站 2	泵站 3	x_5
泵站 2	泵站 4	x_6
泵站 3	泵站 4	x_7
泵站 3	码头 t	x_8
泵站 4	码头 t	x_9

根据上述分析，建立线性规划模型如下：

$$\max Z = x_1 + x_2$$

$$\begin{cases} x_1 = x_3 + x_4 & （1 号泵站平衡约束） \\ x_2 = x_5 + x_6 & （2 号泵站平衡约束） \\ x_3 + x_5 = x_7 + x_8 & （3 号泵站平衡约束） \\ x_7 + x_6 = x_9 & （4 号泵站平衡约束） \end{cases}$$

相应弧上的约束和非负约束：

$$\begin{cases} x_1 \leqslant 10, x_2 \leqslant 9, x_3 \leqslant 8, x_4 \leqslant 4, x_5 \leqslant 6 \\ x_6 \leqslant 7, x_7 \leqslant 5, x_8 \leqslant 11, x_9 \leqslant 12 \\ x_1, \cdots, x_9 \geqslant 0 \end{cases}$$

本章小结

　　本章从实际例子引出线性规划的基本概念及其数学描述，介绍了线性规划的标准型及其转化方法。然后重点讲述了线性规划各种解的概念和有关的性质定理，其中可行解、基本解、基本可行解、基本最优解和最优解之间的联系与区别是本章的重点，线性规划的性质定理（定理 1.1 至定理 1.4）是单纯形法的理论基础。图解法虽然简单直观，但仅适用于平面或空间直角坐标系。单纯形法是求解线性规划问题的通用算法，是必须掌握的重点。

　　单纯形法的核心思想是在凸多边形或凸多面体的顶点中搜寻最优解，每一次迭代就是一次顶点的转移。理解单纯形法的基本原理，其关键在于两个重要的基本表达式：（1）用非基变量表示基变量的表达式；（2）用非基变量表示目标函数的表达式。初始基本可行解的确定可以观察系数矩阵中是否具有单位阵，在不易找到单位阵的情况下可以采用添加人工变量的方法，通过大 M 法或两阶段法进行求解。进基变量的确定原则是使目标函数值得到改善，出基变量的确定原则是保证得到的下一个解仍然是基本可行解。常用的最小比值原则在基向量中有负元素或 0 元素时失效，因为解的可行性可以得到自然满足。通过检验数行和系数矩阵的具体情况可以判断是否得到最优解，是否没有有限最优解。

　　在经济管理领域中，线性规划的应用十分广泛。重要的是坚持问题导向，深入实际进行数据调研，建立适当简化的模型，反复检验以验证模型，最终为管理决策提供依据。线性规划建模的方法和技巧，需要通过大量实践来不断地积累和掌握。

　　与本章内容相联系的是对偶理论、修正（对偶）单纯形法和灵敏度分析，这些内容在第 2 章中进行讨论。基于线性规划，逐步引申而来的其他特殊线性规划有运输问题、整数规划、多目标规划和模糊线性规划等。本书仅在第 3 章讨论运输问题，对其他规划问题有兴趣的读者可以通过自学、查阅参考书和网上资料了解与学习。

　　本章内容的逻辑框架如下：

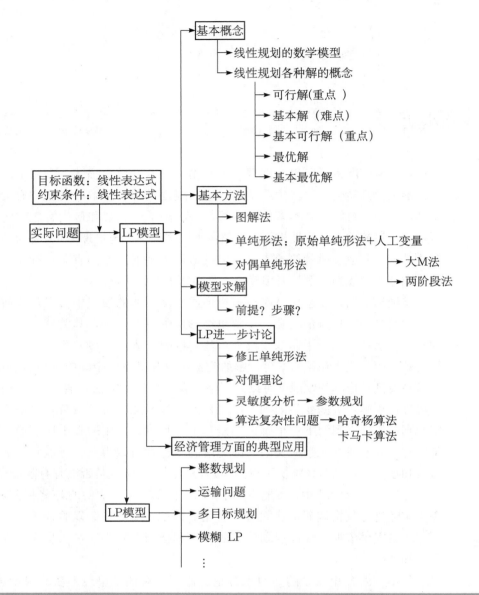

习 题

一、选择填空

1. 下面的模型中，（　　）是线性规划模型。

A. $Z = 5x_1 + 3x_2 + 4x_3$

$$\text{s. t.} \begin{cases} x_1 + x_2 - x_3 \geqslant 3 \\ 6x_1 + 2x_2 + 9x_3 \leqslant 21 \\ x_1 + 4x_3 = 9 \\ x_1 \geqslant 0, x_3 \leqslant 0 \end{cases}$$

B. $\min Z = x_1 + x_2 + 3x_3$

$$\text{s. t.} \begin{cases} x_1 x_2 + 5x_3 \leqslant 10 \\ x_1 + x_2 + x_3^2 \geqslant 20 \\ x_1, x_2 \geqslant 0, x_3 \text{ 符号不限} \end{cases}$$

C. $\max Z = \prod_{j=1}^{n} c_j x_j$ 　　　　　　D. $\min Z = \sum_{i=1}^{m} c_i^2 x_i + \sum_{j=1}^{n} b_j^2 y_i$

s. t. $\begin{cases} \sum_{j=1}^{n} a_{ij} x_j = b_i, & i = 1, \cdots, m \\ x_j \geqslant 0, & j = 1, \cdots, n \end{cases}$ 　　s. t. $\begin{cases} x_i + y_i = a_{ij}^2 \\ i = 1, \cdots, m \\ j = 1, \cdots, n \end{cases}$

2. 在如下线性规划模型的约束条件中，（　　） 所对应的线性规划问题无可行解。

A. $\begin{cases} -x_1 + 2x_2 - x_3 \geqslant 1 \\ -x_1 - 2x_2 + x_3 \geqslant 6 \\ x_1, x_2, x_3 \geqslant 0 \end{cases}$ 　　　B. $\begin{cases} x_1 - x_2 \geqslant 2 \\ 2x_1 + x_2 \leqslant -2 \\ x_1, x_2 \geqslant 0 \end{cases}$

C. $\begin{cases} -2x_1 + x_2 \leqslant 4 \\ x_1 - x_2 \leqslant 2 \\ x_1, x_2 \geqslant 0 \end{cases}$ 　　　D. $\begin{cases} -4x_1 + 2x_2 + x_3 \leqslant 14 \\ -x_1 + x_2 - x_3 \leqslant 4 \\ x_1, x_2, x_3 \geqslant 0 \end{cases}$

3. 设某线性规划问题的约束条件是

$$\begin{cases} x_1 + 3x_3 - x_4 = 3 \\ 2x_2 + 2x_3 - x_5 = 5 \\ x_j \geqslant 0, \quad j = 1, \cdots, 5 \end{cases}$$

则该问题的基本可行解是（　　）。

A. $(3, 0, 0, 0, -5)^{\mathrm{T}}$ 　　　　　B. $(0, 0, 1, 0, -3)^{\mathrm{T}}$

C. $\left(0, \dfrac{3}{2}, 1, 0, 0\right)^{\mathrm{T}}$ 　　　　D. $\left(3, \dfrac{5}{2}, 0, 0, 0\right)^{\mathrm{T}}$

4. 设某一极大化线性规划问题的单纯形表中，检验数 $\sigma_j > 0$，而主元列 $P_j \leqslant 0$，则下列说法正确的是（　　）。

A. 该线性规划问题无解　　　　　B. 该线性规划问题的解无界

C. 该线性规划问题有唯一解　　　D. 该线性规划问题有无穷多个解

5. 下列说法中，（　　） 是正确的。

A. 基本解一定是可行解

B. 基本可行解的每一个分量一定是非负的

C. 若 B 是基，则 B 一定是可逆的

D. 非基变量的系数列向量一定是线性相关的

6. 标准形式的线性规划问题，其可行解（　　）是基本可行解，最优解（　　）是可行解，最优解（　　）可以在可行域的顶点上达到，最优解（　　）是基本可行解，基本最优解（　　）是唯一的。

A. 一定　　　　　　B. 不一定　　　　　　C. 一定不

7. 目标函数取极小的线性规划问题可以转化为目标函数取极大的线性规划问题求解（令 $Z' = -Z$），原问题的目标函数值等于（　　）。

A. $Z_{\max}$ 　　　B. $Z'_{\max}$ 　　　C. $-Z'_{\max}$ 　　　D. $-Z_{\max}$

8. 大 M 法和两阶段法是用来（　　）的。当用两阶段法时，第一阶段建立

的辅助线性规划中，其目标函数为（　　）。

    A. 人工变量之和

    B. 松弛变量、剩余变量及人工变量之和

    C. 简化计算

    D. 处理人工变量

  9. 在单纯形法求解中，常用最小比值原则确定（　　）变量。当（　　）时，最小比值原则失效，因为解的可行性可以得到自然满足。

    A. 进基　　　　　B. 出基　　　　　C. $a_{ik} \leqslant 0$　　　　　D. $a_{ik} > 0$

  10. 当采用两阶段法处理人工变量时，第一阶段的目的是求出（　　　），并得到（　　　）。在第二阶段，将第一阶段的最优解作为（　　　），并将目标函数换成原问题的目标函数，进行单纯形迭代，其目的是求出（　　　）。

    A. 初始基本可行解　　　B. 最优解　　　C. 约束条件的等价变形

    D. 基本最优解　　　　　E. 初始可行解　　F. 约束条件的标准型

二、判断正误

  1. 若线性规划问题的可行域无界，则该线性规划问题一定没有最优解。

                                              （　　）

  2. 基本可行解的个数不会超过基的个数。　　　　　　　　　　　　（　　）

  3. 基本可行解的个数不会超过基本解的个数。　　　　　　　　　　（　　）

  4. 用单纯形法求解线性规划问题，必须要有单位阵作为初始可行基。

                                              （　　）

  5. 线性规划数学模型中的决策变量必须是非负的。　　　　　　　　（　　）

  6. 若线性规划问题有解，则约束方程的个数小于或等于决策变量的个数。

                                              （　　）

  7. 若最优单纯形表中非基变量的检验数为零，则相应问题的最优解有无穷多个。　　　　　　　　　　　　　　　　　　　　　　　　　　　　　（　　）

  8. 单纯形法的迭代计算是从一个可行解转换到目标函数值更大的另一个可行解。　　　　　　　　　　　　　　　　　　　　　　　　　　　　　　（　　）

  9. 一旦人工变量在迭代中变为非基变量，该变量及相应的系数列就可以从单纯形表中删除，而不影响计算结果。　　　　　　　　　　　　　　　（　　）

  10. 基本最优解的个数最多不超过凸多面体某个面上（与目标函数等值面重合的面）顶点的个数。　　　　　　　　　　　　　　　　　　　　　（　　）

三、将下列问题化为标准型

  1. $\max Z = 2x_1 + x_2 + 3x_3 + x_4$

$$\text{s. t.} \begin{cases} x_1 + x_2 + x_3 + x_4 \leqslant 7 \\ 2x_1 - 3x_2 + 5x_3 = -8 \\ x_1 - 2x_3 + 2x_4 \geqslant 1 \\ x_1, x_3 \geqslant 0, x_2 \leqslant 0, x_4 \text{ 符号不限} \end{cases}$$

  2. $\min Z = -x_1 + 5x_2 - 2x_3$

$$\text{s. t.} \begin{cases} x_1 + x_2 - x_3 \leqslant 6 \\ 2x_1 - x_2 + 3x_3 \geqslant 5 \\ x_1 + x_2 = 10 \\ x_1 \geqslant 0, x_2 \leqslant 0, x_3 \text{ 符号不限} \end{cases}$$

四、用图解法求解下列线性规划

1. $\min Z = -x_1 + 2x_2$

s. t. $\begin{cases} x_1 - x_2 \geqslant -2 \\ x_1 + 2x_2 \leqslant 6 \\ x_1, x_2 \geqslant 0 \end{cases}$

2. $\max Z = -x_1 + 2x_2$

s. t. $\begin{cases} x_1 - x_2 \geqslant -2 \\ x_1 + 2x_2 \leqslant 6 \\ x_1, x_2 \geqslant 0 \end{cases}$

3. $\min Z = -x_1 + 2x_2$

s. t. $\begin{cases} x_1 - x_2 \geqslant -2 \\ x_1, x_2 \geqslant 0 \end{cases}$

4. $\max Z = 3x_1 + 6x_2$

s. t. $\begin{cases} x_1 - x_2 \geqslant -2 \\ x_1 + 2x_2 \leqslant 6 \\ x_1, x_2 \geqslant 0 \end{cases}$

5. $\max Z = 3x_1 + 6x_2$

s. t. $\begin{cases} x_1 - x_2 \leqslant -2 \\ x_1 + 2x_2 \leqslant -5 \\ x_1, x_2 \geqslant 0 \end{cases}$

五、用单纯形法求解下列线性规划

1. $\max Z = 3x_1 + 5x_2$

s. t. $\begin{cases} x_1 \leqslant 4 \\ 2x_2 \leqslant 12 \\ 3x_1 + 2x_2 \leqslant 18 \\ x_1, x_2 \geqslant 0 \end{cases}$

2. $\max Z = 2x_1 - x_2 + x_3$

s. t. $\begin{cases} 3x_1 + x_2 + x_3 \leqslant 60 \\ x_1 - x_2 + 2x_3 \leqslant 10 \\ x_1 + x_2 - x_3 \leqslant 20 \\ x_1, x_2, x_3 \geqslant 0 \end{cases}$

3. $\min Z = -2x_1 + x_2 - 3x_3$

s. t. $\begin{cases} 2x_1 - 2x_2 + 4x_3 \leqslant 50 \\ 2x_1 + x_3 \leqslant 30 \\ x_1 + x_2 - x_3 \leqslant 20 \\ x_1, x_2, x_3 \geqslant 0 \end{cases}$

4. $\max Z = 3x_1 + 4x_2$

s. t. $\begin{cases} x_1 \leqslant 3 \\ 2x_2 \leqslant 9 \\ 2x_1 + 3x_2 \leqslant 15 \\ x_1, x_2 \geqslant 0 \end{cases}$

六、表格单纯形法计算题

1. 现有求目标函数极大化的某线性规划问题的初始单纯形表如表 1—12 所示。

（1）将初始表填写完整；

（2）根据初始表写出原问题的数学模型；

（3）用单纯形法求出最优解及相应的最优值。

表 1—12　　　　某线性规划问题的初始单纯形表

C_B	X_B	c_j / x_j / b	5 x_1	20 x_2	25 x_3	0 x_4	0 x_5	0 x_6
		40	2	1	0	1	0	0
		30	0	2	1	0	1	0
		15	3	0	$-1/2$	0	0	1
	$-Z$							

2. 已知线性规划:

$$\max Z = 5x_1 + 2x_2 + 3x_3$$

$$\text{s. t.} \begin{cases} x_1 + 5x_2 + 2x_3 + x_4 = k_1 \\ x_1 - 5x_2 - 6x_3 + x_5 = k_2 \\ x_1, x_2, x_3, x_4, x_5 \geqslant 0 \end{cases}$$

式中,k_1,k_2 为常数,其最优单纯形表如表 1—13 所示。

表 1—13　　　　　　　　　　　最优单纯形表

C_B	X_B	b / c_j x_j	5 x_1	2 x_2	3 x_3	0 x_4	0 x_5	θ_j
5	x_1	30	1	b	2	1	0	
0	x_5	10	0	c	-8	-1	f	
$-Z$		-150	0	a	-7	d	e	$c_j - z_j$

请求出未知数 a, b, c, d, e, f 的值,并确定 k_1,k_2 的值。

3. 在极大化问题的表 1—14 中,有六个未知常数 a_1,a_2,a_3,β,σ_1,σ_2(假定无人工变量),分别写出对六个未知数的约束条件,使以下各小题关于该表的说法为真。

(1) 现行解最优,但不唯一;

(2) 现行解不可行(指出由哪个变量造成的);

(3) 一个约束条件有矛盾;

(4) 现行解是退化的基本可行解;

(5) 现行解可行,但问题无有限最优解;

(6) 现行解是唯一最优解;

(7) 现行解可行,但将 x_1 取代 x_6 后,目标函数能改进。

表 1—14　　　　　　　　　　　极大化问题的单纯形表

C_B	X_B	b / c_j x_j	c_1 x_1	c_2 x_2	c_3 x_3	c_4 x_4	c_5 x_5	c_6 x_6
	x_3	β	4	a_1	1	0	a_2	0
	x_4	2	-1	-5	0	1	-1	0
	x_5	3	a_3	-3	0	0	-4	1
			σ_1	σ_2	0	0	-3	0

4. 下面是某厂的产品计划问题的 LP 模型,其中 x_1,x_2 分别为 A,B 两种产品的产量(件),Z 为两种产品的总利润(百元)。

$$\max Z = 23x_1 + 4x_2$$

$$\text{s. t.} \begin{cases} 6x_1 + 4x_2 \leqslant 12 & \text{(甲机床可利用总工时限制)} \\ x_1 + 2x_2 \leqslant 8 & \text{(乙机床可利用总工时限制)} \\ x_1, x_2 \geqslant 0 \end{cases}$$

试用单纯形法求出最优解和目标函数最优值，并给出相应的经济解释。

七、用大 M 法和两阶段法求解下列线性规划

1. $\min Z = x_1 + 2x_2$

$$\text{s. t.} \begin{cases} -x_1 + 2x_2 \geqslant 2 \\ x_1 \leqslant 3 \\ x_1, x_2 \geqslant 0 \end{cases}$$

2. $\max Z = x_1 + 2x_2 + 3x_3 - x_4$

$$\text{s. t.} \begin{cases} x_1 + 2x_2 + 3x_3 = 15 \\ 2x_1 + x_2 + 5x_3 = 20 \\ x_1 + 2x_2 + x_3 + x_4 = 10 \\ x_1, x_2, x_3, x_4 \geqslant 0 \end{cases}$$

3. $\max Z = 3x_1 - x_2 - x_3$

$$\text{s. t.} \begin{cases} x_1 - 2x_2 + x_3 \leqslant 11 \\ -4x_1 + x_2 + 2x_3 \geqslant 3 \\ -2x_1 + x_3 = 1 \\ x_1, x_2, x_3 \geqslant 0 \end{cases}$$

4. $\min Z = 4x_1 + 3x_3$

$$\text{s. t.} \begin{cases} \frac{1}{2}x_1 + x_2 + \frac{1}{2}x_3 - \frac{2}{3}x_4 = 2 \\ \frac{3}{2}x_1 - \frac{1}{2}x_3 = 3 \\ 3x_1 - 6x_2 + 4x_4 = 0 \\ x_j \geqslant 0, \quad j = 1, 2, 3, 4 \end{cases}$$

八、线性规划建模

1. 秋林商店需制定一种商品下半年的进货及销售计划。由于商店仓库容量有限，存货不能超过 500 件。6 月底已有存货 100 件，此后每月 1 日进货一次。假设各月份该商品买进及销售单价如表 1—15 所示。问各月的进货量和销售量各多少，才能使总收益最大？试建立线性规划模型。（不考虑其他会计核算成本。）

表 1—15　　　　　　　　　　　秋林商店进货/销售单价表

	7 月	8 月	9 月	10 月	11 月	12 月
买进单价	28	24	25	27	23	23
销售单价	29	24	26	28	22	25

2. 牛村养鸡厂共饲养 1 万只鸡，用大豆和谷物两种饲料喂养。已知每只鸡每天平均消耗混合饲料 1 公斤，而每只鸡每天至少需要 0.22 公斤蛋白质和 0.06 公斤钙。每公斤大豆含 50% 的蛋白质和 0.2% 的钙，购价为 0.4 元；每公斤谷物含 10% 的蛋白质和 0.1% 的钙，购价为 0.20 元。问怎样混合饲料，才能使购买饲料的花费最省？

3. 红星机械厂生产 A，B，C 三种产品，每种产品都要经过甲、乙两道工序。设该厂有两种规格的设备甲$_1$ 和甲$_2$ 能完成甲工序；有三种规格的设备乙$_1$、乙$_2$ 和乙$_3$ 能完成乙工序。每种设备完成每个产品的加工工时、每工时的费用以及每件产品的原料费用和销售价格如表 1—16 所示，其中空缺位置表示该设备不能加工该种产品。现要求安排最优的生产计划，使该厂利润最大。

表1—16   红星机械厂生产计划问题数据表

工序	设备	产品 A	产品 B	产品 C	设备有效台时	设备加工费（元/工时）
甲	甲₁	4	8		5 000	0.10
	甲₂	3	7	9	11 000	0.05
乙	乙₁		6	2	3 000	0.08
	乙₂	5		5	6 000	0.12
	乙₃	6	3		4 000	0.07
原料费（元/件）		0.3	0.5	0.8		
单价（元/件）		1.5	2.5	4		

4. 兴华厂生产 A，B 两种产品。每生产单位产品 A 需要 1 小时技术准备（指设计试验等）、10 工时和 3 公斤材料；每生产单位产品 B 需要 2 小时技术准备、4 工时和 2 公斤材料。可供利用的技术准备时间共 80 小时，工时共 500 小时，材料共 350 公斤。因对公司大量购买提供较大的折扣，利润数字如表1—17和图1—14所示。现要制定使利润最大的产品生产计划，试建立该问题的线性规划模型。

表1—17   兴华厂生产计划问题数据表

产品 A		产品 B	
销售量（件）	单位利润（元）	销售量（件）	单位利润（元）
0～40	10	0～50	6
41～100	9	50 以上	4
100 以上	8		

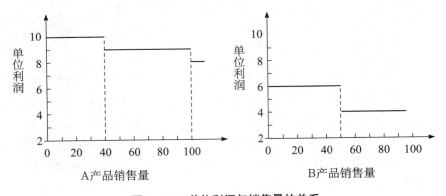

图1—14   单位利润与销售量的关系

5. 高三（1）班共有男生 20 人，女生 15 人，集体参加植树节劳动一天。已知男生每天每人平均能挖树坑 20 个，或栽树 30 棵，或浇水 25 棵；女生平均每人每天可挖树坑 10 个，或栽树 20 棵，或浇水 15 棵。问怎样分工，才能使全天植树（包括挖树坑、栽树、浇水全过程）总数最多？试建立线性规划模型。

6. 某企业销售公司负责该企业主打产品 A 的销售工作，按照内部市场化方式运作，即按成本价从企业购进产品，再以销售价格向企业销售。公司设有容量为 80 000 吨的仓库。新年伊始，销售公司尚有 2 000 吨初始库存产品并拥有流动资金 50 万元。已知第一季度各月的成本价与销售价的预测结果。根据管理条例，当月进库的产品需下月方可销售，购销均执行"货到付款"原则。为了给第二季度做准备，希望第一季度末库存维持在 2 500 吨。表 1—18 列出了该购销计划问题的所有相关信息，请制定购销计划，使第一季度三个月的纯利润达到最大。试建立线性规划模型（要说明约束条件的类别，不求解）。

表 1—18　　　　　　　　　第一季度购销计划问题的相关信息表

月份	月初库存量（吨）	库容量（吨）	成本价（元/吨）	销售价（元/吨）	当月盈利（元）	月初流动资金（元）
1 月	2 000	80 000	2 800	3 100		500 000
2 月		80 000	3 150	3 500		
3 月		80 000	2 900	3 300		
4 月	2 500	80 000				

7. 用长 8 米的角钢切割钢窗用料，每副钢窗含长 1.5 米的料 2 根，1.45 米的 2 根，1.3 米的 6 根，0.35 米的 12 根。若需要钢窗用料 50 套，问最少需要切割 8 米的角钢多少根？试建立用料问题的线性规划模型。

8. 某饲养场喂养动物出售，设每头动物每天至少需要 650 克蛋白质、3 克矿物质及 6 毫克维生素。现有四种饲料可供选择，各种饲料每公斤营养成分含量及单价如表 1—19 所示，要求确定既满足动物生长的营养需求，又使费用最省的配料方案。试建立线性规划模型。

表 1—19　　　　　　　　　　　　数据表

饲料	蛋白质（克）	矿物质（克）	维生素（毫克）	价格（元/公斤）
1	300	1	0.6	0.8
2	200	0.8	1.2	0.6
3	100	0.4	0.5	0.3
4	400	2	1.8	1.5

9. 工厂生产 A，B 两种产品，每个产品经过两道工序的加工。每吨 A 产品经过工序 1、工序 2 的加工时间分别为 2 小时、3 小时；每吨 B 产品经过工序 1、工序 2 的加工时间分别为 3 小时、5 小时。工序 1、工序 2 总共可利用的工时分别为 20 小时、30 小时。另外，每生产 1 吨 B 产品可得到 2.5 吨副产品 C。A 产品每吨盈利 3 000 元，B 产品每吨盈利 3 500 元，销售 1 吨 C 产品盈利 1 000 元，但若报废 1 吨 C 产品则损失 600 元。市场部门预测 C 产品销量最多为 8 吨。请确定 A，B 两种产品的产量，使工厂总的盈利最大。试建立此问题的线性规划模型。

10. 某金工车间配有一台钻床和三台铣床，用以生产一种由一个零件 A 和两个零件 B 组成的组件。对这两种零件，每件零件需钻床和铣床的加工时间如表 1—20 所示。现在要求在所有这些机床上保持均衡的负荷，使每台机床每天的运行时间不超过任一其他机床 30 分钟（假定铣切负荷均匀分配给三部铣床）。若每个工作日工作时间为 8 小时，试为每台机床分配工作时间，使生产的组件数最多。

表 1—20　　　　　　　　　　某金工车间的零件加工参数　　　　　　　　单位：小时

零件	钻床	铣床
A	3	18
B	5	12

九、研究讨论题

1. 已知某线性规划问题的约束方程为：

$$\begin{cases} 2x_1 + x_2 - x_3 = 25 \\ x_1 + 3x_2 - x_4 = 30 \\ 4x_1 + 7x_2 - x_3 - 2x_4 - x_5 = 85 \\ x_j \geqslant 0, j = 1,2,3,4,5 \end{cases}$$

判断下列各点是否为该线性规划问题可行域的顶点，并说明理由。

(1) $(5,15,0,20,0)^{\mathrm{T}}$。

(2) $(9,7,0,0,8)^{\mathrm{T}}$。

2. 从单纯形最终表格中能否确定原问题有唯一最优解，或者有无穷多个最优解，或者无解？请问根据什么进行判断？

3. 如果线性规划标准型的约束改为目标函数极小化，则用单纯形法计算时如何判别问题已经得到最优解？

4. 在确定初始可行基时，什么情况下要在约束条件中添加人工变量？在目标函数中，人工变量前的系数为 $-M$（M 远远大于 0）的经济意义是什么？

第 2 章

对偶原理与灵敏度分析

本章要点：

1. 对偶原理及对偶定理
2. 对偶最优解的经济含义
3. 对偶单纯形法
4. 灵敏度分析

§2.1 单纯形法的矩阵描述

单纯形法的矩阵描述，其关键是两个基本表达式：一是用非基变量表示基变量的表达式；二是用非基变量表示目标函数的表达式。线性规划标准型的矩阵形式为：

$$\max Z = CX$$
$$\text{s. t.} \begin{cases} AX = b \\ \cdots \\ X \geqslant 0 \end{cases} \tag{2—1}$$

将基变量与非基变量进行区分，把式中的矩阵写成分块矩阵形式，即

$$C = (C_B \vdots C_N), \quad X = (X_B \vdots X_N), \quad A = (P_1, P_2, \cdots, P_n) \overset{\triangle}{=} (B \vdots N)$$

代入式（2—1）可得出两个基本表达式：

（1）由约束条件 $AX = (B \vdots N) \begin{bmatrix} X_B \\ \cdots \\ X_N \end{bmatrix} = BX_B + NX_N = b$，可得用非基变量

表示基变量的表达式：

$$X_B = B^{-1}(b - NX_N) = B^{-1}b - B^{-1}NX_N \tag{2—2}$$

（2）将式（2—2）代入目标函数的表达式，可得用非基变量表示目标函数

的表达式：

$$Z = CX = (C_B \vdots C_N) \begin{pmatrix} X_B \\ \cdots \\ X_N \end{pmatrix} = C_B X_B + C_N X_N$$

$$= C_B (B^{-1}b - B^{-1}NX_N) + C_N X_N$$

$$= C_B B^{-1}b - C_B B^{-1}NX_N + C_N X_N$$

$$= C_B B^{-1}b + (C_N - C_B B^{-1}N)X_N$$

令 $\sigma_N = C_N - C_B B^{-1}N$，得

$$Z = C_B B^{-1}b + \sigma_N X_N \tag{2—3}$$

借助一个恒等式还可以推出用非基变量表示目标函数的另一个等价表达式：

$$(C_B - C_B B^{-1}B) X_B = 0 \Rightarrow C_B X_B - C_B B^{-1}BX_B = 0 \tag{2—4}$$

将式（2—4）代入式（2—3），并令 $\pi = C_B B^{-1}$，得

$$Z = C_B B^{-1}b + (C_N - C_B B^{-1}N) X_N + C_B X_B - C_B B^{-1}BX_B$$

$$= \pi b + (C - \pi A)X \tag{2—5}$$

$\pi = C_B B^{-1}$ 称为单纯形乘子。式（2—3）是目标函数与最优值 $C_B B^{-1}b$ 和检验数向量 σ_N 的关系。式（2—5）将目标函数与价值系数 C 和系数矩阵 A 联系在一起，在后面对偶定理的有关证明中可以运用。

单纯形表格的矩阵形式见表 2—1。

表 2—1 单纯形表格的矩阵形式

C_B	X_B	c_j / x_j / b	C_B / X_B^T	C_N / X_N^T	θ_j
C_B^T	X_B	$B^{-1}b$	$B^{-1}B$	$B^{-1}N$	
	$-Z$	$-C_B B^{-1}b$	0	$C_N - C_B B^{-1}N$	

§2.2 对偶原理

2.2.1 对偶问题的提出

对偶思想在实际生活中处处可见。例如，周长一定的矩形中正方形的面积最大；而面积一定的矩形中正方形的周长最小。这两个问题就是一对对偶问题。其特点是：（1）最终结果都是以正方形作为"最优解"。（2）一个是极大化问题，以面积作为目标函数，周长为限制条件；而另一个是极小化问题，以周长作为目标函数，而面积是限制条件。

如果换个角度再观察生产计划问题，则从两个不同观察角度得到的两个线性规划就构成一对对偶线性规划。

[例 2—1] 有线性规划：

$$\max Z = 2x_1 + 3x_2 + 3x_3$$

$$\text{s. t.} \begin{cases} x_1 + x_2 + x_3 \leqslant 3 \\ x_1 + 4x_2 + 7x_3 \leqslant 9 \\ x_1, x_2, x_3 \geqslant 0 \end{cases}$$

要求制定一个生产计划方案，在劳动力和原材料可能供应的范围内，使得产品的总利润最大。它的对偶问题就是一个价格系统，使在平衡了劳动力和原材料的直接成本后，所确定的价格系统最具竞争力。

$$\min W = 3y_1 + 9y_2$$

$$\text{s. t.} \begin{cases} y_1 + y_2 \geqslant 2 \\ y_1 + 4y_2 \geqslant 3 \\ y_1 + 7y_2 \geqslant 3 \\ y_1, y_2 \geqslant 0 \end{cases}$$　（用于生产第 i 种产品的资源转让要求收益不小于生产该种产品时获得的利润）

对偶变量的经济意义可解释为对工时及原材料的单位定价（影子价格）。若工厂自己不生产产品 A，B，C，将现有的工时及原材料转而接受外来加工时，那么上述的价格系统能保证不亏本又最富有竞争力（工时及原材料的总价格最低）。可以看出，当原问题和对偶问题都取得最优解时，两个线性规划所对应的目标函数值是相等的，即 $Z_{\max} = W_{\min} = 8$。

考察原问题和对偶问题的解，可以为管理者进行决策提供另一种自由度。比如在研究怎样利用已有的资源以取得最大利润的同时，还可以进一步探讨怎样通过增加更多的资源或使用不同类型的资源来增加利润。当工时和原材料的市场价格低于其影子价格时，可以考虑招工和购买原材料，扩大生产；当工时和原材料的市场价格高于其影子价格时，可以考虑将自己富余的工时和原材料出售，接受外来加工。

再看一个饮食与营养问题的一对对偶线性规划的构成。

[例 2—2] 采购甲、乙、丙、丁 4 种食品的量分别为 x_1，x_2，x_3，x_4。在保证人体所需维生素 A，B，C 的前提下，如何使总的花费最小。由此构成的目标要求是极小化总费用的线性规划模型：

$$\min Z = 0.8x_1 + 0.5x_2 + 0.9x_3 + 1.5x_4$$

$$\text{s. t.} \begin{cases} 1\,000x_1 + 1\,500x_2 + 1\,750x_3 + 3\,250x_4 \geqslant 4\,000 \text{（国际单位，维生素 A）} \\ 0.6x_1 + 0.27x_2 + 0.68x_3 + 0.3x_4 \geqslant 1 \qquad\quad \text{（毫克，维生素 B）} \\ 17.5x_1 + 7.5x_2 + 30x_4 \geqslant 30 \qquad\qquad\qquad \text{（毫克，维生素 C）} \\ x_1, x_2, x_3, x_4 \geqslant 0 \end{cases}$$

换一个角度考虑，如果生产维生素药丸的制药公司想让营养师相信，各种维生素无须通过各种食品的转换就能供营养师调剂，那么制药公司面对的问题是：为维生素药丸确定单价，以获得最大的收益，同时与真正的食品竞争。于是，维生素药丸的单位成本不能超过相应食品的市场价格。由此得到下面的对偶线性规划：

$$\max W = 4\,000y_1 + y_2 + 30y_3$$

$$\text{s. t.}\begin{cases} 1\,000y_1 + 0.6y_2 + 17.5y_3 \leqslant 0.8 \\ \text{（符合甲的营养成分所耗成本} \leqslant \text{甲的市价）} \\ 1\,500y_1 + 0.27y_2 + 7.5y_3 \leqslant 0.5 \\ \text{（符合乙的营养成分所耗成本} \leqslant \text{乙的市价）} \\ 1\,750y_1 + 0.68y_2 + 0y_3 \leqslant 0.9 \\ \text{（符合丙的营养成分所耗成本} \leqslant \text{丙的市价）} \\ 3\,250y1 + 0.3y_2 + 30y_3 \leqslant 1.5 \\ \text{（符合丁的营养成分所耗成本} \leqslant \text{丁的市价）} \\ y_1, y_2, y_3 \geqslant 0 \end{cases}$$

2.2.2 原问题和对偶问题的关系

先研究对称形式的对偶关系，观察原问题与其对偶问题之间的变换关系。然后再讨论如何运用这种变换关系写出非对称形式的对偶问题。

[**定义 2.1**] 若原问题是：

$$\max Z = c_1x_1 + c_2 + x_2 + \cdots + c_nx_n$$

$$\text{s. t.}\begin{cases} a_{11}x_1 + a_{12}x_2 + \cdots + a_{1n}x_n \leqslant b_1 \\ a_{21}x_1 + a_{22}x_2 + \cdots + a_{2n}x_n \leqslant b_2 \\ \vdots \\ a_{m1}x_1 + a_{m2}x_2 + \cdots + a_{mn}x_n \leqslant b_m \\ x_1, x_2, \cdots, x_n \geqslant 0 \end{cases} \qquad (2\text{—}6)$$

则其对偶问题定义为：

$$\min W = b_1y_1 + b_2y_2 + \cdots + b_my_m$$

$$\text{s. t.}\begin{cases} a_{11}y_1 + a_{21}y_2 + \cdots + a_{m1}y_m \geqslant c_1 \\ a_{12}y_1 + a_{22}y_2 + \cdots + a_{m2}y_m \geqslant c_2 \\ \vdots \\ a_{1n}y_1 + a_{2n}y_2 + \cdots + a_{mn}y_m \geqslant c_n \\ y_1, y_2, \cdots, y_m \geqslant 0 \end{cases} \qquad (2\text{—}7)$$

式（2—6）与式（2—7）之间的变换关系称为"对称形式的对偶关系"。

对称形式的对偶关系也可用矩阵形式描述如下：

原问题 $\quad \max Z = CX \quad \text{s. t.}\begin{cases} AX \leqslant b \\ X \geqslant 0 \end{cases} \quad \Rightarrow \quad$ 对偶问题 $\quad \min W = Yb \quad \text{s. t.}\begin{cases} YA \geqslant C \\ Y \geqslant 0 \end{cases}$

注意：

（1）在原问题中，C 是 $1 \times n$ 阶矩阵（行向量），X 是 $n \times 1$ 阶矩阵（列向量），b 是 $m \times 1$ 阶矩阵（列向量），A 是 $m \times n$ 阶矩阵。在对偶问题中，Y 是 $1 \times m$ 阶矩阵（行向量）。因此，对偶问题的矩阵形式与原问题有所不同。

（2）根据上述定义，读者可以自行总结记忆法则。例如，"上下交换；左右换位；不等式变号；极大变极小"。其中，"上下交换"指位于上方的价值系数与位于下方的右端常数交换了位置；"左右换位"指用矩阵形式描述对称形式对偶关系的式子中，原问题约束条件的 AX 所在位置，到对偶问题中表现为 YA，变量与约束系数矩阵的位置左右互换。如果用线性规划的一般形式进行描述，对偶问题中的系数矩阵恰为原问题中系数矩阵的转置，即 A^{T}。

［例 2—3］写出下面线性规划的对偶问题：

$$\max Z = 2x_1 + x_2$$

$$\text{s. t.} \begin{cases} 3x_1 + 4x_2 \geqslant 15 \\ 5x_1 + 2x_2 \geqslant 10 \\ x_1, x_2 \geqslant 0 \end{cases}$$

按照定义 2.1，该问题的对偶线性规划为：

$$\min W = 15y_1 + 10y_2$$

$$\text{s. t.} \begin{cases} 3y_1 + 5y_2 \geqslant 2 \\ 4y_1 + 2y_2 \geqslant 1 \\ y_1, y_2 \geqslant 0 \end{cases}$$

当线性规划的约束条件为等式约束时，原问题与其对偶问题之间的变换关系就是非对称形式的对偶关系。此时，原问题为：

$$\max Z = \sum_{j=1}^{n} c_j x_j$$

$$\text{s. t.} \begin{cases} \sum_{j=1}^{n} a_{ij} x_j = b_i, & i = 1, 2, \cdots, m \\ x_j \geqslant 0, & j = 1, 2, \cdots, n \end{cases}$$

对偶问题为：

$$\min W = \sum_{i=1}^{m} b_i y_i$$

$$\text{s. t.} \begin{cases} \sum_{i=1}^{m} a_{ij} y_i \geqslant c_j, & j = 1, 2, \cdots, n \\ y_i \text{ 符号不限}, & i = 1, 2, \cdots, m \end{cases}$$

对偶问题的特点是：对偶变量符号不限，系数阵为原问题系数矩阵的转置阵。

怎样写出非对称形式的对偶问题呢？可以把一个等式约束写成两个不等式约束，再根据对称形式的对偶关系定义写出对偶问题。然后进行适当整理，使式中出现的所有系数与原问题中的系数相对应。

根据上述思想，考虑可能出现的各种情况，归纳出原始—对偶表（见表 2—2），按照原始—对偶表可直接写出任意一个线性规划的对偶线性规划。

［例 2—4］对于下面线性规划：

$$\min Z = 4x_1 + 2x_2 + 3x_3$$

$$\text{s. t.} \begin{cases} 4x_1 + 5x_2 - 6x_3 = 7 \\ 8x_1 - 9x_2 + 10x_3 \geqslant 11 \\ 12x_1 + 13x_2 \leqslant 14 \\ x_1 \leqslant 0, \ x_2 \text{ 符号不限}, \ x_3 \geqslant 0 \end{cases}$$

现在写出其对偶规划（a）和（b），试判断哪一个答案是正确的？为什么？

（a）$\max W = 7y_1 + 11y_2 + 14y_3$

$$\text{s. t.} \begin{cases} 4y_1 + 8y_2 + 12y_3 \geqslant 4 \\ 5y_1 - 9y_2 + 13y_3 = 2 \\ -6y_1 + 10y_2 \leqslant 3 \\ y_1 \text{ 符号不限}, \ y_2 \geqslant 0, \ y_3 \leqslant 0 \end{cases}$$

（b）$\max W = 7y_1 + 11y_2 + 14y_3$

$$\text{s. t.} \begin{cases} 4y_1 + 8y_2 + 12y_3 \leqslant 4 \\ 5y_1 - 9y_2 + 13y_3 = 2 \\ -6y_1 + 10y_2 \geqslant 3 \\ y_1 \text{ 符号不限}, \ y_2 \leqslant 0, \ y_3 \geqslant 0 \end{cases}$$

由于原问题是极小化问题，因此使用原始—对偶表写对偶线性规划时，应从表的右边往左边查，所以（a）是正确的。

表 2—2　　　　　　　　　　　　　　　原始—对偶表

原问题（或对偶问题）	对偶问题（或原问题）
目标函数 $\max Z$	目标函数 $\min W$
约束条件数：m 个 第 i 个约束条件类型为"$\leqslant$" 第 i 个约束条件类型为"$\geqslant$" 第 i 个约束条件类型为"$=$"	对偶变量数：m 个 第 i 个变量$\geqslant 0$ 第 i 个变量$\leqslant 0$ 第 i 个变量是自由变量
决策变量数：n 个 第 j 个变量$\geqslant 0$ 第 j 个变量$\leqslant 0$ 第 j 个变量是自由变量	约束条件数：n 个 第 j 个约束条件类型为"$\geqslant$" 第 j 个约束条件类型为"$\leqslant$" 第 j 个约束条件类型为"$=$"

2.2.3　对偶定理

对偶定理是揭示原始问题的解与对偶问题的解之间重要关系的一系列定理。

[定理 2.1]　对称性定理——对偶问题的对偶是原问题。

就对称形式的对偶关系，根据定义 2.1 直接推证即可。

[定理 2.2]　弱对偶定理——若一对对称形式的对偶线性规划

$$\max Z = CX \qquad\qquad\qquad \min W = Yb$$

$$\text{(L)} \quad \text{s. t.} \begin{cases} AX \leqslant b \\ X \geqslant 0 \end{cases} \qquad \text{和} \qquad \text{(D)} \quad \text{s. t.} \begin{cases} YA \geqslant C \\ Y \geqslant 0 \end{cases}$$

均有可行解，分别为 $\widetilde{X}$ 和 $\widetilde{Y}$，则 $C\widetilde{X} \leqslant \widetilde{Y}b$。

证明思路为：

由（L）$A\tilde{X} \leqslant b$，左乘 $\tilde{Y}$，得 $\tilde{Y}A\tilde{X} \leqslant \tilde{Y}b$ $\Bigg\}$

由（D）$\tilde{Y}A \geqslant C$，右乘 $\tilde{X}$，得 $\tilde{Y}A\tilde{X} \geqslant C\tilde{X}$ $\Bigg\}$ $\Rightarrow C\tilde{X} \leqslant \tilde{Y}b$

该结论对非对称形式的对偶问题同样成立。

由该定理可以得到一些很有意义的推论，包括关于"界"的结果和关于最优解无界情况与对偶问题的关系。

（1）关于"界"的结果。

极小化问题有下界：

推论 1 极大化问题的任意一个可行解所对应的目标函数值是其对偶问题最优目标函数值的一个下界。

极大化问题有上界：

推论 2 极小化问题的任意一个可行解所对应的目标函数值是其对偶问题最优目标函数值的一个上界。

（2）关于最优解无界情况与对偶问题的关系。

原始问题可行，则目标函数值上无界的充要条件是对偶问题不可行：

推论 3 若原始问题可行，则其目标函数无界的充要条件是对偶问题没有可行解。

对偶问题可行，则目标函数值下无界的充要条件是原始问题不可行：

推论 4 若对偶问题可行，则其目标函数无界的充要条件是原始问题没有可行解。

[定理 2.3]（最优性准则定理）若 $\tilde{X}$，$\tilde{Y}$ 分别为对称形式对偶线性规划的可行解，且两者目标函数的相应值相等，即 $C\tilde{X} = \tilde{Y}b$，则 $\tilde{X}$，$\tilde{Y}$ 分别为原始问题和对偶问题的最优解。

证明思路如图 2—1 所示，读者可据此自行写出具体的证明过程。

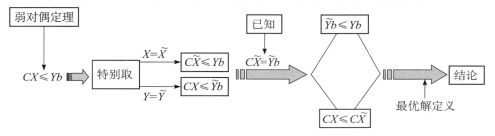

图 2—1 定理 2.3 的证明思路

[定理 2.4]（主对偶定理）若原始问题和对偶问题两者均可行，则两者均有最优解，且此时目标函数值相同。

该定理的证明要点分两部分：

第 1 部分——证明两者均有最优解。

由于原始问题和对偶问题均可行，根据弱对偶定理知两者均有界，于是均有最优解。

第 2 部分——证明在达到最优时，两个问题的目标函数值相等。

其证明思路是利用单纯形法的特征，就非对称形式的对偶关系给出的，证明过程分四个步骤。

第 1 步：给出原始问题形式和对偶问题形式。

$$\max Z=CX \qquad\qquad \min W=Yb$$

$$(L) \quad \text{s. t.} \begin{cases} AX=b \\ \\ X\geqslant 0 \end{cases} \qquad\qquad (D) \quad \text{s. t.} \begin{cases} YA\geqslant C \\ \\ Y\ \text{符号不限} \end{cases}$$

设原始问题有对应于最优基 B 的基本最优解 $X=(X_B, 0)^{\mathrm{T}}$，则有 $X_B=B^{-1}b$。

第 2 步：利用单纯形法的矩阵描述，由单纯形法最优性判别定理得出下面的重要结论。

令 $A=(B, N)$，对应于最优基 B 的检验数满足：$\sigma_N=C_N-C_B B^{-1}N\leqslant 0$。因此推得 $C_B B^{-1}N\geqslant C_N$，定义 $\pi=C_B B^{-1}$ 为最优单纯形乘子。

第 3 步：证明最优单纯形乘子就是对偶问题的可行解。

$\pi A=(\pi B, \pi N)=(C_B, C_B B^{-1}N)\geqslant(C_B, C_N)=C$，满足对偶问题的约束条件，所以 π 是对偶问题的可行解。

第 4 步：进一步证明 π 是对偶问题的最优解，并验证两个问题的目标函数值相等。

根据 $\pi b=C_B B^{-1}b=C_B X_B=CX$，根据最优性准则定理，这时的 π 正是对偶问题的最优解。

2.2.4 对偶最优解的经济意义

一个线性规划对偶问题的最优解简称为"对偶最优解"，也称为"影子价格"。其经济含义是为约束条件付出的代价。此处将以第 1 章 §1.1 提到的生产计划问题为例来讨论对偶最优解的经济意义。

该问题的线性规划模型如下：

$$\max Z=2x_1+3x_2+x_3 \qquad \text{（目标要求是使三种产品的总利润 } Z \text{ 极大化）}$$

$$\text{s. t.} \begin{cases} x_1+x_2+x_3\leqslant 3 & \text{（工时约束）} \\ x_1+4x_2+7x_3\leqslant 9 & \text{（原材料约束）} \\ x_j\geqslant 0, j=1,2,3 & \text{（非负约束）} \end{cases}$$

使用 QSB+软件，用单纯形法求解得到最终表（见表 2—3）。

表 2—3　　　　　　　　　　　最终表 (Total iteration =2)

Basis	c (j)	x_1	x_2	x_3	s_1	s_2	B (i)	B (i) /A (i, j)
		2. 000	3. 000	1. 000	0	0		
x_1	2. 000	1. 000	0	−1	4. 000	−1. 000	1. 000	0
x_2	3. 000	0	1. 000	2. 000	−1. 000	1. 000	2. 000	0
C (j) −Z (j)		0	0	−3. 000	−5. 000	−1. 000	8. 001	
*Big　M		0	0	0	0	0	0	

(max.) Optimal OBJ Value ＝ 8. 006

从基变量列和解答列可以看出，原问题的最优解和目标函数的最优值为：
$$X^* = (x_1^*, x_2^*, x_3^*, s_1^*, s_2^*)^T = (1.000, 2.000, 0, 0, 0)^T$$
$$Z_{max} = 8.001$$

从检验数行可知，对偶最优解和对偶问题的目标函数最优值，只要将所有非基变量的检验数变号，得到
$$Y^* = (y_1^*, y_2^*, s_1, s_2, s_3)^T = (5.00, 1.00, 0, 0, 3.00)^T$$
$$W_{min} = 8.001$$

现在来分析 Y^* 的各分量与 X^* 的对应关系。

原问题有两个约束条件对应着对偶问题的两个变量。表 2—3 中的 s_1，s_2 分别表示两个约束条件中剩余的资源量，它们所对应的检验数的相反数正好是对应的两个对偶变量，即 $y_1^* = 5.00$，$y_2^* = 1.00$，而 x_1，x_2，x_3 所对应的检验数的相反数分别对应着对偶问题中三个约束条件的剩余变量，即 $s_1 = 0$，$s_2 = 0$，$s_3 = 3.00$。

进一步可知，$y_1^* = 5.00$ 表示如果总工时增加 1 个单位，则产品总利润将增加 5 千元；$y_2^* = 1.00$ 则表明若原材料增加 1 吨，产品总利润将增加 1 千元。$s_3 = 3.00$ 则说明，如果生产一个单位的产品 C，将使产品总利润下降 3 千元。

由以上分析可以判断出，目前最敏感的资源在于劳动工时，它的变化对产品总利润的影响最大。因此劳动力是最关键的生产环节，若能采取有力措施增加工时，则产品总利润将会得到较大的提高。在计算机求解结果中，将约束条件的影子价格和变量的机会成本统称为机会成本（见表 2—4）。

表 2—4　　　　　　　　　引例"生产计划问题"求解综合结果表

Summarized Resulted for Case1					
Variables		Solution	Opportunity Cost	Variables		Solution	Opportunity Cost
No.	Names			No.	Names		
1	x_1	1.000 3	0.000 0	4	s_1	0.000 0	5.000 6
2	x_2	2.000 0	0.000 0	5	s_2	0.000 0	1.000 0
3	x_3	0.000 0	3.000 0				
Maximum Value of the OBJ= 8.000 6				Iters. =2			

综上所述，影子价格是通过获取一个单位的追加产品因素，去测量放宽一个约束条件的价值，比较追加资源的价值和资源的实际成本，就能比较有把握地进行管理决策。

§2.3　对偶单纯形法

对偶单纯形法是应用对偶原理求解原始线性规划的一种方法，并非求解对偶问题的单纯形法。其采用的技术是在原始问题的单纯形表格上进行对偶处理。

2.3.1　对偶单纯形法的基本思想

首先，尝试从更高的角度去理解单纯形法，以更深刻地认识"单纯形法"

的求解过程。对于极大化线性规划的单纯形法求解，其迭代过程是从寻求一个初始可行基开始，一个初始可行基对应一个初始基本可行解，通过迭代得到另一个可行基，也就得到了该可行基对应的另一个基本可行解，直至所有的检验数≤0 为止。

所有检验数≤0 意味着 $C_N - C_B B^{-1} N \leq 0$，进一步可得 $\pi A \geq C$。说明原始问题的最优基也是对偶问题的可行基。换言之，当原问题的基 B 既是可行基又是对偶可行基时，B 就成为最优基。于是有：

[**定理 2.5**] B 是线性规划最优基的充要条件是，B 是可行基也是对偶可行基。

单纯形法的求解过程是：在保持基本可行（解答列≥0）的前提下，通过逐步迭代实现对偶可行（检验数行≤0）。换一个角度考虑线性规划的求解过程：能不能在保持对偶可行（检验数行≤0）的前提下，通过逐步迭代实现基本可行（解答列≥0）呢？答案是肯定的。对偶单纯形法与单纯形法的求解思想如图 2—2 所示。

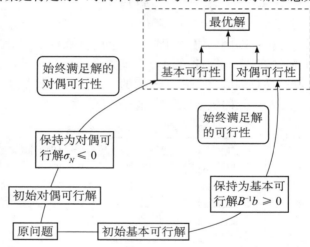

图 2—2　对偶单纯形法与单纯形法求解的基本思想

2.3.2　对偶单纯形法的实施

根据上述分析，对偶单纯形法的使用条件是：（1）检验数全部≤0，满足对偶可行性；（2）解答列至少有一个元素<0，即不满足基本可行性。实施对偶单纯形法的基本原则是在保持对偶可行的前提下进行基变换——每次迭代取出解答列中一个负分量对应的基变量作为换出变量去替换某个非基变量（作为换入变量），使原始问题的解从非基本可行解向基本可行解靠近。

对偶单纯形法的计算步骤如下：

第 1 步：建立初始单纯形表，计算检验数行。

（1）当检验数全部≤0（非基变量检验数<0）时，如果解答列≥0 则已得到最优解。

（2）如果解答列至少有一个元素＜0，转下一步。

（3）当至少有一个检验数＞0 时，如果解答列≥0，则可使用原始单纯形法继续求解。

（4）如果解答列至少有一个元素＜0，则可将解答列负元素所在行对应的约束条件两边同乘以－1，将解答列元素全部变为非负，再使用原始单纯形法继续求解。

（5）如果由于上述处理过程使原可行基不再是单位阵，则可适当增加人工变量，以构造人造基或不完全的人造基，然后使用大 M 法或两阶段法求解。

第 2 步：进行基变换。

先确定换出变量，选解答列中的负元素（一般选最小的负元素）对应的基变量出基。即若 $\min_i \{(B^{-1}b)_i \mid (B^{-1}b)_i < 0\} = (B^{-1}b)_l$，则选 x_l 出基，相应的行为主元行。

然后确定换入变量，原则是在保持对偶可行的前提下，减少原始问题的不可行性。

如果 $\min_j \left\{ \dfrac{c_j - z_j}{a'_{lj}} \mid a'_{lj} < 0 \right\} = \dfrac{c_k - z_k}{a'_{lk}}$（最小比值原则），则选 x_k 为换入变量，相应的列为主元列，主元行和主元列交叉处的元素为主元素 a'_{lk}。

注意：当 $a'_{lj} \geq 0$ 时，最小比值原则失效，对偶可行性自然得到满足，无须计算比值。

第 3 步：按主元素进行换基迭代（旋转运算、枢运算）。

用矩阵的初等行变换将主元素变成 1，主元列变成单位向量，得到新的单纯形表。

继续以上步骤，直至求出最优解。

[**例 2—5**] 用对偶单纯形法求解线性规划：

$$\min W = 3y_1 + 9y_2$$
$$\text{s. t.} \begin{cases} y_1 + y_2 \geq 2 \\ y_1 + 4y_2 \geq 3 \\ y_1 + 7y_2 \geq 3 \\ y_1 \geq 0, \ y_2 \geq 0 \end{cases}$$

先引入非负的剩余变量 y_3, y_4, y_5，将线性规划转化为标准型：

$$\max Z = -3y_1 - 9y_2$$
$$\text{s. t.} \begin{cases} y_1 + y_2 - y_3 = 2 \\ y_1 + 4y_2 - y_4 = 3 \\ y_1 + 7y_2 - y_5 = 3 \\ y_1, \cdots, y_5 \geq 0 \end{cases}$$

将三个等式约束两边分别乘以－1，然后列表进行求解，结果如表 2—5 所示。

表 2—5　　　　　　　　　　　例 2—5 对偶单纯形法举例

C_B	X_B	c_j / y_j / b	-3	-9	0	0	0
			y_1	y_2	y_3	y_4	y_5
0	y_3	-2	-1	-1	1	0	0
0	y_4	-3	-1	-4	0	1	0
0	y_5	-3	-1	-7	0	0	1
	$-Z$	0	-3	-9	0	0	0
	比值		$-3/-1$	$-9/-1$	—	—	—
-3	y_1	2	1	-1	-1	0	0
0	y_4	-1	0	-3	-1	1	0
0	y_5	-1	0	-6	-1	0	1
	$-Z$	6	0	-6	-3	0	0
	比值		—	$-6/-3$	$-3/-1$	0	0
-3	y_1	5/3	1	0	$-4/3$	1/3	0
-9	y_2	1/3	0	1	1/3	$-1/3$	0
0	y_5	1	0	0	1	-2	1
	$-Z$	8	0	0	-1	-2	0

由最优表可知，标准型的最优解是 $Y^* = (5/3, 1/3, 0, 0, 1)^T$，目标函数最优值为 $Z_{max} = -8$，于是原线性规划的最优解是 Y^*（$5/3, 1/3, 0, 0, 1)^T$，目标函数最优值为 $W_{min} = -Z_{max} = 8$

能否不用化为标准型，直接按极小化问题用单纯形表格迭代求解？当然可以，但要注意求解过程中的一些规则需要改变一下，请读者自行思考总结。

§2.4　灵敏度分析

灵敏度分析也叫优化后分析。当线性规划模型中的某些参数或限制量发生变化时，灵敏度分析可以研究这些变化对最优解的影响及其程度的大小。其主要内容包括：

（1）研究目标函数的系数发生变化时对最优解的影响；

（2）约束方程右端系数发生变化时对最优解的影响；

（3）约束方程组系数矩阵发生变化时对最优解的影响。

最终回答两个问题：

（1）这些系数在什么范围内发生变化时，最优基不变（即最优解或最优解结构不变）？

（2）系数变化超出上述范围时，如何用最简便的方法求出新的最优解？

手工进行灵敏度分析时应遵守两个基本原则：一是在最优表格的基础上进行；二是尽量减少附加计算工作量。下面通过对例 1—9 的研究来进行分析和讨论。

$$\max Z = 2x_1 + 3x_2 + 3x_3$$

$$\text{s. t.} \begin{cases} x_1 + x_2 + x_3 \leqslant 3 & \text{（劳动力约束）} \\ x_1 + 4x_2 + 7x_3 \leqslant 9 & \text{（原材料约束）} \\ x_1, x_2, x_3 \geqslant 0 \end{cases}$$

引入非负的松弛变量 x_4，x_5，将该线性规划转化为标准型：

$$\max Z = 2x_1 + 3x_2 + 3x_3 + 0x_4 + 0x_5$$

$$\text{s. t.} \begin{cases} x_1 + x_2 + x_3 + x_4 = 3 & \text{（劳动力约束）} \\ x_1 + 4x_2 + 7x_3 + x_5 = 9 & \text{（原材料约束）} \\ x_1, x_2, x_3, x_4, x_5 \geqslant 0 \end{cases}$$

用表格单纯形法求解如表 2—6 所示。

表 2—6　　　　　　　　　　例 1—9 的表格单纯形法求解过程

C_B	X_B	b	c_j ⟍ x_j					θ_j
			2	3	3	0	0	
			x_1	x_2	x_3	x_4	x_5	
0	x_4	3	①1	1	1	1	0	3/1
0	x_5	9	1	4	7	0	1	9/1
	$-Z$	0	2	3	3	0	0	
2	x_1	3	1	1	1	1	0	3/1
0	x_5	6	0	③3	6	-1	1	6/3
	$-Z$	-6	0	1	1	-2	0	
2	x_1	1	1	0	-1	4/3	-1/3	
3	x_2	2	0	1	2	-1/3	1/3	
	$-Z$	-8	0	0	-1	-5/3	-1/3	

首先研究最优表格中的数据构成，试问：如果选 $B = (P_1, P_2)$ 为初始可行基，能否从表格中直接看出 B^{-1}？从原始表和最优表，不难看出：

$$B^{-1} = \begin{pmatrix} 4/3 & -1/3 \\ -1/3 & 1/3 \end{pmatrix}$$

（想一想，为什么？）

从最优表的检验数行可知，非基变量的检验数 $\sigma_N = (-1, -5/3, -1/3)$。

当价值系数 C 发生变化时可以分两种情况进行讨论。

(1) 当 c_j 是非基变量的价值系数时，它的变化只影响 σ_j 一个检验数。比如，c_3 发生变化时，$\sigma_3 = c_3 - C_B B^{-1} P_3 = c_3 - [2 \times (-1) + 3 \times 2] = c_3 - 4 \leqslant 0$，得 $c_3 \leqslant 4$。即当 $c_3 \leqslant 4$ 时，最优解不变；否则 $\sigma_3 > 0$。可使用原始单纯形法继续迭代

求出新的最优解。

（2）当 c_j 是基变量的价值系数时，它的变化将影响所有非基变量的检验数。因为 $\sigma_N = C_N - C_B B^{-1} N$。当 c_j 变化时，如能保持 $\sigma_N \leqslant 0$，则当前解仍为最优解；否则可用单纯形法继续迭代求出新的最优解。将 c_j 看作待定参数，令 $\sigma_N = C_N - C_B B^{-1} N \leqslant 0$，求解这 $n-m$ 个不等式，即可计算出保持最优解不变时 c_j 的变化范围。

例如当 c_1 发生变化时，仍用 c_1 代表 x_1 的价值系数（看成是待定参数），原最优表格即为表 2—7。

表 2—7 c_1 发生变化时的最优单纯形表

C_B	X_B	b	c_j / x_j → c_1	3	3	0	0
			x_1	x_2	x_3	x_4	x_5
c_1	x_1	1	1	0	-1	$4/3$	$-1/3$
3	x_2	2	0	1	2	$-1/3$	$1/3$
	$-Z$	$-c_1-6$	0	0	c_1-3	$1-4/3c_1$	$1/3c_1-1$

令所有检验数小于 0，得不等式组：

$$\begin{cases} c_1 - 3 \leqslant 0 \\ 1 - \dfrac{4}{3}c_1 \leqslant 0 \\ \dfrac{1}{3}c_1 - 1 \leqslant 0 \end{cases}$$

解该不等式组得：$\dfrac{3}{4} \leqslant c_1 \leqslant 3$。即，

当 $c_1 \in [3/4, 3]$ 时，最优解不变。

当 $c_1 < 3/4$ 时，有 $\sigma_4 = 1 - \dfrac{4}{3}c_1 > 0$，应选 x_4 进基，x_1 出基。

当 $c_1 > 3$ 时，有 $\sigma_3 = c_1 - 3 > 0$，$\sigma_5 = \dfrac{1}{3}c_1 - 1 > 0$，可选 x_3 或 x_5 进基，x_2 出基。

再讨论右端常数 b 发生变化的情况：

当 b_i 发生变化时，将影响所有基变量的取值，因为 $X_B = B^{-1}b$。分两种情况讨论三个问题：

（1）保持 $B^{-1}b \geqslant 0$，当前的基仍为最优基，最优解的结构不变（取值改变）。

（2）$(B^{-1}b)_i < 0$，当前基为非可行基，但仍保持为对偶可行基，因为 b_i 的变化不影响检验数，此时可用对偶单纯形法求出新的最优解。

（3）如何求出保持最优基不变（最优解结构不变）的 b_i 的范围？把 b_i 看作待定参数，令 $B^{-1}b \geqslant 0$，求解该不等式组即可。

我们来看表 2—6 中的最优表格。

由于 $B^{-1} = \begin{pmatrix} \dfrac{4}{3} & -\dfrac{1}{3} \\ -\dfrac{1}{3} & \dfrac{1}{3} \end{pmatrix}$，原 $b_1 = 3$，现用待定参数 b_1 代替 3，则最优表中的

解答列应为:

$$b' = B^{-1}\binom{b_1}{9} = \begin{bmatrix} \dfrac{4}{3} & -\dfrac{1}{3} \\ -\dfrac{1}{3} & \dfrac{1}{3} \end{bmatrix} \binom{b_1}{9} = \begin{bmatrix} \dfrac{4}{3}b_1 - 3 \\ -\dfrac{b_1}{3} + 3 \end{bmatrix} \xrightarrow{\text{令该向量} \geqslant 0}$$

$$\begin{cases} \dfrac{4}{3}b_1 - 3 \geqslant 0 \\ -\dfrac{b_1}{3} + 3 \geqslant 0 \end{cases} \Rightarrow \dfrac{9}{4} \leqslant b_1 \leqslant 9$$

若 b_1 的变化超出这个范围,则解答列中至少有一个元素小于 0,可用对偶单纯形法在表 2—8 的基础上迭代求出新的最优解。例如,$b_1 = 2$,则 $b' = B^{-1}b = (\dfrac{1}{3}, \dfrac{7}{3})^{\mathrm{T}}$。可选 x_1 出基,x_3 或 x_5 进基,求出新的最优解。

表 2—8 　　　　　　　　　　　　　新的最优解

C_B	X_B	b	c_j 2	3	3	0	0	θ_j
			x_j x_1	x_2	x_3	x_4	x_5	
0	x_4	3	1	1	1	1	0	3/1
0	x_5	9	1	4	7	0	1	9/1
$-Z$		0	2	3	3	0	0	
2	x_1	3	1	1	1	1	0	3/1
0	x_5	6	0	3	6	-1	1	6/3
$-Z$		-6	0	1	1	-2	0	
2	x_1	1	1	0	-1	4/3	-1/3	
3	x_2	2	0	1	2	-1/3	1/3	
$-Z$		-8	0	0	-1	-5/3	-1/3	

关于系数矩阵 A 的元素发生变化时,只讨论两种特殊情况:

(1)增加 1 个新变量:相当于系数阵 A 增加 1 列。

如开发出一种新产品,已知其有关工艺参数(或消耗的资源量)和单位产品利润。设该种产品的产量为 x_k,则 c_k 和 P_k 已知,需要进行"是否投产"的决策。

在例 1—9 中,欲增加产品 D,单件利润为 $c_6 = 5$ 千元,工时消耗与材料消耗为 $P_6 = \binom{2}{3}$。

相当于在原始表中增加 1 列 P_6,则在最优表中 P_6 应变成:

$$P'_6 = B^{-1}P_6 \begin{bmatrix} \dfrac{3}{4} & -\dfrac{1}{3} \\ -\dfrac{1}{3} & \dfrac{1}{3} \end{bmatrix} \binom{2}{3} = \begin{bmatrix} \dfrac{5}{3} \\ \dfrac{1}{3} \end{bmatrix}$$

相应的检验数 $\sigma_6 = c_6 - C_B B^{-1}P_6 = c_6 - C_B P'_6 = 5 - (2, 3)\begin{bmatrix} \dfrac{5}{3} \\ \dfrac{1}{3} \end{bmatrix} = \dfrac{2}{3}$。在此

基础上继续迭代,直至求出最优解(见表 2—9)。

表 2—9　　　　　　　　　例 1—9 增加新变量后迭代求解过程

C_B	X_B	b	c_j / y_j	2 x_1	3 x_2	3 x_3	0 x_4	0 x_5	5 x_6	θ_j
2	x_1	1		1	0	−1	4/3	−1/3	(5/3)	1/ (5/3)
3	x_2	2		0	1	2	−1/3	1/3	1/3	2/ (1/3)
	−Z	−8		0	0	−1	−5/3	−1/3	2/3	
5	x_6	3/5		3/5	0	−3/5	4/5	−1/5	1	
3	x_2	9/5		−1/5	1	11/5	−3/5	2/5	0	
	−Z	−42/5		−2/5	0	−3/5	−11/5	−1/5	0	

求解结果说明，应该投产新产品 D。新的生产计划为 $X^* =$（0，9/5，0，0，0，3/5）^{T}，即生产 B 产品 9/5 吨，生产 D 产品 3/5 吨，两种资源全部用完，可得到最大利润为 8.4 千元。

如果算出 $\sigma_6 < 0$，说明不宜投产新产品 D，否则会使总利润下降。

（2）增加 1 个约束条件：相当于系数阵 A 增加 1 行。

首先将原最优解代入新增约束，检查是否满足？如果满足，说明新增约束不影响最优解。否则按以下步骤进行：

1）将新增约束标准化，添加到原最优表格中（相当于约束矩阵新增 1 行）；

2）进行规格化处理——用矩阵的初等行变换将当前基变成单位阵；

3）用适当方法（通常是对偶单纯形法）进行迭代求出新的最优解。

如在上例中增加约束：$2x_1 + 2x_2 + x_3 \leqslant 5$，检查当前最优解 $x_1 = 1$，$x_2 = 2$，$x_3 = 0$ 不满足该约束，于是引入松弛变量 x_6，将新增约束标准化后加入原最优表格，然后进行规格化处理，再用对偶单纯形法迭代求出新的最优解（见表 2—10）。

表 2—10　　　　　　　　例 1—9 增加一个约束条件后的迭代求解过程

C_B	X_B	b	c_j / x_j	2 x_1	3 x_2	3 x_3	0 x_4	0 x_5	0 x_6	
2	x_1	1		1	0	−1	4/3	−1/3	0	
3	x_2	2		0	1	2	−1/3	1/3	0	
0	x_6	5		2	2	1	0	0	1	
2	x_1	1		1	0	−1	4/3	−1/3	0	规格化处理
3	x_2	2		0	1	2	−1/3	1/3	0	
0	x_6	−1		0	0	−1	−2	0	1	
	−Z	−8		0	0	−1	−5/3	−1/3	0	
	比值			—	—	1	5/6	—	—	
2	x_1	1/3		1	0	−5/3	0	−1/3	2/3	对偶单纯
3	x_2	13/6		0	1	13/6	0	1/3	−1/6	形法迭代
0	x_4	1/2		0	0	1/2	1	0	−1/2	
	−Z	−43/6		0	0	−1/6	0	−1/3	−5/6	

还可以讨论其他情况，比如某个产品工艺参数改变，或新产品代替原产品等。

本章小结

　　本章基于单纯形法的矩阵描述，深入讨论了原问题与对偶问题的关系，介绍了弱对偶定理及其推论、最优性准则定理和主对偶定理，解释了对偶最优解的经济含义，系统介绍了对偶单纯形法的基本原理和实施步骤，为基于最优表的灵敏度分析做了理论和方法上的准备。灵敏度分析是本章讨论的最终目标，也是本章的核心内容。

　　任何一个线性规划问题总有一个伴生的线性规划，称其为原问题的对偶问题。对偶定理和对偶单纯形法使我们可以从另一个角度来寻求线性规划问题的解，即在保持基的对偶可行性的前提下，不断追求基的可行性，直至找到原问题的最优解。影子价格决定了额外增加一个单位的约束因素所需花费的成本上限，或能够给目标函数值带来的增量。通过对影子价格的分析，可以确定最为敏感的资源和背景问题的关键环节。

　　灵敏度分析的目的是，观察当线性规划中的各种参数发生变化时，原来的最优解或最优解的结构是否以及如何发生变化。通过灵敏度分析可以获得最优解保持不变的参数取值范围，对管理者随机应变地进行管理决策具有重要的指导意义。

习　题

一、选择题

　　1. 极大化问题的任意一个（　　）所对应的目标函数值是其对偶问题最优目标函数值的一个（　　）。

　　A. 基本可行解　　　　　　　B. 可行解　　　　　C. 下界　　　　D. 上界

　　2. 极小化问题的任意一个（　　）所对应的目标函数值是其对偶问题最优目标函数值的一个（　　）。

　　A. 基本可行解　　　　　　　B. 可行解　　　　　C. 下界　　　　D. 上界

　　3. 一个线性规划对偶问题的最优解也称为（　　）。影子价格在经济上可以解释为（　　）。

　　A. 对偶最优解　　　　　　　　　　　　B. 影子价格

　　C. 资源投入的单位成本　　　　　　　　D. 为约束条件所付出的代价

　　E. 资源投入的单位收益

　　4. 单纯形法的求解思路是：首先寻找（　　），然后始终保持基的（　　），不断追求基的（　　），直至成为最优基，即可得到最优解。

　　A. 初始基本可行解　　　　　　　　　　B. 初始对偶可行解

　　C. 可行性　　　　　　　　　　　　　　D. 对偶可行性

5. 对偶单纯形法的求解思路是：首先寻找（　　），然后始终保持基的（　　），不断追求基的（　　），直至成为最优基，即可得到最优解。

A. 初始基本可行解　　　　　　　　B. 初始对偶可行解
C. 可行性　　　　　　　　　　　　D. 对偶可行性

6. 在对偶单纯形法中，采用最小比值原则选择（　　），如果系数矩阵中出现（　　）则最小比值原则失效。

A. 出基变量　　　　B. 进基变量　　　　C. $a_{ij} \leqslant 0$　　　　D. a_{ij}

7. 在最优表上进行的手工灵敏度分析，其实质是关注基的（　　）和（　　）是否发生变化。若解答列非负，则基的（　　）是满足的；若检验数行非正，则基的（　　）是满足的。

A. 可行性　　　　　　　　　　　　B. 对偶可行性
C. 最优性　　　　　　　　　　　　D. 对偶最优性

8. 在灵敏度分析中，若非基变量价值系数发生变化，则仅影响（　　）；若基变量的价值系数发生变化，则会影响（　　）。

A. 一个检验数　　　　　　　　　　B. 所有检验数
C. 一个基变量的取值　　　　　　　D. 所有基变量的取值

9. 在手工灵敏度分析时，若发现当前的基对偶可行，但并非基本可行，则宜采用（　　）；若发现当前的基基本可行，但并非对偶可行，则宜采用（　　）。

A. 大 M 法　　　　　　　　　　　B. 原始单纯形法
C. 两阶段法　　　　　　　　　　　D. 对偶单纯性法

10. 在灵敏度分析中，若右端常数 b 发生变化，则仅影响（　　）；而不会影响（　　）。最优解可能（　　），但最优解的结构可能（　　）。

A. 一个检验数　　　　　　　　　　B. 一个基变量的取值
C. 解答列　　　　　　　　　　　　D. 检验数行
E. 改变　　　　　　　　　　　　　F. 不变

二、判断题

1. 如线性规划的原问题存在可行解，则其对偶问题也一定存在可行解。
（　　）

2. 如线性规划的对偶问题无可行解，则原问题也一定无可行解。　（　　）

3. 如果线性规划的原问题和对偶问题都有可行解，则原问题和对偶问题一定具有有限最优解。
（　　）

4. 已知线性规划问题

$$\max Z = CX$$
$$\text{s. t.} \begin{cases} AX \leqslant b \\ X \geqslant 0 \end{cases}$$

若 X 是它的一个基本解，Y 是其对偶问题的基本解，则恒有 $CX \leqslant Yb$。（　　）

5. 求解一个线性规划问题，若采用单纯形法不方便，则可将原问题转化为对偶问题来求解，同样可以得到最优解和最优值。
（　　）

三、写出下列线性规划问题的对偶问题

1. $\min Z = 2x_1 + 2x_2 + 4x_3$

$$\text{s. t.} \begin{cases} 2x_1 + 3x_2 + 5x_3 \geqslant 2 \\ 3x_1 + x_2 + 7x_3 \leqslant 3 \\ x_1 + 4x_2 + 6x_3 \leqslant 5 \\ x_1, x_2, x_3 \geqslant 0 \end{cases}$$

2. $\min Z = 2x_1 - 4x_2 + 3x_3$

$$\text{s. t.} \begin{cases} x_1 - 3x_2 + 2x_3 \leqslant 12 \\ 2x_2 + x_3 \geqslant 10 \\ x_1 - 2x_3 \leqslant 15 \\ x_1 \geqslant 0, x_2 \leqslant 0, x_3 \text{ 符号不限} \end{cases}$$

3. $\min Z = 2x_1 + x_2 - 3x_3$

$$\text{s. t.} \begin{cases} x_1 + 2x_2 - 3x_3 \leqslant 25 \\ x_1 - x_2 + x_3 \geqslant 3 \\ x_1 + x_2 = 10 \\ x_1 \geqslant 0, x_2 \leqslant 0, x_3 \text{ 符号不限} \end{cases}$$

4. $\min Z = x_1 + 2x_2 - 3x_3$

$$\text{s. t.} \begin{cases} x_1 + 3x_3 \geqslant 3 \\ 2x_2 + 2x_3 \leqslant 10 \\ 2x_1 + x_2 = 8 \\ x_1 \leqslant 0, x_2 \text{ 符号不限}, x_3 \geqslant 0 \end{cases}$$

5. $\min Z = \sum\limits_{i=1}^{m} \sum\limits_{j=1}^{n} c_{ij} x_{ij}$

$$\text{s. t.} \begin{cases} \sum\limits_{i=1}^{m} x_{ij} = b_j, j = 1, 2, \cdots, n \\ \sum\limits_{j=1}^{n} x_{ij} = a_i, i = 1, 2, \cdots, m \end{cases}$$

6. $\min Z = CX$

$$\text{s. t.} \begin{cases} AX = b \\ X \geqslant a \end{cases}$$

7. $\min Z = CX$

$$\text{s. t.} \begin{cases} A_1 X = b_1 \\ A_2 X = b_2 \\ X \geqslant 0 \end{cases}$$

8. $\min Z = \sum\limits_{j=1}^{n} c_j x_j$

$$\text{s. t.} \begin{cases} \sum\limits_{j=1}^{n} a_{ij} x_j \leqslant b_i, i = 1, 2, \cdots, m_1, m_1 \leqslant m \\ \sum\limits_{j=1}^{n} a_{ij} x_j = b_i, i = m_1 + 1, m_1 + 2, \cdots, m \\ x_j \geqslant 0, j = 1, 2, \cdots, n_1, n_1 \leqslant n \\ x_j \text{ 无约束}, j = n_1 + 1, n_1 + 2, \cdots, n \end{cases}$$

四、应用对偶单纯形法求解下列线性规划问题

1. $\min Z = x_1 + x_2$

$$\text{s. t.} \begin{cases} 2x_1 + x_2 \geqslant 4 \\ x_1 + 7x_2 \geqslant 5 \\ x_1, x_2 \geqslant 0 \end{cases}$$

2. $\min Z = 4x_1 + 2x_2 + x_3$

$$\text{s. t.} \begin{cases} 2x_1 + 4x_2 + 5x_3 \geqslant 10 \\ 3x_1 - x_2 + 6x_3 \geqslant 3 \\ 5x_1 + 2x_2 + x_3 \geqslant 12 \\ x_1, x_2, x_3 \geqslant 0 \end{cases}$$

3. $\min Z = -2x_1 - 2x_2 - 4x_3$

$$\text{s. t.} \begin{cases} 2x_1 + 3x_2 + 5x_3 \geqslant 2 \\ 3x_1 + x_2 + 7x_3 \geqslant 3 \\ x_1 + 4x_2 + 6x_3 \leqslant 5 \\ x_j \geqslant 0, j = 1, 2, 3 \end{cases}$$

4. $\min Z = 9x_1 - 7x_2 + 4x_3$

$$\text{s. t.} \begin{cases} 5x_1 + x_2 + 7x_3 \leqslant 5 \\ 3x_1 + 4x_2 + 8x_3 = 3 \\ 2x_1 + 6x_2 + 8x_3 \geqslant 6 \\ x_j \geqslant 0, j = 1, 2, 3 \end{cases}$$

五、应用对偶理论证明如下线性规划问题有可行解，但无最优解

$$\min Z = x_1 - x_2 + x_3$$

$$\text{s. t.} \begin{cases} x_1 - x_3 \geqslant 4 \\ x_1 - x_2 + 2x_3 \geqslant 3 \\ x_1, x_2, x_3 \geqslant 0 \end{cases}$$

六、灵敏度分析题

1. 表 2—11 是某一极大化线性规划问题的最优单纯形表，试分析：

(1) 目标函数价值系数 $C=(1，2)$ 变为 $C=(3，5)$ 后，会发生什么变化？

(2) 资源约束 $b=(3，7)^{\mathrm{T}}$ 变为 $b=(8，11)^{\mathrm{T}}$ 后，会发生什么变化？

(3) 某新产品的单价为 1，消耗系数为 $P_j=(1，3)^{\mathrm{T}}$，是否该生产此产品？

(4) 产品的消耗系数由 $P_1=(2，1)^{\mathrm{T}}$ 变为 $P_1=(1，2)^{\mathrm{T}}$，产品结构将有什么变化？

表 2—11 最优单纯形表

		x_1	x_2	x_3	x_4
x_1	8/9	1	0	5/9	−1/9
x_2	11/9	0	1	−1/9	2/9
$-Z$	−10/3	0	0	−1/3	−1/3

2. 某企业生产甲、乙两种产品，需要 A，B 两种原料，生产消耗等有关参数如表 2—12 所示。试解答下列问题：

(1) 构造一个利润最大化模型并求出最优方案。

(2) 原料 A，B 的影子价格各是多少？哪一种更珍贵？

(3) 假定市场上有 A 原料出售，企业是否应该购入以扩大生产？在保持原最优方案不变的前提下，最多应购入多少？可增加多少利润？

(4) 如果乙产品价格可达到 20 元/件，方案会发生什么变化？

(5) 现有新产品丙可投入开发，已知对两种原料的消耗系数分别为 3 和 4，该产品的价格至少应为多少才值得生产？

表 2—12 甲、乙两种产品及 A，B 两种原料对应表

	甲	乙	可用量（公斤）	原料成本（元/公斤）
原料 A	2	4	160	1
原料 B	3	2	180	2
单价（元）	13	16		

3. 某工厂制造三种产品 A，B，C，需要劳动力和原材料两种资源，为确定总利润最大的最优生产计划，可列出如下线性规划模型：

$$\max Z=4x_1+x_2+5x_3$$

$$\mathrm{s.\,t.}\begin{cases}6x_1+4x_2+5x_3\leqslant45 & （劳动力限制）\\ 3x_1+x_2+5x_3\leqslant30 & （原材料限制）\\ x_1,x_2,x_3\geqslant0\end{cases}$$

其中 x_1，x_2，x_3 是产品 A，B，C 的产量。用单纯形法求解该线性规划并

根据最优单纯形表回答下列问题：

（1）当产品 A 的单位利润由 4 元/件变为 2 元/件时，是否需要修改生产计划？若不需修改计划，请陈述理由。若需要修改计划，计算得出修改方案。

（2）当可利用的原材料增加到 65 个单位时，求最优生产计划。

（3）假如能以 10 元的代价，另外再获得 20 单位的材料，这样做是否有利？

（4）若在原问题中增加一个设备约束 $2x_1 + x_2 + 3x_3 \leqslant 20$，这对于最优解和对偶解有什么影响？

（5）若在原问题中，单位 B 产品消耗劳动力的数量降为 0.5，则生产计划是否改变？

（6）若 B 产品的利润从 1 元/件变为 2 元/件，是否需要修改生产计划？为什么？

4. 已知某实际问题的线性规划模型为：

$$\max Z = \sum_{j=1}^{n} c_j x_j$$

$$\text{s. t.} \begin{cases} \sum_{j=1}^{n} a_{ij} x_j \leqslant b_i, & i = 1, 2, \cdots, m \\ x_j \geqslant 0, & j = 1, 2, \cdots, n \end{cases}$$

设第 i 项资源的影子价格为 y_i。

（1）若第一个约束条件两端同时乘以 2，变为 $\sum_{j=1}^{n} (2a_{ij} x_j) \leqslant 2b_i$，$\hat{y}_i$ 是对应这个新约束条件的影子价格，求 $\hat{y}_i$ 与 y_i 的关系。

（2）令 $x_i' = 3x_i$，用 $(x_i'/3)$ 替代模型中所有的 x_i，影子价格 y_i 是否变化？若 x_i 不可能在最优基中出现，x_i' 是否有可能在最优基中出现？

（3）如目标函数变为 $\max Z = \sum_{j=1}^{n} 2c_j x_j$，影子价格有何改变？

（4）如模型中约束条件变为 $\sum_{j=1}^{n} a_{ij} x_j = b_i$（$i = 1, 2, \cdots, m$），那么（1）、（2）、（3）部分的答案有何改变？

5. 某厂准备生产 A，B，C 三种产品，它们都要消耗劳动力和材料，有关数据如表 2—13 所示。

表 2—13　某厂信息表

资源 ＼ 产品	A	B	C	拥有量（单位）
劳动力	6	3	5	45
材料	3	4	5	30
单位产品利润（元）	3	1	4	

（1）确定获利最大的产品生产计划。

（2）产品 A 的利润在什么范围内变动时，上述最优计划不变。

（3）如设计一种新产品 D，单件劳动力消耗为 8 单位，材料消耗为 2 单位，每件可获利 3 元，该种产品是否值得生产？

（4）如劳动力数量不变，材料不足时可从市场购买，每单位 0.4 元，该厂要不要购进原材料扩大生产，购多少为宜？

6. 已知线性规划问题：

$$\max Z = -5x_1 + 5x_2 + 13x_3$$

$$\text{s.t.} \begin{cases} -x_1 + x_2 + 3x_3 \leqslant 20 & (\text{约束 1}) \\ 12x_1 + 4x_3 + 10x_3 \leqslant 90 & (\text{约束 2}) \\ x_1, x_2, x_3 \geqslant 0 \end{cases}$$

请用单纯形法求出最优解，再分析下列各种条件单独变化时最优解的变化。

(1) 约束 2 的右端常数由 90 变为 70；

(2) 目标函数中 x_2 的系数由 13 变为 8；

(3) 变量 x_1 的系数列向量 $P_1 = (-1, 12)^{\mathrm{T}}$ 变为 $P_1 = (0, 5)^{\mathrm{T}}$；

(4) 变量 x_2 的系数列向量由 $P_2 = (1, 4)^{\mathrm{T}}$ 变为 $P_2 = (2, 5)^{\mathrm{T}}$；

(5) 增加一个约束条件 $2x_1 + 3x_2 + 5x_3 \leqslant 50$；

(6) 原约束 2 变为 $10x_1 + 5x_2 + 10x_3 \leqslant 100$。

7. 已知线性规划问题：

$$\max Z = 10x_1 + 5x_2$$

$$\text{s.t.} \begin{cases} 3x_1 + 4x_2 \leqslant 9 \\ 5x_1 + 2x_2 \leqslant 8 \\ x_1, x_2 \geqslant 0 \end{cases}$$

用单纯形法求得最终表如表 2—14 所示。试用灵敏度分析的方法判断：

(1) 目标函数系数 c_1 或 c_2 分别在什么范围内变动，上述最优解不变；

(2) 约束条件右端常数 b_1，b_2，当一个保持不变时，另一个在什么范围内变化，上述最优基保持不变；

(3) 问题的目标函数变为 $\max Z = 12x_1 + 4x_2$ 时，上述最优解的变化；

(4) 约束条件右端常数由 $(9, 8)^{\mathrm{T}}$ 变为 $(11, 19)^{\mathrm{T}}$ 时上述最优解的变化。

表 2—14　　　　　　　　　　　　　　　　单纯形表

C_B	X_B	b	x_1	x_2	x_3	x_4
5	x_2	3/2	0	1	5/14	−3/14
10	x_1	1	1	0	−1/7	2/7
	−Z		0	0	−5/14	−25/14

8. 已知线性规划问题：

$$\max Z = 2x_1 - x_2 + x_3$$

$$\text{s.t.} \begin{cases} x_1 + x_2 + x_3 \leqslant 6 \\ -x_1 + 2x_2 \leqslant 4 \\ x_1, x_2, x_3 \geqslant 0 \end{cases}$$

用单纯形法求得最终表为表 2—15。试说明发生下列变化时，新的最优解分别是什么？

(1) 目标函数变为 $\max Z = 2x_1 + 3x_2 + x_3$；

(2) 约束条件右端常数由 $(6, 4)^{\mathrm{T}}$ 变为 $(3, 4)^{\mathrm{T}}$；

(3) 增添一个新的约束 $-x_1+2x_3 \geqslant 2$。

表 2—15   单纯形表

C_B	X_B	b	x_1	x_2	x_3	x_4	x_5
2	x_1	6	1	1	1	1	0
-1	x_2	10	0	3	1	1	1
$-Z$			0	-3	-1	-2	0

9. 某厂生产甲、乙、丙三种产品，有关数据如表 2—16 所示。试回答下列问题：

(1) 建立线性规划模型，求使该厂获利最大的生产计划。

(2) 若产品乙、丙的单件利润不变，则产品甲的利润在什么范围内变化时，上述最优解不变。

(3) 若有一种新产品丁，其原料消耗定额：A 为 3 单位，B 为 2 单位，单件利润 2.5 单位。该种产品是否值得安排生产，并求新的最优计划。

(4) 若原料 A 市场紧缺，除拥有量外一时无法购进，而原料 B 如数量不足可去市场购买，单价为 0.5，则该厂应否购买，以购进多少为宜？

(5) 由于某种原因该厂决定暂停甲产品的生产，试重新确定该厂的最优生产计划。

表 2—16   某厂相关数据

消耗定额 \ 产品 \ 原料	甲	乙	丙	原料拥有量
A	6	3	5	45
B	3	4	5	30
单件利润	4	1	5	

七、研究讨论题

1. 对偶单纯形法与原始单纯形法的求解思路有何不同？

2. 技术系数变化的灵敏度分析通常在什么情况下是必要的？

3. 影子价格通常可以为决策者提供哪些有用信息？

4. 应如何理解对偶问题与原问题之间的对应关系？

第 3 章

运输问题

本章要点:

1. 运输问题模型的性质和特点
2. 求解产销平衡运输问题的表上作业法
3. 产销平衡运输问题的推广

§3.1 运输问题的模型与性质

运输问题是一种特殊的线性规划,由于模型的结构特点和应用的广泛性而备受关注,促使人们讨论并研究其相关的理论和特别的求解方法。

运输问题的一般提法是:某种物资有若干个产地和销地,现在需要把这种物资从各个产地运到各个销地,产量总数等于销量总数。已知各产地的产量、各销地的销量以及各产地到各销地的单位运价(或运距),问应如何组织调运,才能使总运费(或总运输量)最小。

有关信息可归纳为表 3—1,单位可根据具体问题选择确定。

表 3—1 运输问题有关信息表

单位运价 或运距 \\ 销地 \\ 原料	B_1	B_2	$\cdots$	B_n	产量
A_1	c_{11}	c_{12}	$\cdots$	c_{1n}	a_1
A_2	c_{21}	c_{22}	$\cdots$	c_{2n}	a_2
$\vdots$	$\vdots$	$\vdots$		$\vdots$	$\vdots$
A_m	c_{m1}	c_{m2}	$\cdots$	c_{mn}	a_m
销量	b_1	b_2	$\cdots$	b_n	$\sum_{i=1}^{m} a_i = \sum_{j=1}^{n} b_j$

设 x_{ij}（$i=1,2,\cdots,m$；$j=1,2,\cdots,n$）为从产地 A_i 运往销地 B_j 的物资数量。由于从 A_i 运出的物资总量应等于 A_i 的产量 a_i，因此 x_{ij} 应满足：

$$\sum_{j=1}^{n} x_{ij}=a_i, \quad i=1,2,\cdots,m$$

同理，运到 B_j 的物资总量应该等于 B_j 的销量 b_j，所以 x_{ij} 还应满足：

$$\sum_{i=1}^{m} x_{ij}=b_j, \quad j=1,2,\cdots,n$$

总运费为：

$$Z=\sum_{i=1}^{m}\sum_{j=1}^{n} c_{ij}x_{ij}$$

可得运输问题的数学模型如下：

$$\min Z=\sum_{i=1}^{m}\sum_{j=1}^{n} c_{ij}x_{ij}$$

$$\text{s. t.}\begin{cases}\sum\limits_{j=1}^{n} x_{ij}=a_i, & i=1,2,\cdots,m\\ \sum\limits_{i=1}^{m} x_{ij}=b_j, & j=1,2,\cdots,n\\ x_{ij}\geqslant 0\end{cases} \tag{3—1}$$

注意到产销平衡条件 $\sum\limits_{i=1}^{m} a_i=\sum\limits_{j=1}^{n} b_j$，因此式（3—1）描述的是产销平衡的运输问题。

这是一个有 $m\times n$ 个变量、$m+n$ 个等式约束的线性规划。虽然可用单纯形法求解，但鉴于其形式特殊，可用更简洁的表上作业法来求解。因此我们先讨论运输问题的一些特点。

1. 约束方程组的系数矩阵具有特殊的结构

写出式（3—1）的系数矩阵 A，形式如下：

$$\begin{array}{r} \\ m\text{行}\left\{\begin{array}{l}\\ \\ \\ \\ \\ \end{array}\right. \\ n\text{行}\left\{\begin{array}{l}\\ \\ \\ \\ \end{array}\right. \end{array}\begin{array}{c} \begin{array}{cccc|cccc|c|cccc} x_{11}, & x_{12}, & \cdots, & x_{1n} & x_{21}, & x_{22}, & \cdots, & x_{2n} & \cdots & x_{m1}, & x_{m2}, & \cdots, & x_{mn} \end{array} \\ \left(\begin{array}{cccc|cccc|c|cccc} 1 & 1 & \cdots & 1 & & & & & \cdots & & & & \\ & & & & 1 & 1 & \cdots & 1 & \cdots & & & & \\ & & & & & & & & \cdots & & & & \\ & & & & & & & & \cdots & & & & \\ & & & & & & & & \cdots & 1 & 1 & \cdots & 1 \\ \hline 1 & & & & 1 & & & & \cdots & 1 & & & \\ & 1 & & & & 1 & & & \cdots & & 1 & & \\ & & \ddots & & & & \ddots & & \cdots & & & \ddots & \\ & & & 1 & & & & 1 & \cdots & & & & 1 \end{array}\right) \end{array} \tag{3—2}$$

可以看出：

（1）该矩阵的元素均为 1 或 0；每一列只有两个元素为 1，其余元素均为 0。

（2）列向量 $P_{ij}=(0, \cdots, 0, 1, 0, \cdots, 0, 1, 0, \cdots, 0)^{\mathrm{T}}$，其中两个元素 1 分别处于第 i 行和第 $m+j$ 行。

（3）若将该矩阵分块：前 m 行构成 m 个 $m\times n$ 阶矩阵，而且第 k 个矩阵只有第 k 行元素全为 1，其余元素全为 0（$k=1, \cdots, m$）；后 n 行构成 m 个 n 阶单位阵。

2. 运输问题的基变量总数是 $m+n-1$

写出增广矩阵：

$$x_{11},\ x_{12},\ \cdots,\ x_{1n},\ x_{21},\ x_{22},\ \cdots,\ x_{2n},\ \cdots,\ \cdots,\ \cdots,\ x_{m1},\ x_{m2},\ \cdots,\ x_{m(n-1)},\ x_{mn}$$

$$\overline{A}=\begin{bmatrix}
1 & 1 & \cdots & 1 & & & & & & & & & & & a_1 \\
 & & & & 1 & 1 & \cdots & 1 & & & & & & & a_2 \\
 & & & & & & & & \ddots & & & & & & \vdots \\
 & & & & & & & & & \ddots & & & & & \vdots \\
 & & & & & & & & & & 1 & 1 & \cdots & 1 & a_m \\
1 & & & & 1 & & & & & & 1 & & & & b_1 \\
 & 1 & & & & 1 & & & \cdots & & & 1 & & & b_2 \\
 & & \ddots & & & & \ddots & & & & & & \ddots & & \vdots \\
 & & & 1 & & & & 1 & & \cdots & & & & 1 & b_n
\end{bmatrix}$$

$$(3\!-\!3)$$

可以证明，系数矩阵式（3—2）及其增广矩阵 $\overline{A}$ 的秩都是 $m+n-1$。显然前 m 行相加之和减去后 n 行相加之和，结果是零向量。这说明 $m+n$ 个行向量线性相关，因此 $\overline{A}$ 的秩小于 $m+n$。由 $\overline{A}$ 的第 2 行至第 $m+n$ 行和前 n 列及 x_{21}，x_{31}，$\cdots$，x_{m1} 对应的列交叉处元素构成 $m+n-1$ 阶方阵 D，D 的行列式为：

$$|D|=\left|\begin{array}{c}\left.\begin{array}{c}m-1\\ \\ \\ \\n\end{array}\right\{\end{array}\begin{array}{cccc} & 1 & & \\ & & 1 & \\ & & & \ddots \\ & & & & 1 \\ 1 & 1 & 1 & \cdots & 1 \\ 1 & & & \\ & 1 & & \\ & & \ddots & \\ & & & 1\end{array}\right| \underset{\text{列展开}}{\overset{\text{按第一}}{=}} (-1)^{m+1}\left|\begin{array}{ccc} 1 & & \\ & \ddots & \\ & & 1 \\ 1 & & \\ & \ddots & 0 \\ & & 1\end{array}\right| \neq 0$$

因此，$\overline{A}$ 的秩恰好等于 $m+n-1$，又 D 本身就含于 A 中，故 A 的秩也等于 $m+n-1$。可以证明，在 $m+n$ 个约束方程中，任意 $m+n-1$ 个都是线性无关的。

3. $m+n-1$ 个变量构成基变量的充要条件是它们不构成闭回路

定义 3.1 凡是能排成

$$x_{i_1 j_1},\ x_{i_1 j_2},\ x_{i_2 j_2},\ x_{i_2 j_3},\ \cdots,\ x_{i_s j_s},\ x_{i_s j_1} \tag{3—4}$$

或

$$x_{i_1 j_1},\ x_{i_2 j_1},\ x_{i_2 j_2},\ x_{i_3 j_2},\ \cdots,\ x_{i_s j_s},\ x_{i_1 j_s} \tag{3—5}$$

形式的变量集合称为一个闭回路，并称式中变量为该闭回路的顶点。其中 i_1，i_2，$\cdots$，i_s 互不相同，j_1，j_2，$\cdots$，j_s 互不相同。

[**例 3—1**] 设 $m=3$，$n=4$，决策变量 x_{ij} 表示从产地 A_i 到销地 B_j 的调运量，

列出表 3—2，即可给出闭回路 $\{x_{11}，x_{13}，x_{33}，x_{34}，x_{24}，x_{21}\}$ 在表中的表示法（用折线连接起来的顶点变量）。

表 3—2　　　　　　　　　　　闭回路在表中的表示法

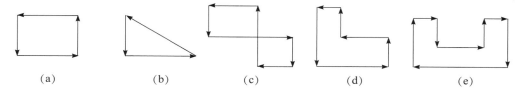

解：表中的折线构成一条封闭曲线，且所有的边都是水平的或垂直的。另外，表中的每一行和每一列由折线相连的闭回路的顶点只有两个。（请读者自行给出闭回路 $\{x_{12}，x_{22}，x_{24}，x_{14}\}$ 和 $\{x_{22}，x_{23}，x_{33}，x_{31}，x_{11}，x_{12}\}$ 在表中的表示法。）

[例 3—2] 在图 3—1 所示的封闭折线中，哪些不可能是闭回路？为什么？

(a)　　　　　　(b)　　　　　　(c)　　　　　　(d)　　　　　　(e)

图 3—1　几种封闭曲线

解：根据闭回路的定义，(b) 和 (e) 连接的顶点变量不可能构成闭回路。因为 (b) 中有 1 条边既非水平也非垂直，而 (e) 中出现了同一行有 4 个顶点的情况。

下面是有关闭回路的一些重要结果，也是表上作业法的理论基础。

[定理 3.1] 设 $x_{i_1j_1}$，$x_{i_1j_2}$，$x_{i_2j_2}$，$x_{i_2j_3}$，$\cdots$，$x_{i_sj_s}$，$x_{i_sj_1}$ 是一个闭回路，则该闭回路中的变量所对应的系数列向量 $P_{i_1j_1}$，$P_{i_1j_2}$，$P_{i_2j_2}$，$P_{i_2j_3}$，$\cdots$，$P_{i_sj_s}$，$P_{i_sj_1}$ 具有下面的关系：

$$P_{i_1j_1}-P_{i_1j_2}+P_{i_2j_2}-P_{i_2j_3}+\cdots+P_{i_sj_s}-P_{i_sj_1}=0$$

只要注意到列向量 $P_{ij}=(0，\cdots，0，1，0，\cdots，0，1，0，\cdots，0)^{\mathrm{T}}$，其中两个元素 1 分别处于第 i 行和第 $m+j$ 行，直接计算即可得到结果。

[定理 3.2] 若变量组 $x_{i_1j_1}$，$x_{i_2j_2}$，$\cdots$，$x_{i_rj_r}$ 中有一个部分组构成闭回路，则该变量组对应的系数列向量线性相关。

该定理的证明可借助定理 3.1 和高等代数中"向量组中，若部分向量线性相关，则整个向量组就线性相关"的定理得到。

[定理 3.3] 不包含任何闭回路的变量组中必有孤立点。

所谓孤立点是指在所在行或列中出现于该变量组中的唯一变量。可用反证法证明结论成立。

[定理 3.4] r 个变量 $x_{i_1j_1}$，$x_{i_2j_2}$，$\cdots$，$x_{i_rj_r}$ 对应的系数列向量线性无关的充要条件是该变量组不包含闭回路。

必要性的证明可考虑用反证法结合定理 3.2 的结果进行，充分性的证明可借助定理 3.3，根据向量组线性无关的定义用归纳法得证。

推论　$m+n-1$ 个变量构成基变量的充要条件是该变量组不含闭回路。

§3.2 运输问题的表上作业法

表上作业法的基本思想和单纯形法的求解思想完全一致，只是具体的做法更加简捷（见图 3—2）。先给出一个初始方案，然后根据确定的判别准则判断是否为最优方案，最后对初始方案不断调整，直至求出最优方案。

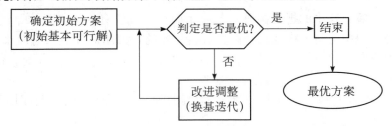

图 3—2　运输问题的求解思路

3.2.1　初始方案的确定

初始方案就是初始基本可行解。将运输问题的有关信息表和决策变量——调运量结合在一起构成"作业表"（即产销平衡表）。表 3—3 就是两个产地、三个销地的运输问题作业表。其中 x_{ij} 是决策变量，表示待确定的从第 i 个产地到第 j 个销地的调运量，c_{ij} 为从第 i 个产地到第 j 个销地的单位运价或运距。按照下面的步骤确定初始方案。

（1）选择一个 x_{ij}，令 $x_{ij} = \min \{a_i, b_j\}$。其中，$a_i$ 是将第 i 个产地的产量全部运到第 j 个销地的运量；b_j 是第 j 个销地的需求量。将具体数值填入 x_{ij} 在表中的位置。

表 3—3　　　　　　　　　　运输问题作业表

调运量 销地 产地	B_1		B_2		B_3		产量
A_1	x_{11}	c_{11}	x_{12}	c_{12}	x_{13}	c_{13}	a_1
A_2	x_{21}	c_{21}	x_{22}	c_{22}	x_{23}	c_{23}	a_2
销量	b_1		b_2		b_3		$\displaystyle\sum_{i=1}^{2} a_i = \sum_{j=1}^{3} b_j$

（2）调整产销剩余数量：从 a_i 和 b_j 中分别减去 x_{ij} 的值，若 $a_i - x_{ij} = 0$，则划去产地 A_i 所在的行，即该产地产量已全部运出无剩余，而销地 B_j 尚有需求缺口 $b_j - a_i$；若 $b_j - x_{ij} = 0$，则划去销地 B_j 所在的列，说明该销地需求已得到满足，而产地 A_i 尚有存余量 $a_i - b_j$。

（3）当作业表中所有的行或列均被划去，说明所有的产量均已运到各个销地，需求全部满足，x_{ij} 的取值构成初始方案。否则，在作业表剩余的格子中选择下一个决策变量，返回步骤（2）。

按照上述步骤产生的一组变量必定不构成闭回路，其取值非负，且总数是 $m+n-1$ 个，因此构成运输问题的基本可行解。

若对 x_{ij} 的选择采用不同的规则，就形成了各种不同的方法。比如每次总是在作业表剩余的格子中选择运价（或运距）最小者对应的 x_{ij}，则构成最小元素法。若每次都选择左上角格子对应的 x_{ij} 就形成西北角法（也称左上角法）。

[例 3—3] 甲、乙两个煤矿供应 A，B，C 三个城市用煤，各煤矿产量及各城市需煤量、各煤矿到各城市的运输距离见表 3—4，求使总运输量最少的调运方案。

表 3—4　　　　　　　　　　　　例 3—3 已知信息表

运输距离＼城市＼煤矿	A	B	C	日产量（供应量）
甲	90	70	100	200
乙	80	65	75	250
日销量（需求量）	100	150	200	

解：根据已知信息，可得该问题的数学模型如下：

$$\min Z = 90x_{11}+70x_{12}+100x_{13}+80x_{21}+65x_{22}+75x_{23} \quad （总运输量最少）$$

$$\text{s. t.}\begin{cases} x_{11}+x_{12}+x_{13}=200 & （日产量约束）\\ x_{21}+x_{22}+x_{23}=250 & （日产量约束）\\ x_{11}+x_{21}=100 & （需求约束）\\ x_{12}+x_{22}=150 & （需求约束）\\ x_{13}+x_{23}=200 & （需求约束）\\ x_{ij}\geq 0, \ i=1,2; \ j=1,2,3 \end{cases}$$

先分别使用最小元素法和西北角法求出初始方案，为此列出初始作业表（见表 3—5）。

表 3—5　　　　　　　　　　　　例 3—3 初始作业表 1

城市＼调运量＼煤矿	A	B	C	日产量（供应量）
甲	x_{11} \ 90	x_{12} \ 70	x_{13} \ 100	200
乙	x_{21} \ 80	x_{22} \ 65	x_{23} \ 75	250
日销量（需求量）	100	150	200	450

最小元素法的基本思想是"就近供应"，在表 3—5 中先选择最小运距 $c_{22}=65$ 对应的 x_{22} 作为第一个基变量，因为 $\min\{a_2, b_2\}=\min\{250, 150\}=150$，所以令 $x_{22}=150$，B 城市需求全部满足，乙煤矿尚有存余量 $250-150=100$。划去

表中第二列，并修改乙煤矿存余量得表 3—6。

表 3—6　　　　　　　　　　　　　　例 3—3 作业表 2

调运量　城市　煤矿	A	B	C	日产量（供应量）
甲	x_{11}　90	x_{12}　70	x_{13}　100	200
乙	x_{21}　80	150　65	x_{23}　75	~~250~~ 100
日销量（需求量）	100	150	200	450

在余下的 4 个格子中，再选择最小运距 $c_{23}=75$ 对应的 x_{23} 作为第二个基变量，因为 $\min\{100, 200\}=100$，所以令 $x_{23}=100$，乙煤矿已无存余，C 城市尚有需求缺口 $200-100=100$。划去表中第二行，并修改 C 城市需求得表 3—7。

表 3—7　　　　　　　　　　　　　　例 3—3 作业表 3

调运量　城市　煤矿	A	B	C	日产量（供应量）
甲	x_{11}　90	x_{12}　70	x_{13}　100	200
乙	x_{21}　80	150　65	100　75	~~250~~ 100
日销量（需求量）	100	150	~~200~~ 100	450

余下的 2 个格子中再选择最小运距 $c_{11}=90$ 对应的 x_{11} 作为第三个基变量，因为 $\min\{200, 100\}=100$，所以令 $x_{11}=100$，A 城市需求全部满足，甲煤矿尚有存余量 $200-100=100$。划去表中第一列，并修改甲煤矿存余量得表 3—8。

表 3—8　　　　　　　　　　　　　　例 3—3 作业表 4

调运量　城市　煤矿	A	B	C	日产量（供应量）
甲	100　90	x_{12}　70	x_{13}　100	~~200~~ 100
乙	x_{21}　80	150　65	100　75	~~250~~ 100
日销量（需求量）	100	150	~~200~~ 100	450

现在只剩一个格子，是运距 $c_{13}=100$ 对应的决策变量 x_{13}，由于甲煤矿余存量 100 恰好满足 C 城市需求缺口 100，令 $x_{13}=100$。至此，需求全部满足，且供需平衡，故已得到初始调运方案（见表 3—9），即 $x_{11}=100$，$x_{13}=100$，$x_{22}=150$，$x_{23}=100$，变量个数恰为 $m+n-1=2+3-1=4$。

表 3—9　　　　　　　　用最小元素法确定的例 3—3 初始调运方案

调运量 / 城市 / 煤矿	A		B		C		日产量（供应量）
甲	**100**	90	x_{12}	70	**100**	100	200
乙	x_{21}	80	**150**	65	**100**	75	250
日销量（需求量）	100		150		200		450

西北角法则不考虑运距（或运价），每次都选剩余表格的左上角（即西北角）元素作为基变量，其他过程与最小元素法相同，所得初始调运方案如表 3—10 所示，即 $x_{11}=100$，$x_{12}=100$，$x_{22}=50$，$x_{23}=200$。

注意，用最小元素法和西北角法求出的两个初始基本可行解并不相同，它们都对应着凸多面体的顶点。无论从哪个初始顶点开始迭代，最终都会得到问题的最优解。

表 3—10　　　　　　　　用西北角法确定的例 3—3 初始调运方案

调运量 / 城市 / 煤矿	A		B		C		日产量（供应量）
甲	**100**	90	**100**	70	x_{13}	100	200
乙	x_{21}	80	**50**	65	**200**	75	250
日销量（需求量）	100		150		200		450

3.2.2　最优性检验

检查当前调运方案是否最优的过程就是最优性检验。其方法仍然是计算非基变量（在作业表中对应着未填数值的空格）的检验数（也称为空格的检验数）。若全部大于或等于零，则该方案就是最优调运方案，否则就应进行调整。因此最优性检验最终归结为求非基变量检验数的问题。这里介绍两种常用的方法——闭回路法和位势法。

1. 闭回路法

以确定了初始调运方案的作业表为基础，以一个非基变量作为起始顶点，寻找闭回路。该闭回路的特点是：除了起始顶点是非基变量外，其他顶点均为基变量（对应着填上数值的空格）。可以证明，如果对闭回路的方向不加区别，对于每一个非基变量而言，以其为起点的闭回路存在且唯一。

如果约定作为起始顶点的非基变量为偶数次顶点，其他顶点从 1 开始顺次排列，则该非基变量 x_{ij} 的检验数为：

$$\sigma_{ij} = \sum 闭回路上偶数次顶点运距或运价 - \sum 闭回路上奇数次顶点运距或运价$$

$$(3-6)$$

以例 3—3 为例，在表 3—9 的基础上计算非基变量 x_{12} 的检验数时，首先在该作业表上作出闭回路，见表 3—11 中虚线连接的顶点变量。非基变量 x_{12} 和 x_{21} 的检验数：

$$\sigma_{12} = (c_{12} + c_{23}) - (c_{13} + c_{22}) = (70 + 75) - (100 + 65) = -20$$
$$\sigma_{21} = (c_{21} + c_{13}) - (c_{11} + c_{23}) = (80 + 100) - (90 + 75) = 15$$

其经济含义是：在保持产销平衡的条件下，该非基变量增加一个单位运量而成为进基变量时目标函数值的变化量。

表 3—11　　　　　　　例 3—3 初始调运方案中以 x_{12} 为起点的闭回路

调运量　城市　煤矿	A	B	C	日产量（供应量）
甲	**100** 〔90〕	x_{12} 〔70〕	x_{13} 〔100〕 **100**	200
乙	x_{21} 〔80〕	x_{22} 〔65〕 **50**	x_{23} 〔75〕 **100**	250
日销量（需求量）	100	150	200	450

2. 位势法

以例 3—3 的初始调运方案为例，设置位势变量 u_i 和 v_j，在表 3—9 的基础上增加一行和一列，对应关系如表 3—12 所示。

表 3—12　　　　　　　例 3—3 初始调运方案位势变量对应表

调运量　城市　煤矿	A	B	C	日产量（供应量）	位势变量（u_i）
甲	〔90〕 **100**	〔70〕 x_{12}	〔100〕 **100**	200	u_1
乙	〔80〕 x_{21}	〔65〕 **50**	〔75〕 **100**	250	u_2
日销量（需求量）	100	150	200	450	
位势变量（v_j）	v_1	v_2	v_3		

然后构造下面的方程组：

$$\begin{cases} u_1 + v_1 = c_{11} = 90 \\ u_1 + v_3 = c_{13} = 100 \\ u_2 + v_2 = c_{22} = 65 \\ u_2 + v_3 = c_{23} = 75 \end{cases} \qquad (3-7)$$

该方程组有下面一些特点：

（1）方程个数是 $m + n - 1 = 2 + 3 - 1 = 4$ 个，位势变量共有 $m + n = 2 + 3 = 5$ 个，通常称 u_i 为第 i 行的位势，称 v_j 为第 j 列的位势。

（2）初始方案的每一个基变量 x_{ij} 对应一个方程——所在行和列对应的位势变量之和等于该基变量对应的运距（或运价）：$u_i + v_j = c_{ij}$。

（3）方程组恰有一个自由变量，可以证明式（3—7）中任意一个变量均可取作自由变量。

给定自由变量一个值，解式（3—7），即可求得位势变量的一组值，根据式（3—6）结合式（3—7）即可推出计算非基变量 x_{ij} 检验数的公式为：

$$\sigma_{ij} = c_{ij} - (u_i + v_j) \tag{3—8}$$

在式（3—7）中，令 $u_1 = 0$，则可解得 $v_1 = 90$，$v_3 = 100$，$u_2 = -25$，$v_2 = 90$，于是，得

$$\sigma_{12} = c_{12} - (u_1 + v_2) = 70 - (0 + 90) = -20$$

$$\sigma_{21} = c_{21} - (u_2 + v_1) = 80 - (-25 + 90) = 15$$

与前面用闭回路法求得的结果相同。

3.2.3　方案调整

当至少有一个非基变量的检验数是负值时，说明作业表上当前的调运方案还不是最优方案，应进行调整。若检验数 σ_{ij} 小于零，则先在作业表上以 x_{ij} 为起始变量作闭回路，并求出调整量 ε，ε 的值等于该闭回路中奇数次顶点调运量中最小的一个。

继续上例，由于 $\sigma_{12} = -20$，参照表 3—11 中以 x_{12} 为起始变量的闭回路，计算调整量 $\varepsilon = \min\{100, 150\} = 100$。然后按如下方法调整调运量：闭回路上，奇数次顶点的调运量减去 ε，偶数次顶点（包括起始顶点）的调运量加上 ε；闭回路之外的变量调运量不变。如在表 3—11 基础上按上述方法调整就得到一个新的调运方案（见表 3—13）。

结果表明：

最优调运方案是：$x_{11} = 50$，$x_{12} = 150$，$x_{21} = 50$，$x_{23} = 200$。

最小总运输量为：

$$Z_{\min} = 90 \times 50 + 70 \times 150 + 80 \times 50 + 75 \times 200 = 34\ 000\ (\text{吨公里})$$

表 3—13　　　　　　　　　　例 3—3 调整后的调运方案

调运量 城市 煤矿	A		B		C		日产量（供应量）
甲	**100**	90	x_{12} **100**	70	x_{13}	100	200
乙	x_{21}	80	x_{22} **50**	65	x_{23} **200**	75	250
日销量（需求量）	100		150		200		450

重复上面的步骤直至求出最优调运方案（见表 3—14）。

表 3—14 例 3—3 最优调运方案

调运量 城市 煤矿	A		B		C		日产量（供应量）
甲	**50**	90	x_{12}	70	x_{13}	100	200
			150				
乙	**50**	80	x_{22}	65	x_{23}	75	250
					200		
日销量（需求量）	100		150		200		450

§3.3 运输问题的推广

对于产销不平衡的运输问题，可以通过将其转化为一个产销平衡的运输问题来求解。当供大于求时，可以增加一个虚拟销地，供不应求时则增加一个虚拟产地，对应的运距（或运价）均设为零，然后应用表上作业法求出最优调运方案。

3.3.1 产量大于销量的运输问题

当 $\sum_{i=1}^{m}a_i > \sum_{j=1}^{n}b_j$ 时，得到产量大于销量的运输问题的数学模型：

$$\min Z = \sum_{j=1}^{n}\sum_{i=1}^{m}c_{ij}x_{ij}$$

$$\text{s. t.}\begin{cases} \sum_{j=1}^{n}x_{ij} \leqslant a_i, & i=1,2,\cdots,m \\ \sum_{i=1}^{m}x_{ij}=b_j, & j=1,2,\cdots,n \\ x_{ij} \geqslant 0 \end{cases} \quad (3—9)$$

在式（3—9）的前 m 个不等式中引入松弛变量，将其化为等式：

$$\sum_{j=1}^{n}x_{ij}+x_{i(n+1)}=a_i, \quad i=1,2,\cdots,m$$

然后虚设一个销地 B_{n+1}，设它的需求量为 $b_{n+1}=\sum_{i=1}^{m}a_i-\sum_{j=1}^{n}b_j$。把松弛变量 $x_{i(n+1)}$ 看成是从产地 A_i 运往销地 B_{n+1} 的销量，而运费或运距 $c_{i(n+1)}=0$（$i=1,2,\cdots,m$）。这样，式（3—9）所描述的产销不平衡的运输问题就转化成式（3—10）的产销平衡运输问题。

$$\min Z = \sum_{j=1}^{n+1}\sum_{i=1}^{m}c_{ij}x_{ij}$$

$$\text{s. t.}\begin{cases} \sum_{j=1}^{n+1}x_{ij}=a_i, & i=1,2,\cdots,m \\ \sum_{i=1}^{m}x_{ij}=b_j, & j=1,2,\cdots,n+1 \\ x_{ij} \geqslant 0 \end{cases} \quad (3—10)$$

3.3.2　销量大于产量的运输问题

当 $\sum\limits_{i=1}^{m}a_i < \sum\limits_{j=1}^{n}b_j$ 时，得到销量大于产量的运输问题的数学模型：

$$\min Z = \sum_{i=1}^{m}\sum_{j=1}^{n}c_{ij}x_{ij}$$

$$\text{s. t.}\begin{cases} \sum\limits_{j=1}^{n}x_{ij}=a_i, & i=1,2,\cdots,m \\ \sum\limits_{i=1}^{m}x_{ij}\geqslant b_j, & j=1,2,\cdots,n \\ x_{ij}\geqslant 0 \end{cases} \tag{3—11}$$

该问题通常没有可行解，因为销售尚未生产出来的产品是不可能的。如果允许在需求不足时，由销地以其他方式（如国外进口）自行解决欠缺的部分，则可假设一个虚拟产地 A_{m+1}，其产量 a_{m+1} 恰好为总的供需缺口，即 $a_{m+1}=\sum\limits_{j=1}^{n}b_j-\sum\limits_{i=1}^{m}a_i$。产地 A_{m+1} 到各个销地的运量为 $x_{(m+1)j}$，单位运费或运距为 $c_{(m+1)j}=0$（$j=1,2,\cdots,n$），则式（3—11）所描述的产销不平衡的运输问题就可以转化为式（3—12）的产销平衡运输问题。

$$\min Z = \sum_{i=1}^{m+1}\sum_{j=1}^{n}c_{ij}x_{ij}$$

$$\text{s. t.}\begin{cases} \sum\limits_{j=1}^{n}x_{ij}=a_i, & i=1,2,\cdots,m+1 \\ \sum\limits_{i=1}^{m+1}x_{ij}=b_j, & j=1,2,\cdots,n \\ x_{ij}\geqslant 0 \end{cases} \tag{3—12}$$

3.3.3　转运问题

转运问题的特点是所调运的物资不是由产地直接运送到销地，而是经过若干中转站送达。转运问题的求解通常是设法将其转化成一个等价的产销平衡运输问题，然后用表上作业法求出最优调运方案，因此重点在于"如何转化"的问题。

一般可按以下步骤进行转化：

第 1 步：将产地、转运点、销地重新编排，转运点既作为产地又作为销地。

第 2 步：各地之间的运距（或运价）在原问题运距（运价）表基础上进行扩展。从一地运往自身的单位运距（运价）记为零，不存在运输线路的则记为 M（一个足够大的正数）。

第 3 步：由于经过转运点的物资量既是该点作为销地时的需求量，又是该点作为产地时的供应量，但事先又无法获取该数量的确切数值，因此通常将调运总量作为该数值的上界。对于产地和销地也作类似的处理。

通过上述处理即可实现问题的转化。

本章小结

　　运输问题作为一类非常有用且比较特殊的线性规划问题，可用更加简便而有效的方法进行求解，这种方法就是运输问题的表上作业法。其核心思想仍然是单纯形法的基本原理，只是在具体求解的操作过程中可以进行简便的表上作业。本章的重点是产销平衡问题的表上作业法，产销不平衡的运输问题和转运问题可以转化成产销平衡的运输问题来求解。表上作业法的关键是确定初始基本可行解、进行基变换以调整调运方案、计算检验数以进行最优性检验。

习　题

一、选择题

1. 具有 m 个产地和 n 个销地的产销平衡运输问题，其基变量的个数是（　　）。

A. $m+n$　　　　　B. $m+n-1$　　　　　C. $m \times n$　　　　　D. $m+n+1$

2. 由下图所示的封闭折线连接的顶点变量，不可能构成闭回路的是（　　）。

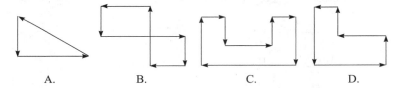

A.　　　　　　　B.　　　　　　　C.　　　　　　　D.

3. 在运输问题表上作业中，方案调整量的确定要遵循最小比值原则，其目的是（　　）。

A. 保持解的可行性　　　　　　　　　　B. 保持基的可行性
C. 保持解的对偶可行性　　　　　　　　D. 保持基的对偶可行性

4. 当产量大于销量时，可以虚设一个（　　），并令其（　　）为产销缺口，其到各（　　）的单位运价为零，将产销不平衡的运输问题转化成产销平衡的运输问题。

A. 产地　　　　　B. 销地　　　　　C. 产量　　　　　D. 销量

5. 当销量大于产量时，可以虚设一个（　　），并令其（　　）为产销缺口，其到各（　　）单位运价为零，将产销不平衡的运输问题转化成产销平衡的运输问题。

A. 产地　　　　　B. 销地　　　　　C. 产量　　　　　D. 销量

6. 如果在运输问题的单位运价表中，给第 r 行的系数 c_{rj} 都加上一个常数 k，那么最优解是否会发生变化？（　　）

A. 最优解不变　　　　　　　　　　　　B. 最优解的结构不变
C. 最优解会变

7. 如果在运输问题的单位运价表中，给第 p 列的系数 c_{ip} 都加上一个常数 k，那么最优解是否会发生变化？（　　）

A. 最优解改变 　　　　　　　　　　B. 最优解的结构不变

C. 最优解不变

二、判断题

1. $m+n-1$ 个变量构成基变量的充要条件是其中包含孤立点。　　（　　）

2. 闭回路就是首尾相接的封闭折线，其中所有的边都是水平或垂直的，每一行和每一列由折线相连的闭回路的顶点仅有两个。　　（　　）

3. 包含孤立点的变量组，其对应的系数列向量不一定线性无关。　　（　　）

4. 运输问题是一种特殊的线性规划问题，因此其求解思路与单纯形法相同。表上作业法仅仅是单纯形迭代的一种简化方法。　　（　　）

5. 在寻找运输问题的初始基本可行解时，采用"东南角法"与采用"西北角法"一样，也能求得初始基本可行解。　　（　　）

6. 位势法中的"位"和"势"，其实质是运输问题对偶问题的解。　　（　　）

7. 运输问题是一种特殊的线性规划模型，因而求解结果也可能出现下列四种情况之一：有唯一解；有无穷多最优解；无界解；无可行解。　　（　　）

8. 在运输问题中，只要任意给出一组含 $(m+n-1)$ 个非零的 $\{x_{ij}\}$，且满足 $\sum_{j=1}^{n} x_{ij}=a_i$，$\sum_{i=1}^{m} x_{ij}=b_j$，就可以作为一个初始基本可行解。　　（　　）

9. 按最小元素法（或西北角法）给出的初始基本可行解，从每一空格（非基变量）出发可以找出而且仅能找出唯一的闭回路。　　（　　）

三、表上作业法

1. 某运输问题的数据如表 3—15 所示，试解答以下问题：

（1）分别用西北角法和最小元素法求出其初始基本可行解。

（2）就任一初始基本可行解，确定每个非基变量的闭回路。

（3）用闭回路法求出各非基变量的检验数。

（4）对每个可以进基的非基变量，说明其对应的出基变量，进基后的取值及目标函数的改善量。

（5）求出其最优解。

表 3—15　　　　　　　　　　　　某运输问题的数据

销地　　产地	B_1	B_2	B_3	B_4	供应量
A_1	4	10	9	6	300
A_2	10	18	5	8	500
A_3	5	10	12	13	350
需求量	150	250	450	300	

2. 已知某运输问题的产销平衡表和某一调运方案及单位运价表如表 3—16 和表 3—17 所示。

（1）所给出的调运方案是否为最优方案？若是最优方案，请说明理由。

（2）若所给调运方案不是最优方案，请说明理由。

（3）求出最优调运方案。

表 3—16　　　　　　　　　　　产销平衡表和某一调运方案

产地＼销地	B_1	B_2	B_3	B_4	B_5	B_6	产量
A_1		40			10		50
A_2	5	10	20		5		40
A_3	25			24		11	60
A_4				16	15		31
销量	30	50	20	40	30	11	

表 3—17　　　　　　　　　　　　　　单位运价表

产地＼销地	B_1	B_2	B_3	B_4	B_5	B_6
A_1	2	1	3	3	2	5
A_2	3	2	2	4	3	4
A_3	3	5	4	2	4	1
A_4	4	2	2	1	2	2

3. 已知某运输问题的产销表与单位运价表如表 3—18 所示，试用表上作业法求最优解。

表 3—18　　　　　　　　某运输问题的产销表和单位运价表

产地＼销地	B_1	B_2	B_3	产量
A_1	5	8	7	30
A_2	4	6	9	45
销量	10	45	20	

4. 已知某运输问题的产销表与单位运价表如表 3—19 所示，试用表上作业法求最优解。

表 3—19　　　　　　　　某运输问题的产销表和单位运价表

产地＼销地	B_1	B_2	B_3	B_4	产量
A_1	10	6	7	12	4
A_2	16	10	5	9	9
A_3	5	4	10	10	4
销量	5	2	4	6	

5. 已知某运输问题的产销表与单位运价表如表 3—20 所示，试用表上作业法求最优解（表中 M 代表充分大的正数）。

表 3—20　　　　　　　　某运输问题的产销表和单位运价表

产地 ＼ 销地	B_1	B_2	B_3	B_4	B_5	产量
A_1	8	6	3	7	5	20
A_2	5	M	8	4	7	30
A_3	6	3	9	6	8	30
销量	25	25	20	10	20	

6. 已知某运输问题的产销表与单位运价表如表 3—21 所示，试用表上作业法求最优解。

表 3—21　　　　　　　　某运输问题的产销表和单位运价表

产地 ＼ 销地	B_1	B_2	B_3	B_4	B_5	产量
A_1	9	4	10	3	8	80
A_2	7	8	4	6	11	90
A_3	6	5	12	4	7	60
销量	50	35	30	45	40	

7. 有 n 个地区需要某种物资，需求量分别为 b_j （$j=1$，2，…，n）。这些物资均由某公司分设在 m 个地区的工厂供应，各工厂的产量分别为 a_i （$i=1$，2，…，m），已知从 i 地区的工厂至第 j 个需求地区的单位物资的运价为 c_{ij}，又 $\sum_{i=1}^{m} a_i = \sum_{j=1}^{n} b_j$，试阐述其对偶问题，并解释对偶变量的经济含义。

8. 已知某运输问题的产销表与单位运价表如表 3—22 所示。

（1）求最优调拨方案。

（2）如产地 A_3 的产量变为 130，又 B_2 地区需要的 115 单位必须满足，试重新确定最优调拨方案。

表 3—22　　　　　　　　某运输问题的产销表和单位运价表

产地 ＼ 销地	B_1	B_2	B_3	B_4	B_5	产量
A_1	10	15	20	20	40	50
A_2	20	40	15	30	30	100
A_3	30	35	40	55	25	150
销量	25	60	30	70		

9. 已知某运输问题的产销表与单位运价表如表 3—23 所示。

（1）求最优的运输调拨方案；

（2）单位运价表中的 c_{12}，c_{35}，c_{41} 分别在什么范围内变化时，上面求出的最优调拨方案不变。

表 3—23　　　　　某运输问题的产销表和单位运价表

销地 产地	B_1	B_2	B_3	B_4	B_5	B_6	产量
A_1	2	1	3	3	3	5	50
A_2	4	2	2	4	4	4	40
A_3	3	5	4	2	4	1	60
A_4	4	2	2	1	2	2	31
销量	30	50	20	40	30	11	

10. 某厂考虑安排某件产品在今后四周的生产计划，已知各周中工厂的情况如表 3—24 所示。试建立运输问题模型，求使总成本最小的生产计划。

表 3—24　　　　　某厂各周情况

计划期	第一周	第二周	第三周	第四周
单件生产成本	10	12	14	16
每周需求量	400	800	900	600
正常生产能力	700	700	700	700
加班能力	0	200	200	0
加班单件成本	15	17	19	21
库存费用	3	3	3	3

四、研究讨论题

1. 在采用最小元素法和西北角法确定运输问题初始基本可行解时，为何按照规定步骤产生的一组变量必定不构成闭回路，且总数是 $m+n-1$ 呢？在划去"行"或列的过程中，是否会出现同时划去一行和一列的情况？此时如何处理？

2. 有同学受到西北角法确定运输问题初始基本可行解的启发，想尝试采用"东南角法"或"东北角法"，你觉得可行吗？

3. 运输问题的对偶问题是什么？请讨论位势变量的含义。

4. 如果在运输问题的单位运价表中，给第 r 行的系数 c_{rj} 都加上一个常数 k，最优解是否会发生变化？目标函数值会怎样变化？

5. 如果在运输问题的单位运价表中，给第 p 列的系数 c_{ip} 都加上一个常数 k，最优解是否会发生变化？目标函数值会怎样变化？

第 4 章

动态规划

本章要点:
1. 动态规划的基本概念
2. 最优化原理
3. 动态规划模型:一个大前提、四个条件和一个方程
4. 典型动态规划问题建模与求解的方法和技巧

§4.1 动态规划的研究对象和特点

前面讨论的线性规划问题属于静态决策,即与时间因素无关的一次性决策问题。比如生产计划问题,在劳动工时和原材料等约束条件下,求使总利润最大的三种产品的生产计划。这类问题只要通过求解线性规划模型,一次性得出最优解和最优值,就得以解决。无论是每天的生产计划,还是每月的生产计划,只需在当前情况下,进行一次性决策(求出最优解),产生一个阶段(每天或每月)对目标函数(总利润)的贡献(最优值)即可。

假如企业每月或每季都要制定生产计划,而且市场需求和企业库存随时间而变化,现在需要确定使全年总的经济效益最佳的生产计划方案,那就不再属于静态决策问题了。因为每月或每季都要根据市场需求和库存状况确定当月或当季的生产方案,所以需要进行多次决策。而且由于市场需求和企业的库存状态是随时间变化的,每月或每季的生产方案和对总利润的贡献都与时间因素有关,因而是与时间因素有关的动态决策问题。

既然每月或每季都能制定出当月或当季的最优生产方案,那么多次静态决策的最佳方案连接在一起是否就构成使全年总的经济效益最佳的生产计划?换言之,动态决策问题是否可以通过分解为多次静态决策来加以解决呢?答案是否定的。因为分段优化的简单叠加并不一定就是全局最优的结果。运筹学的理

念是全局最优或整体最优，因而有时需要在某个阶段牺牲局部而保证全局。换句话讲，需要站在全年经济效益最佳的高度，统筹安排每月或每季的生产方案。每个阶段的生产计划并不是孤立的，而是相互联系、相互影响的。

类似的多阶段决策问题在现实中有很多：

（1）某种机器，可以在高、低两种负荷下运行。高负荷下生产的产量多，但每生产一个阶段后机器的完好率低；低负荷下生产时的情况则相反。现在需要安排该种机器在多个阶段内的生产，要求决定各阶段机器的使用数量，使整个计划期内的总产量最大。

（2）某台设备，例如汽车，刚购进时故障少、油耗低、出车时间长，处理价值和经济效益高。随着使用时间的增加，逐渐出现故障多、油耗高、维修费增加和经济效益变差的情况。使用时间愈长，处理价值就愈低，且每次更新都要支付更新费用。因此，必须确定设备的使用年限，以使总的效益最佳。

（3）化工生产过程包含一系列的过程设备，如反应器、蒸馏塔、吸收器等，前一设备的输出是后一设备的输入。因此，要考虑如何控制生产过程中各个设备的输出和输入，使总产量最大。

（4）欲发射一枚导弹击中运动中的目标。由于目标的行动是不断变化的，因此应当根据目标运动的情况，相应决定导弹飞行的方向和速度，使之最快地命中目标。

所谓多阶段决策问题是指如何进行多个阶段的一系列决策以便使系统在整个动态过程中的总目标达到最优的一类优化问题。其特点是系统的动态过程可按时间进程划分为多个阶段，每个阶段的状态既相互联系，又相互区别，一旦确定每一阶段的决策后，就完全确定了系统动态过程的活动路线。因此多阶段决策问题是与时间因素有关的多次决策问题，属于特殊形式的动态决策问题，有别于与时间因素无关的、一次性的静态决策。

动态规划（dynamic programming，DP）作为运筹学的一个分支，其研究对象就是多阶段决策问题。它是分析和解决多阶段决策过程最优化问题的理论和方法。动态规划是由美国数学家贝尔曼（Bellman）等人根据一类多阶段决策问题的特性，在提出解决该类问题的最优化原理后，结合大量的实际问题而逐步建立起来的。

动态规划方法有一些明显的优势。许多问题用动态规划求解比线性规划、非线性规划更有效，特别是对离散问题，解析数学无用武之地，而动态规划就成为得力工具。在某些情况下，用动态规划处理不仅能作定性的描述分析，而且可利用计算机给出求其数值解的方法。

然而，动态规划方法也有其致命的弱点。一是没有统一的处理方法。求解时要根据问题的性质，结合多种数学技巧进行具体分析。因此实践经验及创造性思维起着重要的引导作用。二是所谓的维数障碍。当变量个数太多时，由于计算机内存和速度的限制将导致问题无法解决。有些问题由于涉及的函数没有理想的性质而使问题只能用动态规划描述，不能用动态规划求解。

实际应用中，有大量的静态决策问题也可以通过人为引入恰当的"时段"

概念，把问题转化成一个多阶段决策问题，这样就能用动态规划加以处理，从而扩大动态规划的应用范围，这就是所谓的"静态决策问题的动态处理"。这样的例子是大量的，如最短路问题，资源分配问题等。

鉴于动态规划本身的特点，在建模和求解过程中，只有通过研究大量的典型问题才能理解和领会其中的建模技巧。因此本章首先介绍动态规划的基本概念和最优化原理，然后以各种典型问题为逻辑主线，详细讨论动态规划问题的建模与求解，以便学习和掌握各种求解方法与技巧。

§4.2 动态规划的基本概念与最优化原理

4.2.1 动态规划的基本概念

一般的多阶段决策过程可以用图 4—1 所示的形式来描述。以阶段 k 所作的决策 T_k 为例，x_k 表示 k 阶段制定决策 T_k 时所面临的资源和环境状况（称为状态 x_k），x_{k+1} 表示执行决策 T_k 后系统面临的资源和环境状况（称为状态 x_{k+1}），u_k 是制定决策 T_k 所需确定的决策变量，r_k 是决策 T_k 执行后带来的阶段收益。

整个多阶段决策过程可以叙述为：在阶段 1，基于已知的状态 x_1 选择决策变量 u_1 以制定决策 T_1，实施 T_1 后系统状态转移到状态 x_2，同时得到阶段收益 r_1；在阶段 2，基于状态 x_2 选择决策变量 u_2 以制定决策 T_2，执行 T_2 后系统状态转移到状态 x_3，同时得到阶段收益 r_2；以此类推，直到阶段 n，基于状态 x_n 选择决策变量 u_n 以制定决策 T_n，执行 T_n 后系统状态转变为已知的最终状态 x_{n+1}，同时得到阶段收益 r_n。整个决策过程有 n 个阶段，需进行 n 次决策。下面分别给出动态规划的基本概念和相关术语。

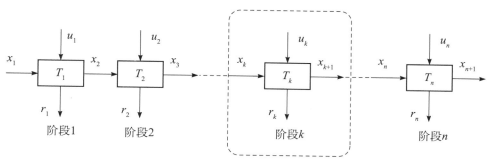

图 4—1 多阶段决策过程示意图

1. 阶段和阶段变量

把所研究的多阶段决策过程恰当地划分为若干个相互独立又相互联系的部分，每一个部分就称为一个阶段。一个阶段就是需要作出一个决策的子问题部分。通常阶段是按照过程进行的时间和空间上的先后顺序划分的，并用阶段变量 k 表示。阶段数等于多阶段决策过程中从开始到结束所需要作出的决策数目，划分阶段的目的是便于求解。

2. 状态和状态变量

在多阶段决策过程中，状态是描述系统资源和环境状况所必需的信息，一般为某个阶段的初始点、初始位置或初始情况。状态变量必须包含在给定的阶段上确定全部允许决策所需要的信息，阶段 k 的状态表示为 x_k。比如在最短路问题中，状态就是网络中的各个节点。

状态变量的取值有一定的允许范围，称为状态可能集。状态可能集是关于状态的约束条件。状态可能集用相应阶段状态 x_k 的大写字母 X_k 表示，$x_k \in X_k$。状态可能集可以是一个离散的取值集合，也可以是一个连续的区间，视所给问题的具体情况而定。

3. 决策、决策变量和决策序列

决策就是决策者从本阶段出发对下一阶段状态的选择。多阶段决策过程的发展是用各个阶段的状态演变来描述的。因为用状态描述的过程具有无后效性，即在进行阶段决策时，只须根据当前的状态进行而无须考虑过去的历史。在阶段 k，如果给出了决策变量 u_k 随状态变量 x_k 变化的对应关系，就确定了根据不同的当前状态作出不同决策的规则。决策变量 u_k 是状态变量 x_k 的函数，称为决策函数，表示为 $u_k(x_k)$。

决策变量的取值也有一定的允许范围，称为允许决策集合。允许决策集合是决策的约束条件。u_k 的允许决策集合表示为 U_k，$u_k \in U_k$。U_k 要根据相应的状态可能集 X_k 并结合具体问题来确定。

一系列决策构成的序列称为策略。策略有全过程策略和 k—子策略之分。全过程策略是整个 n 段决策过程中依次进行的 n 个阶段决策构成的决策序列，简称策略，表示为 $\{u_1, u_2, \cdots, u_n\}$。从阶段 k 到阶段 n 依次进行的阶段决策构成的决策序列称为 k—子策略，表示为 $\{u_k, u_{k+1}, \cdots, u_n\}$。当 $k=1$ 时，k—子策略就是全过程策略。相应地，从阶段 k 到阶段 n 的过程称为 k—子过程，当 $k=1$ 时，k—子过程就是全过程。

在 n 阶段决策问题中，各阶段的状态可能集和决策允许集确定了决策的允许范围。过程的初始状态不同，决策和策略也就不同，即策略是初始状态的函数。

4. 状态转移方程

状态转移方程表示从阶段 k 到阶段 $k+1$ 的状态转移规律，即 x_{k+1} 与 x_k 之间关系的表达式。多阶段决策过程的发展就是用阶段状态的相继演变来描述的。对具有无后效性的多段决策过程，系统由阶段 k 到阶段 $k+1$ 的状态转移方程表示为：

$$x_{k+1} = T_k(x_k, u_k(x_k))$$

即阶段 $k+1$ 的状态完全由阶段 k 的状态 x_k 和决策 $u_k(x_k)$ 确定，与系统过去的状态 $x_1, x_2, \cdots, x_{k-1}$ 及其决策 $u_1(x_1), u_2(x_2), \cdots, u_{k-1}(x_{k-1})$ 无关。$T_k(x_k, u_k)$ 称为变换函数或变换算子。变换函数可以分为两种类型，即确定型和随机型，据此形成确定型动态规划和随机型动态规划。

5. 阶段效应和目标函数

多阶段决策过程中，在阶段 k 的状态 x_k 执行决策 u_k，不仅会带来系统状态的转移，而且必然带来对目标函数的影响。阶段效应就是执行阶段决策时所带来的目标函数的增量。在具有无后效性的多阶段决策过程中，阶段效应完全由阶段 k 的状态 x_k 和决策 u_k 决定，与阶段 k 以前的状态和决策无关，表示为 $r_k(x_k, u_k)$。

多阶段决策过程关于目标函数的总效应由各阶段的阶段效应累积而成。动态规划问题的目标，必须具有关于阶段效应的可分离形式、递推性和对于变元 R_{k+1} 的严格单调性。$k-$子过程的目标函数可以表示为：

$$R_k = R(x_k, u_k, x_{k+1}, u_{k+1}, \cdots, x_n, u_n)$$
$$= r_k(x_k, u_k) \otimes r_{k+1}(x_{k+1}, u_{k+1}) \otimes \cdots \otimes r_n(x_n, u_n)$$

式中，$\otimes$ 表示某种运算，可以是加、减、乘、除、开方等。经济管理领域中，最常见的目标函数是阶段效应的求和形式，即

$$R_k = R(x_k, u_k, x_{k+1}, u_{k+1}, \cdots, x_n, u_n)$$
$$= \sum_{i=k}^{n} r_i(x_i, u_i)$$

4.2.2　多阶段决策过程的数学模型

用动态规划方法处理实际问题的前提条件是可以恰当地划分阶段，把问题描述为多阶段决策过程。而多阶段决策过程要用动态规划来描述，必须满足以下四个条件，并能在此基础上写出动态规划的基本方程。即所谓的"一个大前提，四个条件和一个方程"。

（1）能正确地选择状态变量。正确地选择状态变量，就意味着该状态变量能够描述过程的演变特征，且满足无后效性和可知性。无后效性（马尔可夫性）指系统从某个阶段状态往后的发展，完全由本阶段的状态和其后的决策确定，与系统以前的状态和决策无关。换言之，多阶段决策过程的过往历史只能通过当前的状态来影响其未来的发展，当前的状态就是未来过程的初始状态。所谓可知性，指各阶段的状态变量取值通过直接或间接的方法均可获知。

（2）能确定决策变量及各阶段的允许决策集合。

（3）能写出状态转移方程。

（4）能根据题意列出阶段效应和目标函数。

由于介绍动态规划基本方程需要首先讨论最优化原理，并引入贝尔曼函数，因此将在本章 4.2.3 中介绍。

动态规划的建模过程就是在明确四个条件（或称四个要素）的基础上，写出动态规划的基本方程。一个动态规划模型就是由四个条件和一个方程（动态规划基本方程）构成的全体。

动态规划求解有三个要求：

（1）确定最优策略，即最优决策序列 $\{u_1^*, u_2^*, \cdots, u_n^*\}$。

（2）得出最优路线，即执行最优策略时的最优状态序列 $\{x_1^*, x_2^*, \cdots, x_n^*,$

$x_{n+1}^*\}$；其中，$x_{k+1}^* = T_k(x_k^*, u_k^*)$，$k=1, 2, \cdots, n$。

（3）求出最优目标函数值：$R^* = \sum\limits_{k=1}^{n} r_k(x_k^*, u_k^*)$。

4.2.3　最优化原理与动态规划基本方程

最优化原理是动态规划的灵魂。动态规划求解的核心就是最优化原理的实际应用。

最优化原理　最优策略具有的基本性质是：无论初始状态和初始决策如何，对于前面决策所造成的某一状态而言，余下的决策序列必构成最优策略。

可用图 4—2 来解释最优化原理。若从点 A 到点 B 的最短路为图中实线所示，M 为途中实线上某一点，那么从点 M 到点 B 的最短路一定是实线 MB。

图 4—2　最优化原理示意图

若不然，比如虚线 MB 为从 M 到 B 的最短路，那么实线 AM 加上虚线 MB 肯定比实线 AB 短，与实线 AB 是从点 A 到点 B 的最短路的假设相矛盾。

为了便于最优性原理的应用，引入 Bellman 函数的概念。Bellman 函数也称为最优指数函数或条件最优目标函数 $f_k(x_k)$，是为建立动态规划基本方程所定义的辅助函数。其含义是：在阶段 k 从初始状态 x_k 出发，执行最优决策序列或策略，到达过程终点时的目标函数取值。

对于目标函数是阶段效应之和的多段决策过程而言：

$$f_k(x_k) = \mathop{\mathrm{opt}}\limits_{u_k \sim u_n} \sum_{i=k}^{n} r_i(x_i, u_i), \quad k=1, 2, \cdots, n \tag{4—1}$$

为了将关于多段决策过程的任一阶段状态 x_k 的最优策略和最终的最优策略相区别，前者称为条件最优策略，意即相对于条件 x_k 时的最优策略。构成条件最优策略的决策称为条件最优决策。阶段 k 处于状态 x_k 的条件最优决策表示为 $u_k^{'}(x_k)$，简记为 $u_k^{'}$，相应的条件最优策略表示为 $\{u_k^{'}, u_{k+1}^{'}, \cdots, u_n^{'}\}$。条件最优目标函数值 $f_k(x_k)$，即执行条件最优策略时的目标函数值，其公式为：

$$f_k(x_k) = \sum_{i=k}^{n} r_i(x_i, u_i^{'}) \tag{4—2}$$

执行条件最优策略时的阶段状态序列称为条件最优路线，表示为 $\{x_k^{'}, x_{k+1}^{'}, \cdots, x_n^{'}, x_{n+1}^{'}\}$，其中 $x_{k+1}^{'} = T_k(x_k^{'}, u_k^{'})$（$k=1, 2, \cdots, n$）。

动态规划的基本方程是：

$$\begin{cases} f_k(x_k) = \mathop{\mathrm{opt}}\limits_{u_k}\{r_k(x_k, u_k) \otimes f_{k+1}(x_{k+1})\} \\ f_{n+1}(x_{n+1}) = 0, \quad k=n, n-1, \cdots, 1 \end{cases} \tag{4—3}$$

包括由一个递推方程构成的主体部分和用以界定问题范围的边界条件 $f_{n+1}(x_{n+1}) = 0$ 两个部分。其中 $\otimes$ 表示某种运算。当目标函数为阶段效应求和形式时，基本方程可以写成：

$$
\begin{cases}
f_k(x_k) = \underset{u_i}{\mathrm{opt}} \sum_{i=k}^{n} r_i(x_i,\ u_i) \\
\qquad\qquad = \underset{u_k}{\mathrm{opt}}\{r_k(x_k,\ u_k) + f_{k+1}(x_{k+1})\}, \quad k=n-1,\ n-2,\ \cdots,\ 1 \\
f_{n+1}(x_{n+1}) = 0
\end{cases}
$$

$$(4\text{—}4)$$

4.2.4　动态规划的分类

根据多段决策过程的特点，动态规划可分类如下：

（1）按决策特性分。

1）时间多段决策过程；

2）空间多段决策过程。

（2）按允许决策集合的连续或不连续分。

1）连续多段决策过程；

2）离散多段决策过程。

（3）按构成决策序列的决策数目的有限或非有限性分。

1）有限多段决策过程；

2）无限多段决策过程。

（4）按状态变化的确定或随机性分。

1）确定性多段决策过程；

2）随机性多段决策过程。

（5）按决策序列与时间起点的关系分。

1）定常（与时间起点无关）多段决策过程；

2）非定常多段决策过程。

实际的多段决策问题，常常归结为上述各种情况的复合。本书只限于对定常的、确定性的、有限的多段决策过程问题的讨论。

以最短路问题为例，如图 4—3 所示。

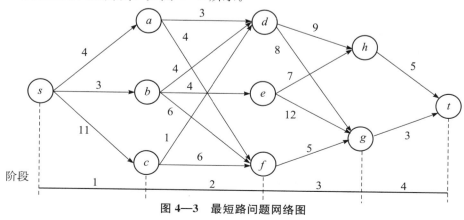

图 4—3　最短路问题网络图

(1) 以各阶段的初始点作为状态变量 x_k，其状态可能集为：

$$x_1 \in \{s\}; \qquad x_2 \in \{a, b, c\}; \qquad x_3 \in \{d, e, f\}$$
$$x_4 \in \{h, g\}; \qquad x_5 \in \{t\}$$

(2) 决策变量选为终止位置：

$$u_1 \in \{a, b, c\}$$

$$\begin{cases} 若\ x_2 = a,\ u_2 \in \{d, f\} \\ 若\ x_2 = b,\ u_2 \in \{d, e, f\} \\ 若\ x_2 = c,\ u_2 \in \{d, f\} \end{cases}$$

$$\begin{cases} 若\ x_3 = d,\ u_3 \in \{h, g\} \\ 若\ x_3 = e,\ u_3 \in \{h, g\} \\ 若\ x_3 = f,\ u_3 \in \{g\} \end{cases}$$

$$\begin{cases} 若\ x_4 = h,\ u_4 \in \{t\} \\ 若\ x_4 = g,\ u_4 \in \{t\} \end{cases}$$

(3) 状态转移方程为：

$$x_{k+1} = T_k(x_k, u_k)$$

具体为 $x_{k+1} = u_k(x_k)$，即 $k+1$ 阶段的状态节点恰是第 k 阶段的决策节点。

(4) 阶段效应 $r_k(x_k, u_k)$ 就是执行从 $x_k \rightarrow u_k$ 的决策所付出的代价（距离、费用等），其目标函数为：

$$R = \sum_{k=1}^{4} r_k = \sum_{k=1}^{4} C_k(x_k, u_k) \ \ 或\ R = \sum_{k=1}^{4} d_k(i_k, j_k)$$

§4.3　动态规划建模分析

动态规划的建模过程就是明确"一个大前提、四个条件和一个方程"的过程。具体的动态规划模型是由四个条件和一个方程构成的全体。

(1) 一个大前提：可以确定阶段和阶段变量 k，把研究问题转化为多阶段决策问题。

(2) 四个条件：

1) 正确地选择状态变量 x_k，确定状态可能集 X_k。状态变量必须能够描述过程的演变特征，满足无后效性和可知性。

2) 确定决策变量 u_k 和允许决策集 U_k。

3) 明确状态转移方程 $x_{k+1} = T_k(x_k, u_k(x_k))$。

4) 写出阶段效益 r_k 和目标函数 R。

(3) 一个方程：在明确四个条件的基础上，写出动态规划的基本方程。

$$\begin{cases} f_k(x_k) = \underset{u_k}{\mathrm{opt}} \{r_k(x_k, u_k) \otimes f_{k+1}(x_{k+1})\} \ (k=n, n-1, \cdots, 1) \\ f_{n+1}(x_{n+1}) = 0 \end{cases}$$

当目标函数为阶段效应求和形式时：

$$
\begin{cases}
f_k(x_k) = \underset{u_i}{\mathrm{opt}} \sum_{i=k}^{n} r_i(x_i,\ u_i) \\
\qquad\quad = \underset{u_k}{\mathrm{opt}} \{ r_k(x_k,\ u_k) + f_{k+1}(x_{k+1}) \},\ k=n-1,\ n-2,\ \cdots,\ 1 \\
f_{n+1}(x_{n+1}) = 0
\end{cases}
$$

例 4—1 说明静态问题（如线性规划问题），只要能恰当地引入"阶段"，也可以用动态规划方法来处理。

[例 4—1] 某工厂用某种机床生产甲、乙两种产品，机床可使用的总工时和两种产品的单位收益如表 4—1 所示，试确定使该厂每天总收益最大的生产计划。

表 4—1　　　　　　　　　　　　　例 4—1 已知信息表

单位产品加工时间　　产品　设备	甲产品	乙产品	总工时限制（小时）
机床	4	2	12
单位产品收益（千元）	8	10	

解：（1）用线性规划求解。

设 u_1，u_2 分别为甲、乙两种产品的产量，则线性规划模型如下：

$$\max Z = 8u_1 + 10u_2$$

$$\mathrm{s.\,t.}\ \begin{cases} 4u_1 + 2u_2 \leqslant 12 \\ u_1,\ u_2 \geqslant 0 \end{cases}$$

用图解法或单纯形法可以求得其最优解为：$u_1^* = 0$，$u_2^* = 6$，目标函数最优值 $Z_{\max} = 60$。

（2）用动态规划处理。

如果将此静态决策问题用动态规划求解，则需恰当地引入"阶段"。可以规定，确定甲产品产量的过程为第一阶段，确定乙产品产量的过程为第二阶段。那么，该问题就可转化为一个两阶段决策过程，阶段变量 $k=1,\ 2$。

1）选择 k 阶段初拥有的机床加工时间 x_k 作为状态变量，则有 $x_1 = 12$；$x_2 = 12 - 4u_1$，$x_2 \in [0,\ 12]$；$x_3 = 12 - 4u_1 - 2u_2$，$x_3 \in [0,\ 12]$。

2）决策变量选第 k 阶段产品的产量 u_k，则 $2u_2 \leqslant 12 - 4u_1$，$4u_1 \leqslant 12$。

3）状态转移方程为：$x_2 = x_1 - 4u_1$，$x_3 = x_2 - 2u_2$。

4）阶段效益：$r_1 = 8u_1$，$r_2 = 10u_2$。目标函数为：$R = r_1 + r_2$。

5）动态规划基本方程为：

$$
\begin{cases}
f_k(x_k) = \underset{u_k}{\max}\ \{ r_k + f_{k+1}(x_{k+1}) \},\quad k=2,\ 1 \\
f_3(x_3) = 0
\end{cases}
$$

求解该动态规划问题，同样可以得到最优解和最优值。

下面分别介绍一些典型的动态规划应用问题。通过对这些问题的建模和求解，可以加深对最优化原理的理解，并逐步掌握动态规划建模与求解的技巧。

4.3.1　工程路线问题

工程路线问题的一般提法是：从某地出发，途经若干个中间点，最后到达目的地，试求距离最短或费用最省的路线。工程线路问题按照阶段数是否固定又分为定步数问题和不定步数问题。如果从出发点到目的地的每条路线均由 n 条边（弧）组成，则问题可以化为 n 个阶段的多阶段决策过程。由于可以明确地划分出固定的阶段数，故称为定步数问题或定期的多阶段决策过程。如果阶段数不固定则称为不定步数问题或不定期的多阶段决策过程。详细的建模过程如表 4—2 所示。

表 4—2　　　　　　　　　**工程路线问题的建模过程**

基本方程 $\begin{cases} f_k(i) = \min\limits_{j} \{C_{ij} + f_{k+1}(j)\}, & k=n, n-1, \cdots, 1 \\ f_{n+1}(n+1) = 0 \end{cases}$	
最短路问题	**最长路问题**
阶段变量：$k=1, 2, \cdots, n$	$\checkmark$
状态变量：各阶段初始位置 $x_k \in X_k$ 或 $i_k \in X_k$	$\checkmark$
决策变量：各阶段终止位置 $u_k \in U_k$ 或 $j_k \in U_k$	$\checkmark$
状态转移方程：$x_{k+1} = u_k(x_k)$ 或 $i_{k+1} = j_k(i_k)$	$\checkmark$
阶段效益 $r_k(x_k, u_k) = C_i(x_k \to u_k = x_{k+1}$ 的费用)	$\checkmark$
目标函数：$R = \sum\limits_{k=1}^{n} r_k = \sum\limits_{k=1}^{n} C_{ij}(x_k, u_k)$ 或 $R = \sum\limits_{k=1}^{n} r_k = \sum\limits_{k=1}^{n} C_{ij}(i_k, j_k)$	$\checkmark$
基本方程：$\begin{cases} f_k(i_k) = \min\limits_{j_k} \{C_k(i_k, j_k) + f_{k+1}(j_k)\} \\ f_{n+1}(n+1) = 0, \quad k=n, n-1, \cdots, 1 \end{cases}$ 或简化为：$\begin{cases} f_k(i) = \min\limits_{j} \{C_{ij} + f_{k+1}(j)\} \\ f_{n+1}(i_{n+1}) = 0, \quad k=n, n-1, \cdots, 1 \end{cases}$	$\begin{cases} f_k(i_k) = \max\limits_{j_k} \{C_k(i_k, j_k) + f_{k+1}(j_k)\} \\ f_{n+1}(n+1) = 0, \quad k=n, n-1, \cdots, 1 \end{cases}$ 或 $\begin{cases} f_k(i) = \max\limits_{j} \{C_{ij} + f_{k+1}(j)\} \\ f_{n+1}(i_{n+1}) = 0, \quad k=n, n-1, \cdots, 1 \end{cases}$

注：若是不定步数问题，则 DP 基本方程呈函数方程的形式为：$f(i) = \min\limits_{j}\{C_{ij} + f(j)\}$。

4.3.2　资源分配问题

1. 资源的多元分配

某种资源总量为 M，用于进行 n 种生产活动。已知用于活动 k 的资源量为 u_k 时的收益为 $g_k(u_k)$，且 $g_k(u_k)$ 为 u_k 的非递减函数。如何分配资源才能使 n 种生产活动的总收益最大？

［**例 4—2**］某公司拟将 5 万元资金投放到下属的 A，B，C 三个企业，各企业在获得资金后的收益如表 4—3 所示。试用动态规划方法求总收益最大的投资分配方案（投资数取整数）。

表 4—3 例 4—2 已知信息表

投放资金（万元）		0	1	2	3	4	5
收益（万元）	A	0	2	2	3	3	3
	B	0	0	1	2	4	7
	C	0	1	2	3	4	5

解：如果将 3 种活动作为一个相互衔接的整体，对每种活动的资源分配作为一个阶段，每个阶段确定一种活动的资源投放量，则该问题可作为三阶段决策过程，即对 A，B，C 三个企业的资金分配过程可视为三个阶段。用 x_k 表示给企业 k 分配资金时拥有的资金数量，用 u_k 表示给企业 k 实际分配的资金数。状态转移方程是 $x_{k+1}=x_k-u_k$，即阶段 k 拥有的资金数量减去分配给第 k 个企业的资金数就是 $k+1$ 阶段拥有的资金数量。阶段效应和建模过程如表 4—4 所示。目标函数是 $R=\left[g_1(u_1)+g_2(u_2)+g_3(u_3)\right]$。

表 4—4 资源的多元分配问题建模过程

建模过程		一般问题	例 4—2
一个大前提	阶段变量 k	把 n 种生产活动作为 n 个阶段。由于每个阶段都要确定对该项活动的资源投放量，从而构成多阶段决策问题，即 $k=1,2,\cdots,n$	把资金分配给一个企业的过程看作一种生产活动，向三个企业的投资过程看作三个阶段，即 $k=1,2,3$
条件 1	状态与状态变量	k 阶段初拥有的资源量 $x_1=M$，$0\leqslant x_k\leqslant M$	给企业 k 投资时所拥有的资金数为 x_k，则 $x_1=5$，$0\leqslant x_k\leqslant 5$
条件 2	决策与决策变量	对第 k 种生产活动的资源投放量为 u_k，则 $0\leqslant u_k\leqslant x_k$	给企业 k 的投资数额（阶段投放量）为 u_k，则 $0\leqslant u_k\leqslant x_k$
条件 3	状态转移方程	$x_{k+1}=x_k-u_k$	$x_{k+1}=x_k-u_k$
条件 4	阶段效应	投放资源量 u_k 时的收益：$r_k(x_k,u_k)=g_k(u_k)$	$g_k(u_k)$，$k=1,2,3$
	目标函数	$R=\sum_{k=1}^n r_k(x_k,u_k)=\sum_{k=1}^n g_k(u_k)$	$R=\sum_{k=1}^3 g_k(u_k)$
一个方程	动态规划基本方程	$\begin{cases}f_k(x_k)=\max\limits_{u_k}\{g_k(u_k)+f_{k+1}(x_{k+1})\}\\f_{n+1}(x_{n+1})=0,\quad k=n,n-1,\cdots,1\end{cases}$	$\begin{cases}f_k(x_k)=\max\limits_{u_k}\{g_k(u_k)\\+f_{k+1}(x_{k+1})\}\\f_4(x_4)=0,\quad k=3,2,1\end{cases}$ 资金分配完毕，不再分配，收益为 0

上述资源分配问题仅涉及一种资源，也称为一维资源分配问题。如果涉及

两种资源的分配，则称为二维资源分配问题。这类问题的一般提法是：现有总量分别为 M_1 和 M_2 的两种资源，准备分配给 n 种生产活动，如果分配给第 i 种生产活动的两种资源的数量分别是 x_i，y_i $(i=1, 2, \cdots, n)$，由此产生的效益为 $g(x_i, y_i)$，应如何分配资源使总收益最大？

根据已知信息，不难写出该问题的数学模型：

$$\max \sum_{i=1}^{n} g_i(x_i, y_i)$$

$$\begin{cases} \sum_{i=1}^{n} x_i = M_1 \\ \sum_{i=1}^{n} y_i = M_2 \\ x_i \geqslant 0, \ y_i \geqslant 0, \quad i=1, 2, \cdots, n \end{cases}$$

该模型有可能是线性规划模型，也有可能是非线性规划模型。若用动态规划方法处理，其阶段的划分与一维分配问题相同，但因状态变量和决策变量都是二维的，所以必须设置两个状态变量和两个决策变量。

设状态变量 s_k，t_k 分别表示第 k 阶段初所拥有的两种资源量，也就是可用于分配给第 k 种到第 n 种生产活动的两种资源的总量；决策变量 x_k，y_k 为分配给第 k 种生产活动两种资源的数量。其状态转移方程是：

$$\begin{cases} s_{k+1} = s_k - x_k \\ t_{k+1} = t_k - y_k \end{cases}, \quad k=n, n-1, \cdots, 1$$

$$\begin{cases} s_1 = M_1 \\ t_1 = M_2 \end{cases}$$

动态规划基本方程为：

$$\begin{cases} f_k(s_k, t_k) = \max_{(x_k, y_k) \in D_k(s_k, t_k)} \{g_k(x_k, y_k) + f_{k+1}(s_{k+1}, t_{k+1})\} \\ f_{n+1}(s_{n+1}, t_{n+1}) = 0, \quad k=n, n-1, \cdots, 1 \end{cases}$$

式中，$D_k(s_k, t_k)$ 是决策允许集。

由于状态变量和决策变量维数的增加，导致了计算的复杂性。当状态变量为离散情况时适于用动态规划方法求解；对于连续的情况，一般总是先进行离散化处理，然后求其数值解。常用的离散化方法有疏密格子法、逐次逼近法、拉格朗日乘数法等。

2. 资源的多段分配

资源的多段分配是有消耗的资源多阶段地在两种不同的生产活动中投放的问题。问题的一般提法是：假定拥有某种总量为 M 的资源，计划在 A，B 两个部门（或两种生产过程）中连续使用 n 个阶段，已知在两个部门中分别投入资源 u_a，u_b 后可分别获得阶段效益 $g(u_a)$，$h(u_b)$，同时知道每生产一个阶段后资源的完好率分别为 a 和 b $(0 < a < 1, 0 < b < 1)$，求 n 个阶段间总收益最大的资源分配计划。

[例 4—3] 今有 1 000 台机床，要投放到 A，B 两个生产部门，计划连续使用 5 年。已知对 A 部门投入 u_a 台机器时的年收益是 $g(u_a) = u_a^2$，机器完好率

$a=0.8$；相应地，B 部门为 $h(u_b)=2u_b^2$，机器完好率 $b=0.4$。试建立 5 年间总收益最大的年度机器分配方案。

解：问题的建模过程如表 4—5 所示。

表 4—5 资源的多段分配问题建模过程

	一般问题	例 4—3
大前提	n 阶段决策，每个阶段均要决定 A，B 两个部门的资源投放量	5 阶段决策问题（机器连续使用 5 年），一个年度作为一个阶段，即 $k=1, 2, 3, 4, 5$
状态与状态变量	k 阶段初拥有的资源量 x_k，则 $0 \leqslant x_k \leqslant M$，$x_1=M$	k 年初拥有的完好机器数 x_k，则 $0 \leqslant x_k \leqslant 1000$，$x_1=1000$
决策与决策变量	k 阶段对 A 部门的资源投放量 $u_k=u_A$，则有 $u_B=x_k-u_k=x_k-u_A$，$0 \leqslant u_k \leqslant x_k$	k 年度投入 A 部门的机器台数 $u_k=u_A$，$u_B=x_k-u_k$，$0 \leqslant u_k \leqslant x_k$
状态转移方程	$x_{k+1}=au_k + b(x_k-u_k)$ $\downarrow$ $\quad\quad\downarrow$ 阶段末 A 部 阶段末 B 部 门剩余资源 门剩余资源	$x_{k+1}=0.8u_k+0.4(x_k-u_k)$
阶段效益与目标函数	$r_k(x_k, u_k)=g(u_k)+h(x_k-u_k)$ $R=\sum\limits_{k=1}^{n} r_k=\sum\limits_{k=1}^{n}[g(u_k)+h(x_k-u_k)]$	$r_k=g(u_k)+h(x_k-u_k)$ $=u_k^2+2(x_k-u_k)^2$ $R=\sum\limits_{k=1}^{n}[u_k^2+2(x_k-u_k)^2]$
基本方程	$\begin{cases} f_k(x_k)=\max\limits_{u_k}\{g(u_k)+h(x_k-u_k) \\ \quad\quad\quad +f_{k+1}(x_{k+1})\} \\ f_{n+1}(x_{n+1})=0, \quad k=n,n-1,\cdots,1 \end{cases}$	$\begin{cases} f_k(x_k)=\max\limits_{0 \leqslant u_k \leqslant x_k}\{u_k^2+2(x_k-u_k)^2 \\ \quad\quad\quad +f_{k+1}(x_{k+1})\} \\ f_6(x_6)=0, \quad k=5, 4, 3, 2, 1 \end{cases}$

4.3.3 生产—库存问题

已知生产成本、库存费用和各阶段的市场需求，现在生产（或销售）部门需要决定各阶段的产量（或采购量），以使计划期内的总费用最小。

问题的一般提法：设有一生产部门，生产计划周期分为 n 个阶段（即 $k=1, 2, \cdots, n$）。已知最初库存量为 x_1，阶段需求量为 d_k，生产的固定成本为 $\widetilde{K}$，单位产品的消耗费用为 L，单位产品的阶段库存费用为 h，库存容量为 M，阶段生产能力为 B，问应如何安排各阶段的产量，使计划期内的总费用最小。

[例 4—4] 求解生产—库存问题：已知 $n=3$，$\widetilde{K}=8$，$L=2$，$h=2$，$x_1=1$，$M=4$，$x_4=0$（计划期末库存为 0），$B=6$，$d_1=3$，$d_2=4$，$d_3=3$。

解：问题的建模过程如表 4—6 所示。这里应特别注意两点：（1）状态可能集和允许决策集的确定；（2）库存费用的计算原则应根据实际情况确定。

表 4—6 生产—库存问题的建模过程

	问题一般形式	例 4—4
阶段 k	计划期所划分的阶段即为 DP 模型的阶段，$k=1$，2，$\cdots$，n	$n=3$，$k=1$，2，3
状态与状态变量	第 k 阶段初的库存量 x_k，x_1 已知。若 x_{n+1} 已知，则为始、终端固定的问题；若 $x_{n+1}=0$（即计划期末无库存），则 $0 \leqslant x_k \leqslant \min\{M, d_k+d_{k+1}+\cdots+d_n\}$	$x_1=1$（初始库存） $x_4=0$（计划期末库存为 0） $0 \leqslant x_k \leqslant \min\{M, d_k+\cdots+d_3\}$
决策与决策变量	k 阶段的产量 u_k，则 $u_k \geqslant \max\{0, d_k-x_k\}$ 且 $u_k \leqslant \min\{B, d_k+d_{k+1}+\cdots+d_n-x_k\}$	$u_k \geqslant \max\{0, d_k-x_k\}$ $u_k \leqslant \min\{6, d_k+\cdots+d_3-x_k\}$
状态转移方程	$x_{k+1}=x_k+u_k-d_k$，$\quad k=1$，2，$\cdots$，n	$x_{k+1}=x_k+u_k-d_k$，$\quad k=1$，2，3
阶段效益与目标函数	生产费用+库存费用 $r_k = \tilde{K}+Lu_k+hx_{k+1}$ $\quad = \tilde{K}+Lu_k+h(x_k+u_k-d_k)$ $R=\sum\limits_{k=1}^{n} r_k$	$r_k = 8+2u_k+2x_{k+1}$ $\quad = 8+2u_k+2(x_k+u_k-d_k)$ $R=\sum\limits_{k=1}^{3}[8+2u_k+2(x_k+u_k-d_k)]$
基本方程	$\begin{cases} f_k(x_k) = \min\limits_{u_k}\{\tilde{K}+Lu_k+ \\ \qquad h(x_k+u_k-d_k)+f_{k+1}(x_{k+1})\} \\ f_{n+1}(x_{n+1})=0, k=n, n-1, \cdots, 1 \end{cases}$	$\begin{cases} f_k(x_k) = \min\limits_{u_k}\{8+2u_k+2(x_k+u_k \\ \qquad -d_k)+f_{k+1}(x_{k+1})\} \\ f_4(x_4)=0, \quad k=3, 2, 1 \end{cases}$

[例 4—5]（库存—销售问题）某贸易公司计划当年将一种新款商品推向市场，准备分 4 个季度作采购—销售计划。一季度初已备货 500 件，公司仓库最多可存货 1 000 件。根据市场调查和成本核算结果，对当年 4 个季度的商品进价和售价做出如下预测（见表 4—7）。如果不计库存费用，并要求年底实现零库存，应如何安排采购—销售计划，使该公司获得利润最大？

表 4—7 例 4—5 商品进价、售价预测表

季度 k	1	2	3	4
进价 c_k（百元/件）	10	9	11	15
售价 p_k（百元/件）	12	9	13	17

解：

（1）若将 4 个季度的购销安排作为 4 个阶段，则问题可以描述为四阶段决策过程。

（2）选择 k 季度初公司的库存商品量 x_k 作为状态变量，则有 $x_1=500$，$0 \leqslant x_k \leqslant 1\,000$。

（3）选择 k 季度的商品采购量 u_k 和销售量 v_k 作为决策变量，则
$$0 \leqslant v_k \leqslant x_k, \quad 0 \leqslant u_k \leqslant 1\,000-(x_k-v_k), \quad k=1, 2, 3, 4$$

（4）状态转移方程：$x_{k+1}=x_k+u_k-v_k$（$k=1, 2, 3, 4$）。

（5）阶段效益 $r_k=p_kv_k-c_ku_k$（$k=1, 2, 3, 4$），目标函数 $R=\sum\limits_{k=1}^{4} r_k$。

（6）在此基础上，写出动态规划基本方程：

$$\begin{cases} f_k(x_k) = \max_{u_k, v_k}\{(p_k v_k - c_k u_k) + f_{k+1}(x_{k+1})\} \\ f_5(x_5) = 0, \quad k = 4, 3, 2, 1 \end{cases}$$

该例的特点是在建模过程中引入了两个决策变量。

4.3.4　设备更新问题

问题的一般提法：已知 n 为计算设备回收额的总期数，t 为某个阶段的设备役龄，$\gamma(t)$ 为从役龄为 t 的设备得到的阶段效益，$\mu(t)$ 为役龄为 t 的设备的阶段使用费，$s(t)$ 是役龄为 t 的设备的处理价格，p 为新设备的购置价格。假定关于现值的折扣率为 1，求 n 期内使回收额最大的设备更新策略。

[例 4—6] 假定设备的使用年限为 10 年，设备的处理价格与役龄无关，为 4 万元，其他有关信息如表 4—8 所示，寻求设备更新的最优策略。

表 4—8　　　　　　　　　　　例 4—6 有关信息表　　　　　　　　　单位：万元

t	0	1	2	3	4	5	6	7	8	9	10
$\gamma(t)$	27	26	26	25	24	23	23	22	21	21	20
$\mu(t)$	15	15	16	16	16	17	18	18	19	20	20

解： 问题的建模过程如表 4—9 所示。

表 4—9　　　　　　　　　　　设备更新问题的建模过程

问题的一般提法		例 4—6
阶　段	设备使用年限	$n = 10$
状态变量	设备的役龄 t	√
决策变量	K——保留；P——更新	K 或 P
状态转移方程	$\begin{cases} 1 \text{（P 决策）} \\ t+1 \text{（K 决策）} \end{cases}$	√
阶段效应与目标函数	从役龄为 t 的设备得到的收益： $g_k = \begin{cases} \text{K}: \gamma(t) - \mu(t) \\ \text{P}: s(t) - p + \gamma(0) - \mu(0) \end{cases}$ 总收益：$R = \sum_{k=1}^{n} g_k$	$\begin{cases} \text{K}: \gamma(t) - \mu(t) \\ \text{P}: s(t) - p + \gamma(0) - \mu(0) \\ \quad = 4 - 13 + 27 - 15 \\ \quad = 3 \end{cases}$ √
基本方程	$\begin{cases} f_k(t) = \max \begin{cases} \text{K}: \gamma(t) - \mu(t) + f_{k+1}(t+1) \\ \text{P}: s(t) - p + \gamma(0) \\ \quad - \mu(0) + f_{k+1}(t+1) \end{cases} \\ f_{n+1}(t) = 0 \end{cases}$	$\begin{cases} f_k(t) = \max \begin{cases} \text{K}: \gamma(t) - \mu(t) \\ \quad + f_{k+1}(t+1) \\ \text{P}: 3 + f_{k+1}(1) \end{cases} \\ f_{11}(t) = 0 \end{cases}$

4.3.5　其他典型问题

1. 串联系统可靠性问题

一个系统由若干个部件串接组成，只要有一个部件出现故障，整个系统就不能正常工作。为了提高系统正常工作的概率，往往给每个部件安装备用件。一旦原部件出现故障，备用件就自动切换进入系统。因此备用件越多，系统正常工作的概率就越大，但费用也就越高。所谓"系统可靠性问题"是指在一定的总费用下，如何配置各部件的备用件，使系统正常工作的概率（称系统的可靠性）最大。一般来说，是在成本、重量、体积等一定的限制下，如何选择各部件的备用元件数，使整个系统的可靠性最大。

[例 4—7] 由三个部件串接而成的系统，当部件 k 配备 u_k 个备件，该部件正常工作的概率是 $p_k(u_k)$。若不考虑备件的费用，试决定各部件备用件的数量，使系统的可靠性最大。已知具体数据如表 4—10 所示，试建立动态规划模型。

表 4—10　　　　　　　　　　例 4—7 已知信息表

正常工作的概率 $p_k(u_k)$ ＼ 部件 备用件数	1	2	3
0	0.7	0.8	0.9
1	0.8	0.8	0.9
2	0.9	0.9	0.95

解：

（1）设给第 k 个部件配置备用件的过程作为第 k 个阶段，则 $k=1$，2，3；

（2）选状态变量 x_k 为第 k 个阶段开始时可供配置的备用件数；

（3）选决策变量 u_k 为第 k 个阶段配置给第 k 个部件的备用件数；

（4）状态转移方程为：$x_{k+1}=x_k-u_k$，

（5）阶段效益：第 k 个部件正常工作的概率 $p_k(x_k, u_k)$；

目标函数：系统的可靠性 $R=\prod\limits_{k=1}^{3} p_k(x_k, u_k)$；

（6）动态规划基本方程为：

$$\begin{cases} f_k(x_k)=\max\limits_{u_k}\{p_k(x_k, u_k) \cdot f_{k+1}(x_{k+1})\} \\ f_4(x_4)=1 \end{cases}$$

可以看出，该问题的特点是目标函数取乘积的形式。

2. 背包问题

背包问题来自旅行者携带用品的背景，要求在旅行袋容积、承重有一定限制的条件下，所携带物品的总价值最大。这类问题在海运、空运等领域有重要的应用。当只有一个限制条件时，构成一维背包问题；当有两个限制条件时，则构成二维背包问题。二维背包问题一般应设置两个状态变量。

（1）一维背包问题。

[**例 4—8**] 某人准备外出旅游，行装中有 A，B，C，D，E 五件备选物品，其重量和价值如表 4—11 所示，假定行李总重不得超过 13 公斤，求总价值最大的行李构成方案。

表 4—11　　　　　　　　例 4—8 一维背包问题已知信息表

	A	B	C	D	E
重 量（公斤）	7	5	4	3	1
价值（百元）	9	4	3	2	0.5

解：（1）这是典型的一维背包问题，约束条件是行李的承重。阶段可以按照物品的选择过程来划分，可将选择物品 A，B，C，D，E 的过程分别作为第 1，2，3，4，5 阶段，即阶段变量 $k=1$，2，3，4，5。

（2）选状态变量 x_k 为第 k 阶段开始时第 k 种物品的可选重量。因此，$0 \leqslant x_k \leqslant 13$，$x_1 = 13$。

（3）决策变量 u_k 为第 k 阶段选择第 k 种物品的件数。由于该问题中每种物品只有一件，于是 $u_k = 0$ 或 1，也可写作 $0 \leqslant u_k \leqslant 1$，取整。

（4）状态转移方程：$x_{k+1} = x_k - u_k h_k$（$k=1$，2，3，4，5），其中 h_k 为第 k 种物品的单位重量。

（5）阶段效应为第 k 阶段所选物品的价值，不妨记作 $g_k(u_k)$。目标函数为：

$$R = \sum_{k=1}^{5} g_k(u_k)$$

（6）在此基础上，写出动态规划基本方程：

$$\begin{cases} f_k(x_k) = \max_{u_k} \{g_k(u_k) + f_{k+1}(x_{k+1})\} \\ f_6(x_6) = 0, \quad k=5, 4, 3, 2, 1 \end{cases}$$

（2）二维背包问题。

有两个约束条件的背包问题称为二维背包问题，在建模过程中可设置两个状态变量，故称为二维状态变量，记作 (x_k, y_k)。状态转移方程也由两个表达式构成。

[**例 4—9**] 现有一辆载重 $w=5$ 吨、最大装载体积 $v=8$ 立方米的卡车作为运输工具，可装载三种货物。已知每种货物各 8 件，其他有关信息如表 4—12 所示，求携带货物价值最大的装载方案。

表 4—12　　　　　　　　单件货物重量、体积、价值表

货物品种 k	重量 w_k（吨）	体积 v_k（立方米）	价值 p_k（万元）
1	1	2	30
2	3	4	75
3	2	3	60

解：(1) 选择三种物品的过程就划分为三个阶段，即阶段变量 $k=1$，2，3。

(2) 选状态变量 x_k 和 y_k 分别为第 k 阶段开始时第 k 种物品的可选重量和可选体积。则 $x_1=5$，$0 \leqslant x_k \leqslant 5$；$y_1=8$，$0 \leqslant y_k \leqslant 8$。

(3) 决策变量 u_k 是第 k 阶段选择第 k 种物品的数量。由于装载量不超过载重能力限制和体积限制，因此 $0 \leqslant u_k \leqslant \min\left\{\dfrac{x_k}{w_k}, \dfrac{y_k}{v_k}\right\}$。

(4) 状态转移方程为：

$$\begin{cases} x_{k+1} = x_k - u_k w_k \\ y_{k+1} = y_k - u_k v_k \end{cases}$$

(5) 阶段效应为第 k 阶段所选物品的价值，记作 $r_k(x_k, y_k, u_k) = u_k p_k$。目标函数为：

$$R = \sum_{k=1}^{3} r_k(x_k, y_k, u_k) = \sum_{k=1}^{3} u_k p_k$$

(6) 动态规划基本方程：

$$\begin{cases} f_k(x_k, y_k) = \max\limits_{u_k} \{r_k(x_k, y_k, u_k) + f_{k+1}(x_{k+1}, y_{k+1})\} \\ f_4(x_4, y_4) = 0, \quad k=3, 2, 1 \end{cases}$$

§4.4 动态规划的求解

4.4.1 动态规划求解的一般方法与要求

动态规划求解的核心是应用最优化原理，其求解的一般方法是"逆序求解"。因此在求解时，应首先逆序求出各阶段的条件最优目标函数和条件最优决策，然后反向追踪，顺序求出该多阶段决策问题的最优策略和最优路线。

动态规划的求解要求是：

(1) 求出最优策略，即最优决策序列 $\{u_1^*, u_2^*, \cdots, u_n^*\}$；

(2) 求出最优路线，即执行最优策略时的最优状态序列 $\{x_1^*, x_2^*, \cdots, x_k^*, \cdots, x_{n+1}^*\}$，其中 $x_{k+1}^* = T_k(x_k^*, u_k^*)$（$k=1, 2, \cdots, n$）；

(3) 求出最优目标函数值 $R^* = \sum\limits_{k=1}^{n} r_k(x_k^*, u_k^*)$。

[**例 4—10**] 用动态规划方法求解例 4—1。

解：例 4—1 的动态规划模型是两阶段决策问题，按逆序求解方法求解如下。

在第 2 阶段：

状态变量 $x_2 = 12 - 4u_1$，且 $x_2 \in [0, 12]$，是第二阶段初可用的机床加工工时。

决策变量 u_2 是乙产品的产量，且有 $2u_2 \leqslant 12 - 4u_1$，即 $u_2 \leqslant 6 - 2u_1$。

考虑到边界条件 $f_3(x_3) = 0$，则动态规划基本方程为：

$$f_2(x_2) = \max_{u_2} \{r_2 + f_3(x_3)\} = \max_{u_2 \leqslant 6 - 2u_1} 10u_2$$

由于 $10u_2$ 是 u_2 的线性增函数，所以 $f_2(x_2) = 10(6-2u_1) = 60-20u_1$，条件最优决策 $u_2^* = 6-2u_1$。

在第 1 阶段：

状态变量 $x_1 = 12$ 是第一阶段初可用的机床加工工时。

决策变量 u_1 是甲产品的产量，且有 $4u_1 \leqslant 12$，即 $u_1 \leqslant 3$。

注意到 $f_2(x_2) = 60-20u_1$，则动态规划基本方程为：

$$\begin{aligned}
f_1(x_1) &= \max_{u_2}\{r_1 + f_2(x_2)\} \\
&= \max_{0 \leqslant u_1 \leqslant 3}\{8u_1 + 60 - 20u_1\} \\
&= \max_{0 \leqslant u_1 \leqslant 3}\{60 - 12u_1\}
\end{aligned}$$

由于 $60-12u_1$ 是 u_1 的线性递减函数，故 $f_1(x_1) = 60-12u_1^* = 60$，条件最优决策 $u_1^* = 0$。于是，最优决策序列为 $P^* = \{u_1^*, u_2^*\} = \{0, 6\}$。

结合状态转移方程反向追踪，可求出最优状态序列：

$$x_1^* = 12, \quad u_1^* = 0 \xrightarrow{x_2 = x_1 - 4u_1} x_2^* = 12, \quad u_2^* = 6 - 2u_1^* = 6 \xrightarrow{x_3 = x_2 - 2u_2} x_3^* = 12 - 2 \times 6 = 0$$

最优状态序列是 $\{x_1^* = 12, x_2^* = 12, x_3^* = 0\}$；

最优目标函数值 $R^* = f_1(x_1) = 60$。

求解结果表明，该厂的最优生产计划是不生产甲产品（$u_1^* = 0$），只生产 6 个单位乙产品（$u_2^* = 6$），每天可获得最大总收益 6 万元（$R^* = f_1(x_1) = 60$ 千元）。

4.4.2　动态规划典型问题求解分析

1. 工程路线问题

（1）定步数问题。

[例 4—11] 某运输公司拟将一批货物自 s 地运至 t 地，其间交通系统网络如图 4—4 所示。图中节点表示地点，边表示两地间的道路，边上的数字表示两地间的运输费用，求总运输费用最低的路线。

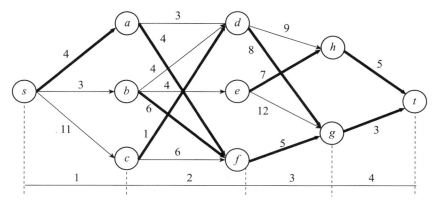

图 4—4　例 4—11 交通系统网络图

解：该问题可归结为一个四阶段决策问题，可用动态规划方法求解如下：

方法 1：分步计算法（从第 4 阶段开始）。

1) 当 $k=4$ 时，$i=h$ 或 g，$j=t$；$f(t)=0$。

若 $i=h$，则

$$f_4(h) = \min_{j=t} \{c_{ij} + f_5(j)\} = c_{ht} + f_5(t) = 5+0 = 5$$

$$j_4^*(h) = t$$

若 $i=g$，则

$$f_4(g) = \min_{j=t} \{c_{ij} + f_5(j)\} = c_{gt} + f_5(t) = 3+0 = 3$$

$$j_4^*(g) = t$$

2) 当 $k=3$ 时，$i=d$ 或 e，f；$j=h$ 或 g。

若 $i=d$，则

$$f_3(d) = \min_{j=h,g} \{c_{ij} + f_4(j)\} = \min \begin{Bmatrix} c_{dh} + f_4(h) \\ c_{dg} + f_4(g) \end{Bmatrix} = \min \begin{Bmatrix} 9+5 \\ 8+3 \end{Bmatrix} = 11$$

$$j_3^*(d) = g$$

若 $i=e$，则

$$f_3(e) = \min_{j=h,g} \{c_{ij} + f_4(j)\} = \min \begin{Bmatrix} c_{eh} + f_4(h) \\ c_{eg} + f_4(g) \end{Bmatrix} = \min \begin{Bmatrix} 7+5 \\ 12+3 \end{Bmatrix} = 12$$

$$j_3^*(e) = h$$

若 $i=f$，则

$$f_3(f) = \min_{j=g} \{c_{ij} + f_4(j)\} = c_{5g} + f_4(g) = 5+3 = 8$$

$$j_3^*(f) = g$$

3) 当 $k=2$ 时，$i=a$ 或 b，c；$j=d$ 或 e，f。

若 $i=a$，则

$$f_2(a) = \min_{j=d,f} \{c_{ij} + f_3(j)\} = \min \begin{Bmatrix} c_{ad} + f_3(d) \\ c_{af} + f_3(f) \end{Bmatrix} = \min \begin{Bmatrix} 3+11 \\ 4+8 \end{Bmatrix} = 12$$

$$j_2^*(a) = f$$

若 $i=b$，则

$$f_2(b) = \min_{j=d,e,f} \{c_{ij} + f_3(j)\} = \min \begin{Bmatrix} c_{bd} + f_3(d) \\ c_{be} + f_3(e) \\ c_{bf} + f_3(f) \end{Bmatrix} = \min \begin{Bmatrix} 4+11 \\ 4+12 \\ 6+8 \end{Bmatrix} = 14$$

$$j_2^*(b) = f$$

若 $i=c$，则

$$f_2(c) = \min_{j=d,f} \{c_{ij} + f_3(j)\} = \min \begin{Bmatrix} c_{cd} + f_3(d) \\ c_{cf} + f_3(f) \end{Bmatrix} = \min \begin{Bmatrix} 1+11 \\ 6+8 \end{Bmatrix} = 12$$

$$j_2^*(c) = d$$

4) 当 $k=1$ 时，$i=s$，$j=a$ 或 b，c，则

$$f_1(s) = \min_{j=a,b,c} \{c_{ij} + f_2(j)\} = \min \begin{Bmatrix} c_{sa} + f_2(a) \\ c_{sb} + f_2(b) \\ c_{sc} + f_2(c) \end{Bmatrix} = \min \begin{Bmatrix} 4+12 \\ 3+14 \\ 11+12 \end{Bmatrix} = 16$$

$$j_1^*(s) = a$$

故从 s 地到 t 地总运输费用最低的路线，即最优路线是：$s \rightarrow a \rightarrow f \rightarrow g \rightarrow t$，也可写成 $\{s, a, f, g, t\}$。最优策略是 $p^* = \{j_1^*(s) = a, j_2^*(a) = f, j_3^*(f) = g, j_4^*(g) = t\}$。目标函数最优值（最低总费用）为 $R^* = f_1(s) = 16$。

方法 2：表格法。

分步计算法是根据最优化原理，逆序按动态规划基本方程中的递推公式边分析边计算，最终求得结果。尽管思路很清楚，但表述特别是书写很麻烦。为了克服这个缺点，设计出表格法实施逆序求解过程。例 4—11 的表格法求解过程如表 4—13 所示。

表 4—13　　　　　　　　　用表格法求解例 4—11

阶段 k	$C_{ij} + f_{k+1}(j)$ ＼ j 决策集 ／ i 状态集	t			$f_4(i)$	$j_4^*(i)$
4	h	5+0			5	t
	g	3+0			3	t
		h	g		$f_3(i)$	$j_3^*(i)$
3	d	9+5	8+3		11	g
	e	7+5	12+3		12	h
	f		5+3		8	g
		d	e	f	$f_2(i)$	$j_2^*(i)$
2	a	3+11		4+8	12	f
	b	4+11	4+12	6+8	14	f
	c	1+11		6+8	12	d
		a	b	c	$f_1(i)$	$j_1^*(i)$
1	s	4+12	3+14	11+12	16	a

反向追踪得最优路线为：$s \rightarrow a \rightarrow f \rightarrow g \rightarrow t$。最小费用为：$R^* = f_1(s) = 16$。最优策略为：$p^* = \{j^*(s) = a, j^*(a) = f, j^*(f) = g, j^*(g) = t\}$。

方法 3：标号法。

标号法是根据最优化原理，把按动态规划基本方程中的递推公式逆序求解的过程直接在图中实施的方法。其具体步骤是：

1）给终点标号 0，先标离终点最近的阶段状态，将距离数写在相应的节点上方方格内。

2）方格内的标号＝min｛欲标号点到已标号点的距离＋已标号点方格内的数字｝，得到标号的点到终点的最短距离；将刚得到标号的点和与之相连的已标号点之间的线段特别加以标记，比如画为粗线或双线。

3）沿着特别标记的线段连接已标号点到终点，即得到从该点到终点的最短路线。

例 4—11 标号法求解过程如图 4—5 所示。

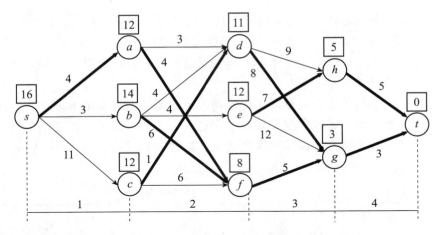

图4—5　例4—11的标号法求解过程

由图4—5可知，从 s 点到 t 点的最优路线为 $s \rightarrow a \rightarrow f \rightarrow g \rightarrow t$。最优策略为 $p^* = \{j^*(s) = a, j^*(a) = f, j^*(f) = g, j^*(g) = t\}$。最小费用 $R^* = f_1(s) = 16$。

在得到从 s 点到 t 点的最优路线、最优策略和最小费用的同时，我们还能得到各个点到终点的最优路线、最优策略和最小费用，这就是附加信息。附加信息越多，求解的价值就越大。

（2）不定步数问题。

定步数问题的序是由阶段的编号大小决定的，阶段编号对应着序号，逆序求解就是从序号最大的阶段开始逐步向序号较小阶段的计算推进过程。不定步数问题由于阶段不固定，序就无法确定，逆序求解也就无从谈起。我们先从特殊的无回路有向网络开始，讨论不定步数问题的求解。

1）无回路有向网络最短路问题的求解。

无回路有向网络的最大特点是可以对节点排序，这样就可以按最优化原理逆序求解。

方法1：先对节点排序，适当增加虚设节点，化为定步数问题，然后按定步数问题的求解方法求解。

● 根节点的概念：对于一个节点 a，如果与之相连的弧全部是从该点指向其他节点的，那么称 a 为根节点，与之相连的弧称为外向弧。

● 节点序的排序步骤：首先给起点标上序号①，数字用圆圈圈起。起点一般总是根节点，然后将起点连同与之相连的外向弧擦去，给剩余图中的根节点标上序号②。以此类推，直至终点得到序号为止。

[例4—12] 将图4—6所示的网络化为定步数问题。

解：该网络是无回路有向网络，因此可以用寻找根节点的方法排出节点序，如图4—6中小圆圈圈起的数字。然后增加虚设节点 a' 和 t'，即可化为定步数问题（见图4—7）。

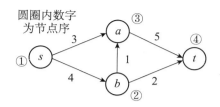

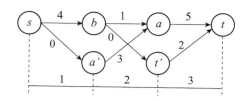

图 4—6　例 4—12 网络图　　　　　图 4—7　例 4—12 化为定步数问题过程

[**例 4—13**] 求解图 4—8 所示的网络最短路问题。

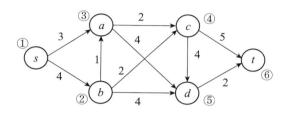

图 4—8　例 4—13 网络图

解：这是一个无回路有向网络，可用寻找根节点的方法确定节点序，然后按最优化原理逆序求解即可。

图 4—8 中小圆圈中的数字就是节点序，用表格法求解时必须注意与定步数问题的表格法求解之间的区别。由于本例属不定步数问题，不能明确地划分出阶段，因此取代定步数问题中阶段 k 的是逆序排列的状态节点。表格法求解过程如表 4—14 所示。

表 4—14　　　　　　　　　　例 4—13 表格法求解过程

$d_{ij}+f(j)$ ＼ j ＼ i	t	d	c	a	b	$f(i)$	$j^*(i)$
t						0	
d	2+0					2	t
c	5+0	4+2				5	t
a		4+2	2+5			6	d
b		4+2	2+5	1+6		6	d
s				3+6	4+6	9	a

在表 4—14 的基础上，反向追踪得最优策略为 $p^* = \{j^*(s) = a, j^*(a) = d, j^*(d) = t\}$；最优路线为 $\{a, s, d, t\}$，从 s 到 t 的最短距离是 $R^* = f(s) = 9$。

方法 2：二次标号法。

二次标号法是由两次标号过程构成的求解无回路有向网络最短路问题的一种方法。第 1 次标号过程是对节点排序的过程，可以用寻找根节点的方法确定节点序。第 2 次标号过程是根据最优化原理逆序求出各点到终点最短路的过程，与定步数问题标号法完全类似，只是用逆序排列的节点代替了阶段而已。

现在用二次标号法求解例 4—13。如图 4—9 所示，小圆圈内数字为节点序（第 1 次标号），方框内数字为该点到终点的最短距离（第 2 次标号），粗线指示出从各点到终点的最短路线。如从起点 s 到终点 t 的最短路线为 $\{s, a, d, t\}$，从 b 点到终点 t 的最短路线为 $\{b, d, t\}$ 等。

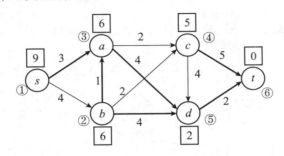

图 4—9　用二次标号法求解例 4—13

2）一般情况下的不定步数问题。

对于更一般的不定步数问题可用函数迭代法或策略迭代法求解。

方法 1：函数迭代法。

设 $f(i)$ 表示由 i 点出发到终点 n 的最短距离。则 DP 基本方程为：

$$\begin{cases} f(i) = \min\limits_{j}\{C_{ij} + f(j)\}, & i = 1, 2, \cdots, n-1 \\ f(n) = 0 \end{cases} \tag{5—1}$$

这个方程是单一函数 $f(i)$ 的函数方程，且 $f(i)$ 出现在方程的两边，不是递推方程，适合用函数迭代法求解。函数迭代法的基本思想是：段数作为参数，分别求最优，优中再选优，随之定段数。其主要步骤如下：

① 选初始函数：

$$\begin{cases} f_1(i) = C_{in}, & i = 1, 2, \cdots, n-1 \\ f_1(n) = 0 \end{cases}$$

$f_1(i)$ 表示由 i 点出发向终点 n 走一步的最短距离。

② 定义如下递推关系：

$$\begin{cases} f_k(i) = \min\limits_{j}\{C_{ij} + f_{k-1}(j)\}, & i = 1, 2, \cdots, n-1 \\ f_k(n) = 0, & k > 1 \end{cases}$$

按此递推关系求出 $\{f_k(i)\}$，$(i = 1, 2, \cdots, n-1)$，其中 $f_k(i)$ 表示由 i 出发朝固定点 n 走 k 步的最短距离。可以证明，如此确定的函数序列 $\{f_k(i)\}$ 单调下降，且不超过 $n-1$ 步，收敛于式（5—1）的解。当 $f_{l-1}(i) = f_l(i)$ $(i = 1, 2, \cdots, n-1)$ 时，迭代停止。$f_l(i)$ 就是 i 点到 n 点的最短距离，l 为阶段数。

［例 4—14］用函数迭代法求图 4—10 中各点到节点 5 的最短路。

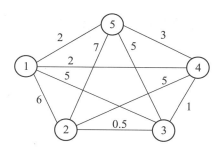

图 4—10　例 4—14 网络图

解：先写出距离矩阵如表 4—15 所示。

根据 $\begin{cases} f_1(i) = c_{i5} \\ f_1(5) = 0 \end{cases}$　$i = 1, 2, 3, 4$

选初始函数为：$f_1(1) = c_{15} = 2$，$f_1(2) = c_{25} = 7$，$f_1(3) = c_{35} = 5$，$f_1(4) = c_{45} = 3$。即距离矩阵中右边最后一列数据。迭代表格如表 4—16 所示，详细的计算过程如表 4—17 所示。

表 4—15　　　　　　　　例 4—14 各点间的距离矩阵

C_{ij} j i	1	2	3	4	5
1	0	6	5	2	2
2	6	0	0.5	5	7
3	5	0.5	0	1	5
4	2	5	1	0	3
5	2	7	5	3	0

表 4—16　　　　　　　　例 4—14 迭代表格

$f_k(i)$ i k	1	2	3	4	5
1	2	7	5	3	0
2	2	5.5	4	3	0
3	2	4.5	4	3	0
4	2	4.5	4	3	0
j^*	5	3	4	5	

由表 4—16 的迭代过程得知，从节点 1 到固定点的最短路长为 2，最短路线为 {1，5}；从节点 2 到固定点的最短路长为 4.5，最短路线为 {2，3，4，5}；从节点 3 到固定点的最短路长为 4，最短路线为 {3，4，5}；从节点 4 到固定点的最短路长为 3，最短路线为 {4，5}。

表 4—17　　　　　　　　　　　　　例 4—14 函数迭代法计算过程详示

迭代步数 k	起点节点	最优指标函数值及其计算公式（用方框圈出）	相应的最优策略
$k=1$	1 2 3 4	$f_1(i)=c_{i5}$，$f_1(5)=0$，$i=1,2,3,4$ 　　　　　$f_1(1)=c_{15}=2$ 　　　　　$f_1(2)=c_{25}=7$ 　　　　　$f_1(3)=c_{35}=5$ 　　　　　$f_1(4)=c_{45}=3$	①→⑤ ②→⑤ ③→⑤ ④→⑤
$k=2$	1 2 3 4	$f_2(i)=\min\{c_{ij}+f_1(j)\}$，$f_2(5)=0$ $f_2(1)=\min\{c_{1j}+f_1(j)\}$ 　　　$=\min\{\boxed{0+2},\ 6+7,\ 5+5,\ 2+3,\ \mathbf{2+0}\}=2$ $f_2(2)=\min\{c_{2j}+f_1(j)\}$ 　　　$=\min\{6+2,\ 0+7,\ \mathbf{0.5+5},\ 5+3,\ 7+0\}$ 　　　$=5.5$ $f_2(3)=\min\{c_{3j}+f_1(j)\}$ 　　　$=\min\{5+2,\ 0.5+7,\ 0+5,\ \mathbf{1+3},\ 5+0\}$ 　　　$=4$ $f_2(4)=\min\{c_{4j}+f_1(j)\}$ 　　　$=\min\{2+2,\ 5+7,\ 1+5,\ \boxed{0+3},\ \mathbf{3+0}\}$ 　　　$=3$	①→⑤ ②→③→⑤ ③→④→⑤ ④→⑤
$k=3$	1 2 3 4	$f_3(i)=\min\{c_{ij}+f_2(j)\}$，$f_3(5)=0$ $f_3(1)=\min\{c_{1j}+f_2(j)\}$ 　　　$=\min\{\boxed{0+2},\ 6+5.5,\ 5+4,\ 2+3,\ \mathbf{2+0}\}$ 　　　$=2$ $f_3(2)=\min\{c_{2j}+f_2(j)\}$ 　　　$=\min\{6+2,\ 0+5.5,\mathbf{0.5+4},5+3,\ 7+0\}$ 　　　$=4.5$ $f_3(3)=\min\{c_{3j}+f_2(j)\}$ 　　　$=\min\{5+2,\ 0.5+5.5,\ \boxed{0+4},\mathbf{1+3},\ 5+0\}$ 　　　$=4$ $f_3(4)=\min\{c_{4j}+f_2(j)\}$ 　　　$=\min\{2+2,\ 5+5.5,\ 1+4,\ 0+3,\ \mathbf{3+0}\}$ 　　　$=3$	①→⑤ ②→③→④→⑤ ③→④→⑤ ④→⑤

续前表

迭代步数 k	起点节点	最优指标函数值及其计算公式（用方框圈出）	相应的最优策略
$k=4$	1	$\boxed{f_4(i)=\min\{c_{ij}+f_3(j)\},\ f_4(5)=0}$ $f_4(1)=\min\{c_{1j}+f_3(j)\}$ $=\min\{\boxed{0+2},\ 6+4.5,\ 5+4,\ 2+3,\ \mathbf{2+0}\}$ $=2$	①→⑤
	2	$f_4(2)=\min\{c_{2j}+f_3(j)\}$ $=\min\{6+2,\ \boxed{0+4.5},\ \mathbf{0.5+4},\ 3+3,\ 7+0\}$ $=4.5$	②→③→④→⑤
	3	$f_4(3)=\min\{c_{3j}+f_3(j)\}$ $=\min\{5+2,\ 0.5+4.5,\ 0+4,\ \mathbf{1+3},\ 5+0\}$ $=4$	③→④→⑤
	4	$f_4(4)=\min\{c_{4j}+f_3(j)\}$ $=\min\{2+2,\ 5+4.5,\ 1+4,\ \boxed{0+3},\ \mathbf{3+0}\}$ $=3$	④→⑤

结果的汇总如表 4—18 所示。

表 4—18　　　　　　　　　　例 4—14 最后计算结果

最优策略	最优路线	最短路长
$p^*=\{j^*(1)=5\}$	$\{1,\ 5\}$	2
$p^*=\{j^*(2)=3,\ j^*(3)=4,\ j^*(4)=5\}$	$\{2,\ 3,\ 4,\ 5\}$	4.5
$p^*=\{j^*(3)=4,\ j^*(4)=5\}$	$\{3,\ 4,\ 5\}$	4
$p^*=\{j^*(4)=5\}$	$\{4,\ 5\}$	3

2. 资源分配问题

（1）资源的多元分配。

[**例 4—15**] 某公司将 5 万元资金投入下属 A，B，C 三个企业，投资收益如表 4—19 所示，试求总收益最大的投资方案。

表 4—19　　　　　　　　　　例 4—15 投资收益表

投放金额（万元）		0	1	2	3	4	5
收益	A	0	2	2	3	3	3
	B	0	0	1	2	4	7
	C	0	1	2	3	4	5

解： 1）改写投资收益表。

为明确数据的实际含义和便于表述及计算，将投资收益表改写为表 4—20，阴影行是相应收益值的符号表示。表中的收益 $g_k(u_k)$ 反映了投资数量与收益的关系。这张表实质上是一个"表函数"，体现了投资数量与收益的对应关系。

表 4—20　　　　　　　　　　　　改写后的投资收益表

收益 $g_k(u_k)$（万元）　i 企业	0	1	2	3	4	5
1（企业 A）	$g_1(0)$ 0	$g_1(1)$ 2	$g_1(2)$ 2	$g_1(3)$ 3	$g_1(4)$ 3	$g_1(5)$ 3
2（企业 B）	$g_2(0)$ 0	$g_2(1)$ 0	$g_2(2)$ 1	$g_2(3)$ 2	$g_2(4)$ 4	$g_2(5)$ 7
3（企业 C）	$g_3(0)$ 0	$g_3(1)$ 1	$g_3(2)$ 2	$g_3(3)$ 3	$g_3(4)$ 4	$g_3(5)$ 5

2）分析与计算。

当 $k=3$ 时，由 $0 \leqslant x_3 \leqslant 5$，$0 \leqslant u_3 \leqslant x_3$ 确定了状态可能集和允许决策集。注意到动态规划基本方程中，边界条件 $f_4(x_4)=0$，则主体部分为：

$$f_3(x_3) = \max_{u_3}\{g_3(u_3) + f_4(x_4)\} = \max_{u_3}\{g_3(u_3)\}$$

就 $x_3 = 0, 1, \cdots, 4, 5$ 分别计算条件最优目标函数，如 $x_3 = 3$，有

$$f_3(3) = \max_{u_3 = 0,1,2,3}\{g_3(u_3)\}$$
$$= \max\{g_3(0),\ g_3(1),\ g_3(2),\ g_3(3)\}$$
$$= \max\{0,\ 1,\ 2,\ 3\} = 3$$

相应的最优决策是：$u_3^*(3) = 3$。

类似地，可计算 $k=2$，$k=1$ 阶段所有可能状态对应的条件最优目标函数和条件最优决策，$f_1(x_1=5)$ 即 $f_1(5)$ 就是最优目标函数值。反向追踪求出问题的最优策略、最优状态序列。为使计算过程紧凑清晰，采用表格形式表述计算过程（见表 4—21）。

表 4—21 说明：当 $x_1 = 5$ 时 $u_1 = 0 \xrightarrow{x_2 = x_1 - u_1 = 5} u_2 = 5 \xrightarrow{x_3 = x_2 - u_2 = 5 - 5 = 0}$ $u_3 = 0$，所以 $p^* = \{u_1 = 0,\ u_2 = 5,\ u_3 = 0\}$，$x_1 = 5$，$x_2 = 5$，$x_3 = 0$，$f_1(5) = 7$，即 5 万元全部投资到 B 企业，该公司可获最大收益为 7 万元。

（2）资源的多段分配。

[例 4—16] 今有 1 000 台机床，要投放到 A，B 两个生产部门，计划连续使用 3 年。已知对 A 部门投入 u_a 台机床时的年收益是 $g(u_a) = u_a^2$，机床完好率 $a = 0.8$；相应地，对 B 部门投入 u_b 台机床时的年收益是 $h(u_b) = 2u_b^2$，机床完好率 $b = 0.4$。试建立 3 年间总收益最大的年度机床分配方案。

解：当 $k=3$ 时，$0 \leqslant x_3 \leqslant 1\,000$，$0 \leqslant u_3 \leqslant x_3$，注意到 $f_4(x_4)=0$，则条件最优目标函数为：

$$f_3(x_3) = \max_{u_3}\{u_3^2 + 2(x_3 - u_3)^2\}$$

由于阶段效应 $r_3(x_3,\ u_3) = u_3^2 + 2(x_3 - u_3)^2$ 是以 x_3 为参量的 u_3 的二次函数，如图 4—11 所示的下凸抛物线，条件最优目标函数将在 $u_3 \in [0,\ x_3]$ 端点处取得极大值。比较 $u_3 = 0$ 和 $u_3 = x_3$ 时的阶段收益，可得

$$f_3(x_3) = \max_{u_3}\{u_3^2 + 2(x_3 - u_3)^2\}$$
$$= \max\{2x_3^2,\ x_3^2\} = 2x_3^2$$

条件最优决策点 $u_3^*(x_3) = 0$。

表 4—21

例 4—15 分析与计算表

阶段 k	允许决策 u_k ／ $g_k(u_k)+f_{k+1}(x_{k+1})$ ／ 状态 x_k	0	1	2	3	4	5	$f_k(x_k)$	u_k^*	分析与说明
对 C 企业投资过程 3	0	0						0	0	① $0\le x_3\le 5$ 共 6 个可选状态。 ② 因为 $f_4(x_4)=0$，所以：$g_3(u_3)+f_4(x_4)=g_3(u_3)$ ③ 由 $0\le u_3\le x_3$，作如下推断：$x_3=0\to u_3=0$；$x_3=1\to u_3=0,1$，即有数字格为表格下三角部分。
	1	0	1					1	1	
	2	0	1	2				2	2	
	3	0	1	2	3			3	3	
	4	0	1	2	3	4		4	4	
	5	0	1	2	3	4	5	5	5	
对 B 企业投资过程 2	0	0+0						0	0	① $0\le x_3\le 5$，共 6 个可选状态 0,1,…,5。 ② $g_2(u_2)+f_3(x_3)$，x_3 由状态转移方程计算，$f_3(x_3)$ 在第 3 阶段表格中查。 ③ 因 $0\le u_2\le x_2$，则由 x_i 决定 u_i 取值范围，故有数字格为表格下三角部分。 ④ 注意：$x_3=x_2-u_2$，所以 $x_2=1$ 时，u_2 可为 0,1，则 $x_3=1,0$。
	1	0+1	0+0					1	0	
	2	0+2	0+1	1+0				2	0	
	3	0+3	0+2	1+1	2+0			3	0	
	4	0+4	0+3	1+2	2+1	4+0		4	0,4	
	5	0+5	0+4	1+3	2+2	4+1	7+0	7	5	
对 A 企业投资过程 1	5	0+7	2+4	2+3	3+2	3+1	3+0	7	0	

当 $k=2$ 时，$0 \leqslant x_2 \leqslant 1\ 000$，$0 \leqslant u_2 \leqslant x_2$，由状态转移方程 $x_3 = 0.8u_2 + 0.4(x_2 - u_2)$ 及 $f_3(x_3) = 2x_3^2$，有：

$$
\begin{aligned}
f_2(x_2) &= \max_{u_2} \{u_2^2 + 2(x_2 - u_2)^2 \\
&\quad + f_3(0.8u_2 + 0.4(x_2 - u_2))\} \\
&= \max_{u_2} \{u_2^2 + 2(x_2 - u_2)^2 \\
&\quad + 2[0.8u_2 + 0.4(x_2 - u_2)]^2\}
\end{aligned}
$$

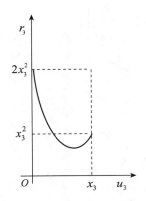

图 4—11　例 4—16 阶段效应函数示意图

该式中 { } 内的部分为 u_2 的函数，仍是下凸抛物线，因此最大值仍在区间 $[0, x_2]$ 的端点处。比较 $u_2 = 0$ 和 $u_2 = x_2$ 时 { } 内的值可得

$$
f_2(x_2) = \max \{2.32x_2^2,\ 2.28x_2^2\} = 2.32x_2^2
$$

条件最优决策点 $u_2^*(x_2) = 0$。

当 $k=1$ 时，$x_1 = 1\ 000$，$0 \leqslant u_1 \leqslant x_1$，由状态转移方程 $x_2 = 0.8u_1 + 0.4(x_1 - u_1)$ 及 $f_2(x_2) = 2.32x_2^2$，有：

$$
\begin{aligned}
f_1(x_1) &= \max_{u_1} \{u_1^2 + 2(x_1 - u_1)^2 + f_2(0.8u_1 + 0.4(x_1 - u_1))\} \\
&= \max_{u_1} \{u_1^2 + 2(x_1 - u_1)^2 + 2.32[0.8u_1 + 0.4(x_1 - u_1)]^2\}
\end{aligned}
$$

该式中 { } 内的部分为 u_1 的函数，仍是下凸抛物线。因此最大值仍在区间 $[0, x_1]$ 的端点处。比较 $u_1 = 0$ 和 $u_1 = x_1$ 时 { } 内的值可得

$$
f_1(x_1) = \max \{2.371\ 2x_1^2,\ 2.484\ 8x_1^2\} = 2.484\ 8x_1^2
$$

条件最优决策点 $u_1^*(x_1) = x_1 = 1\ 000$。

故三年间最大总收益 $R^* = f_1(x_1) = 2.484\ 8 \times 1\ 000^2 = 248.48$ 万元。借助初始状态变量取值和状态转移方程可求出最优状态序列 $\{x_1^*,\ x_2^*,\ x_3^*,\ x_4^*\}$ 和最优决策序列 $p^* = \{u_1^*,\ u_2^*,\ u_3^*\}$。

$$
\begin{array}{ll}
x_1^* = x_1 = 1\ 000, & u_1^*(x_1^*) = x_1 = 1\ 000 \\
x_2^* = 0.8u_1^* + 0.4(x_1^* - u_1^*) = 800, & u_2^*(x_2^*) = 0 \\
x_3^* = 0.8u_2^* + 0.4(x_2^* - u_2^*) = 320, & u_3^*(x_3^*) = 0 \\
x_4^* = 0.8u_3^* + 0.4(x_3^* - u_3^*) = 128 &
\end{array}
$$

计算结果表明，三年间最优分配方案是：第一年将全部 1 000 台机床投入 A 部门，年末尚有 800 台完好机床；第二年将 800 台机床全部投入 B 部门，年末剩余 320 台完好机床；第三年将 320 台机床仍投入 B 部门，年末完好机床数 128 台。三年间最大总收益为 248.48 万元。

3. 生产库存问题

[**例 4—17**] 已知阶段数 $n=3$，固定成本 $\widetilde{K}=8$，变动成本 $L=2$，单位库存费用 $h=2$，初始库存量 $x_1=1$，库存容量 $M=4$，期末库存 $x_4=0$，生产能力 $B=6$，三个阶段的需求分别为 $d_1=3$，$d_2=4$，$d_3=3$。

该例的表格详解如表 4—22 所示，其中用到的基本公式有：

表 4—22

例 4—17　表格解法详析

阶段 k	状态 x_k	允许决策 u_k　　$r_k+f_{k+1}(x_{k+1})$ 　0	1	2	3	4	5	6	$f_k(x_k)$	$u_k^*(x_k)$	说　明
3	计算公式:(1) $0\le x_3\le\min\{M,d_3\}=\min\{4,3\}=3$;(2)$d_3-x_3\le u_3\le\min\{B,d_3-x_3\}$;(3)$x_4=0$;(4)$f_3(x_3)=\min\{8+2u_3+2(x_3+u_3-d_3)+f_4(x_4)\}=\min\{8+2u_3\}$(注意:阴影部分的值=0)									
3	0				14				14	3	由公式(1)确定;分别代入公式(2),得 $u_3=$ 3,2,1,0;代入公式(4),算得 r_3+f_4 $(x_4)=r_3=14,12,10,8$;填入 $f_k(x_3)$ 列,得出对应的 $u_3^*(x_3)$ 的值。
3	1			12					12	2	
3	2		10						10	1	
3	3	8							8	0	
2	计算公式(1)、(3)和(4)中将 k 改写为 2。										
2	0					16+0+ 14	18+2+ 12	20+4+ 10	30	$u_2^*(x_2=0)=4$	由公式(1)得 $x_2=0,1,2,3,$ 4;由公式(2)得 u_2 取值范围 (表中带状结构格);代入公式(3),算出相应的 x_3 取值;代入公式(4),算得〈 〉即 r_2+ $f_{k+1}(x_{k+1})$ 中的值。
2	1				14+0+ 14	16+2+ 12	18+4+ 10	20+6+ 8	28	$u_2^*(x_2=1)=3$	
2	2			12+0+ 14	14+2+ 12	16+4+ 10	18+6+ 8		26	$u_2^*(x_2=2)=2$	
2	3		10+0+ 14	12+2+ 12	14+4+ 10	16+6+ 8			24	$u_2^*(x_2=3)=1$	
2	4	8+0+ 14	10+2+ 12	12+4+ 10	14+6+ 8				22	$u_2^*(x_2=4)=0$	

续前表

阶段 k	状态 x_k $\backslash$ 允许决策 u_k $r_k+f_{k+1}(x_{k+1})$	0	1	2	3	4	5	6	$f_k(x_k)$	$u_k^*(x_k)$	说　明
1	$x_1=1$（唯一确定）			12+0+ 30	14+2+ 28	16+4+ 26	18+6+ 24	20+8+ 22	42	$u_1^*(x_1=1)=2$	$x_1=1$，由公式（2）得 $u_2=2,3,4,5,6$；$\{\ \}=8+2u_1+2(x_1+u_1-d_1)+f_2(x_2)=8+2u_1+2(u_1-2)+f_2(u_1-2)$。本例是在假设"当产量为 K"时，固定成本仍为 K"的条件下，计算得出上述结果，否则结果会有所变化。

反向追踪，找出最优策略：(1) $u_1^*(x_1=1)=2 \xrightarrow{x_2=x_1+u_1-d_1=0} u_2^*(x_2=0)=4 \xrightarrow{x_3=x_2+u_2-d_2} u_3^*(x_3=0)=3$；

(2) 于是最优策略（最优决策序列）为：$p^*=\{u_1^*(x_1=1)=2,\ u_2^*(x_2=0)=4,\ u_3^*(x_3=0)=3\}$；

(3) 目标函数最优值（最小总费用）为：$f_1(x_1=1)=42$；

(4) 最优路线（最优状态序列）为：$x_1=1,\ x_2=0,\ x_3=0,\ x_4=0$。

(1) $0 \leqslant x_k \leqslant \min\{M, d_k + d_{k+1} + \cdots + d_n\}, \qquad k = 1, 2, \cdots, n$

(2) $\max\{0, d_k - x_k\} \leqslant u_k \leqslant \min\{B, d_k + d_{k+1} + \cdots + d_n - x_k\}$

(3) $x_{k+1} = x_k + u_k - d_k$

(4) $\begin{cases} f_k(x_k) = \min\{\widetilde{K} + Lu_k + h(x_k + u_k - d_k) + f_{k+1}(x_{k+1})\} \\ f_{n+1}(x_{n+1}) = 0 \end{cases}$

4. 一维背包问题

[例 4—18] 某人准备外出旅游，行装中有 A，B，C，D，E 五件备选物品，其重量和价值如表 4—23 所示。假定行李总重不得超过 13 公斤，且每件物品只有一件。求总价值最大的行李构成方案。

表 4—23　　　　　　　　　　例 4—18 数据

	A	B	C	D	E
重量（公斤）	7	5	4	3	1
价值（百元）	9	4	3	2	0.5

解：选行李的重量按 1 公斤为间隔离散化，则状态可能集为 $X_k = \{0, 1, 2, \cdots, 13\}$。由于每种物品仅有一件，故决策允许集合 $U_k = \{0, 1\}$。按照逆序求解的方法，采用表格形式求解，结果如表 4—24 所示。各阶段所用公式如下：

(1) 当 $k = 5$ 时，$f_6(x_6) = 0$，$f_5(x_5) = \max\limits_{u_5}\{g_5(u_5)\}$。

若 $x_5 = 0$，则 $u_5 = 0$，没有选择余地；

若 $1 \leqslant x_5 \leqslant 13$，则

$$g_5(u_5) + f_6(x_6) = \begin{cases} 0, & \text{当 } u_5 = 0 \\ 0.5, & \text{当 } u_5 = 1 \end{cases}$$

(2) 当 $k = 4$ 时，有

$$f_4(x_4) = \max\limits_{u_4}\{g_4(u_4) + f_5(x_5)\}$$

$$x_5 = x_4 - h_4 u_4 = \begin{cases} x_4 - 0, & \text{当 } u_4 = 0 \\ x_4 - 3, & \text{当 } u_4 = 1 \end{cases}$$

$$g_4(u_4) + f_5(x_5) = \begin{cases} 0 + f_5(x_4), & \text{当 } u_4 = 0 \\ 2 + f_5(x_4 - 3), & \text{当 } u_4 = 1 \end{cases}$$

(3) 当 $k = 3$ 时，有

$$f_3(x_3) = \max\limits_{u_3}\{g_3(u_3) + f_4(x_4)\}$$

$$x_4 = x_3 - h_3 u_3 = \begin{cases} x_3 - 0, & \text{当 } u_3 = 0 \\ x_3 - 4, & \text{当 } u_3 = 1 \end{cases}$$

$$g_3(u_3) + f_4(x_4) = \begin{cases} 0 + f_4(x_3), & \text{当 } u_4 = 0 \\ x_2 - 5, & \text{当 } u_2 = 1 \end{cases}$$

（4）当 $k=2$ 时，有

$$f_2(x_2) = \max_{u_2}\{g_2(u_2) + f_3(x_3)\}$$

$$x_3 = x_2 - h_2 u_2 = \begin{cases} x_2 - 0, & \text{当 } u_2 = 0 \\ x_2 - 5, & \text{当 } u_2 = 1 \end{cases}$$

$$g_2(u_2) + f_3(x_3) = \begin{cases} 0 + f_3(x_2), & \text{当 } u_2 = 0 \\ 4 + f_3(x_2 - 5), & \text{当 } u_2 = 1 \end{cases}$$

（5）当 $k=1$ 时，有

$$f_1(x_1) = \max_{u_1}\{g_1(u_1) + f_2(x_2)\}$$

$$x_2 = x_1 - h_1 u_1 = \begin{cases} x_1 - 0, & \text{当 } u_1 = 0 \\ x_1 - 7, & \text{当 } u_1 = 1 \end{cases}$$

$$g_1(u_1) + f_2(x_2) = \begin{cases} 0 + f_2(x_1), & \text{当 } u_1 = 0 \\ 9 + f_2(x_1 - 7), & \text{当 } u_1 = 1 \end{cases}$$

该问题也可用 QSB＋软件动态规划部分的 "Knapsack Problem" 求解。

表 4—24　　　　　　　　　　例 4—18 一维背包问题求解表

k	$g_k(u_k)$ $+f_{k+1}(x_{k+1})$ ＼ u_k ＼ x_k	0	1	$f_k(x_k)$	u_k^*
5	0	0	—	0	0
	1	0	0.5	0.5	1
	2	0	0.5	0.5	1
	3	0	0.5	0.5	1
	4	0	0.5	0.5	1
	5	0	0.5	0.5	1
	6	0	0.5	0.5	1
	7	0	0.5	0.5	1
	8	0	0.5	0.5	1
	9	0	0.5	0.5	1
	10	0	0.5	0.5	1
	11	0	0.5	0.5	1
	12	0	0.5	0.5	1
	13	0	0.5	0.5	1

续前表

k	$g_k(u_k)$ $+f_{k+1}(x_{k+1})$ ＼＼ u_k ＼ x_k	0	1	$f_k(x_k)$	u_k^*
4	0	0	—	0	0
	1	0.5	—	0.5	0
	2	0.5	—	0.5	0
	3	0.5	2＋0	2	1
	4	0.5	2＋0.5	2.5	1
	5	0.5	2＋0.5	2.5	1
	6	0.5	2.5	2.5	1
	7	0.5	2.5	2.5	1
	8	0.5	2.5	2.5	1
	9	0.5	2.5	2.5	1
	10	0.5	2.5	2.5	1
	11	0.5	2.5	2.5	1
	12	0.5	2.5	2.5	1
	13	0.5	2.5	2.5	1
3	0	0	—	0	0
	1	0.5	—	0.5	0
	2	0.5	—	0.5	0
	3	2	—	2	0
	4	2.5	3＋0	3	1
	5	2.5	3＋0.5	3.5	1
	6	2.5	3＋0.5	3.5	1
	7	2.5	3＋2	5	1
	8	2.5	3＋2.5	5.5	1
	9	2.5	3＋2.5	5.5	1
	10	2.5	3＋2.5	$f_k(x_k)$	1
	11	2.5	3＋2.5	5.5	1
	12	2.5	3＋2.5	5.5	1
	13	2.5	3＋2.5	5.5	1

续前表

k	$g_k(u_k)$ $+f_{k+1}(x_{k+1})$ / u_k — x_k	0	1	$f_k(x_k)$	u_k^*
2	0	0	—	0	0
	1	0.5	—	0.5	0
	2	0.5	—	0.5	0
	3	2	—	2	0
	4	3	—	3	0
	5	3.5	4+0	4	1
	6	3.5	4+0.5	4.5	1
	7	5	4+0.5	5	0
	8	5.5	4+2	6	1
	9	5.5	4+3	7	1
	10	5.5	4+3.5	7.5	1
	11	5.5	4+3.5	7.5	1
	12	5.5	4+5	9	1
	13	5.5	4+5.5	9.5	1
1	13	0	9+4.5	13.5	1

由表格计算结果得:

最优策略为 $p^* = \{u_1^* = 1, u_2^* = 1, u_3^* = 0, u_4^* = 0, u_5^* = 1\}$;

最优状态序列为 $\{x_1 = 13, x_2 = 6, x_3 = 1, x_4 = 1, x_5 = 1, x_6 = 0\}$;

求解的反向追踪过程如下:

$$x_1 = 13 \xrightarrow{u_1=1} x_2 = x_1 - 7 = 6 \xrightarrow{u_2=1} x_3 = x_2 - 5 = 6 - 5 = 1 \xrightarrow{u_3=0} x_4 = x_3 = 1 \xrightarrow{u_4=0}$$

$$x_5 = x_4 = 1 \xrightarrow{u_5=1} x_6 = x_5 - 1 = 0$$

相应的目标函数最优值 $R^* = f_1(x_1 = 13) = 13.5$。

计算结果表明:最好的选择方案是,选 A 物品 1 件,B 物品 1 件,E 物品 1 件,而不选 C,D 两种物品,此时携带的行李总重量恰为 13 公斤,总价值达到最大,为 1 350 元。

5. 设备更新问题

[**例 4—19**] 假定某设备的使用年限为 10 年,设备的处理价格与役龄无关,为 4 万元,其他有关信息如表 4—25 所示,求设备更新的最优策略。

表 4—25 　　　　　　　　　　　　例 4—19 有关信息表 　　　　　　　　　　单位:万元

t	0	1	2	3	4	5	6	7	8	9	10
$\gamma(t)$	27	26	26	25	24	23	23	22	21	21	20
$\mu(t)$	15	15	16	16	16	17	18	18	19	20	20

由于设备的处理价格为 4 万元,与役龄无关。因此不管哪年,只要采取

"更新"策略，则阶段回收额（阶段效益）就是：

$$s(t) - p + \gamma(0) - \mu(0) = 4 - 13 + 27 - 15 = 3 （万元）$$

当 $k = 10$ 时，由于 $f_{11}(t) = 0$，则

$$f_{10}(t) = \max_{t} \begin{cases} \text{K:} \ \gamma(t) - \mu(t) + f_{11}(t+1) \\ \text{P:} \ 3 + f_{11}(1) \end{cases}$$

$$= \max_{t} \begin{cases} \text{K:} \ \gamma(t) - \mu(t) \\ \text{P:} \ 3 \end{cases}$$

若 $t = 0$，则 $f_{10}(0) = \max \begin{cases} \text{K:} \ \gamma(0) - \mu(0) \\ \text{P:} \ 3 \end{cases} = \max \begin{cases} 27 - 15 \\ 3 \end{cases} = 12$，条件最优决策为 K（保留）；

若 $t = 1$，则 $f_{10}(1) = \max \begin{cases} \text{K:} \ \gamma(1) - \mu(1) \\ \text{P:} \ 3 \end{cases} = \max \begin{cases} 26 - 15 \\ 3 \end{cases} = 11$，条件最优决策为 K（保留）；

继续进行其余的计算，结果如表 4—26 所示。

表 4—26 中给出了 $t = 10$，$t = 9$，$t = 8$ 时计算过程中的符号表示，并用箭头标出了数据来源，读者可以尝试给出其他的符号表示和数据来源。

根据表 4—26，就可以进行结果分析了。比如：考虑役龄为 4 的设备如何制定今后十年的更新计划。$f_1(t)$ 行与 $t = 4$ 的列交点上的数为 82，即最大回收额为 82 万元。相应的决策是 K（保留）或 P（更新），就是说两种决策可以获得同样的回收额，一般总是选择保留策略，因为原有的设备已经操作熟练。第二年，役龄变成 5，决策行与 $t = 5$ 的列交点处相应的决策是 P（更新）。第三年，因为上年刚更新过，所以役龄是 1，决策行与 $t = 1$ 的列交点处对应的决策是 K。依次类推，得到最优更新策略是：

$$p^* = \{K, P, K, K, K, K, P, K, K, K\}$$

设备的役龄序列为 $\{4, 5, 1, 2, 3, 4, 5, 1, 2, 3\}$；

最大回收额是 $R^* = f_1(4) = 82$ 万元。

从表 4—26 可以看到一个明显的特点：阴影把两种决策分开，左边是保留决策 K，右边是更新策略 P。为更加清楚，也可采用列表形式进行分析。对于现有役龄为 3 的设备，如何制定十年更新计划，如表 4—27 所示。

表 4—26　　　　　　　　　　　　　例 4—19 求解过程表

阶段 k	结果 公式 状态	$t=0$	$t=1$	$t=2$	$t=3$	$t=4$	$t=5$	$t=6$	$t=7$	$t=8$	$t=9$	$t=10$
10	K: $\gamma(t) - \mu(t) + f_{11}(t+1)$	27−15	26−15	26−16	25−16	24−16	23−17	23−18	22−18	21−19	21−20	20−20
	P: $3 + f_{11}(1)$	3	3	3	3	3	3	3	3	3	3	3
	$f_{10}(t)$	12	11	10	9	8	6	5	4	3	3	3
	决策	K	K	K	K	K	K	K	K	P	P	P

续前表

阶段 k / 结果 公式 \ 状态	t=0	t=1	t=2	t=3	t=4	t=5	t=6	t=7	t=8	t=9	t=10
9 K: $\gamma(t) - \mu(t) + f_{10}(t+1)$	$12+$ $f_{10}(1)$	$11+$ $f_{10}(2)$	$10+$ $f_{10}(3)$	$9+$ $f_{10}(4)$	$8+$ $f_{10}(5)$	$6+$ $f_{10}(6)$	$5+$ $f_{10}(7)$	$4+$ $f_{10}(8)$	$2+$ $f_{10}(9)$	$1+$ $f_{10}(10)$	$0+$ $f_{10}(11)$
P: $3+f_{10}(1)$	14	14	14	14	14	14	14	14	14	14	14
$f_9(t)$	23	21	19	17	14	14	14	14	14	14	14
决策	K	K	K	K	K, P	P	P	P	P	P	P
8 K: $\gamma(t) - \mu(t) + f_9(t+1)$	$12+$ $f_9(1)$	$11+$ $f_9(2)$	$10+$ $f_9(3)$	$9+$ $f_9(4)$	$8+$ $f_9(5)$	$6+$ $f_9(6)$	$5+$ $f_9(7)$	$4+$ $f_9(8)$	$2+$ $f_9(9)$	$1+$ $f_9(10)$	$0+$ $f_9(11)$
P: $3+f_9(1)$	24	24	24	24	24	24	24	24	24	24	24
$f_8(t)$	33	30	27	24	24	24	24	24	24	24	24
决策	K	K	K	P	P	P	P	P	P	P	P
7 K: $\gamma(t) - \mu(t) + f_8(t+1)$	42	38	34	33	32	30	29	28	26	25	0
P: $3+f_8(1)$	33	33	33	33	33	33	33	33	33	33	33
$f_7(t)$	42	38	34	33	33	33	33	33	33	33	33
决策	K	K	K	K, P	P	P	P	P	P	P	P
6 K: $\gamma(t) - \mu(t) + f_7(t+1)$	50	45	43	42	41	39	38	37	35	34	0
P: $3+f_7(1)$	41	41	41	41	41	41	41	41	41	41	41
$f_6(t)$	50	45	43	42	41	41	41	41	41	41	41
决策	K	K	K	K	K, P	P	P	P	P	P	P
5 K: $\gamma(t) - \mu(t) + f_6(t+1)$	57	54	52	50	49	47	46	45	43	42	0
P: $3+f_6(1)$	48	48	48	48	48	48	48	48	48	48	48
$f_5(t)$	57	54	52	50	49	48	48	48	48	48	48
决策	K	K	K	K	K	P	P	P	P	P	P

续前表

阶段 k	结果公式＼状态	t=0	t=1	t=2	t=3	t=4	t=5	t=6	t=7	t=8	t=9	t=10
4	K：$\gamma(t)-\mu(t)+f_5(t+1)$	66	63	60	58	56	54	53	52	50	49	0
	P：$3+f_5(1)$	7	57	57	57	57	57	57	57	57	57	57
	$f_4(t)$	66	63	60	58	57	57	57	57	57	57	57
	决策	K	K	K	K	P	P	P	P	P	P	P
3	K：$\gamma(t)-\mu(t)+f_4(t+1)$	75	71	68	66	65	63	62	61	59	58	0
	P：$3+f_4(1)$	66	66	66	66	66	66	66	66	66	66	66
	$f_3(t)$	75	71	68	66	66	66	66	66	66	66	66
	决策	K	K	K	K, P	P	P	P	P	P	P	P
2	K：$\gamma(t)-\mu(t)+f_3(t+1)$	83	79	76	75	74	72	71	70	68	67	0
	P：$3+f_3(1)$	74	74	74	74	74	74	74	74	74	74	74
	$f_2(t)$	83	79	76	75	74	74	74	74	74	74	74
	决策	K	K	K	K	K, P	P	P	P	P	P	P
1	K：$\gamma(t)-\mu(t)+f_2(t+1)$	91	87	85	83	82	80	79	78	76	75	0
	P：$3+f_2(1)$	82	82	82	82	82	82	82	82	82	82	82
	$f_1(t)$	91	87	85	83	82	82	82	82	82	82	82
	决策	K	K	K	K	K, P	P	P	P	P	P	P

表 4—27　　　　　　役龄为 3 的设备更新计划结果分析表

阶段	1	2	3	4	5	6	7	8	9	10
役龄	3	4	5	1	2	3	4	1	2	3
决策	K	K	P	K	K	K	P	K	K	K

结果表明，最优更新策略是：

$$p^* = \{K, K, P, K, K, K, P, K, K, K\}$$

设备役龄序列是 $\{3, 4, 5, 1, 2, 3, 4, 1, 2, 3\}$；

$f_1(t)$ 行与 $t=3$ 的列交点上的数为 83，即最大回收额 $R^* = 83$ 万元。

本章小结

　　动态规划是解决多阶段决策问题的一种有效方法，尤其是复杂、离散的最优化问题。某些静态问题也可以通过人为地引入"时段"而转为动态规划问题。动态规划的基本概念和最优化原理是本章的核心概念和理论。理解这些概念和理论的最佳方法就是通过大量的典型问题去反复体会。动态规划的核心是最优化原理的应用。

　　动态规划建模可以归结为：一个大前提、四个条件（或称要素）和一个方程（动态规划基本方程）。正确地选择状态变量和决策变量，并确定状态可能集和决策允许集往往是其中最关键、最困难之处。本章讨论的工程线路问题、资源分配问题、生产库存问题、背包问题、设备更新问题和可靠性问题，要注意掌握其中的分析方法和处理技巧，注意问题的特点和难点。

　　动态规划求解的一般方法是"逆序求解"，实施中将反复使用动态规划基本方程，其实质是一个递推方程。其中需要注意使用各种数学技巧，没有统一的格式可循，这就是动态规划方法的难点所在。求解要求是最终回答三个问题：最优策略、最优路线和最优目标函数值。

　　本章内容框架如下：

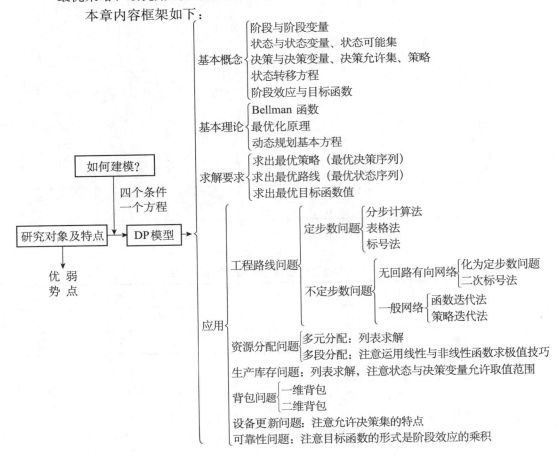

习　题

一、选择题

1. 动态规划的研究对象是（　　）问题。

A. 动态决策问题　　　　　　　　B. 静态决策问题

C. 多阶段决策问题　　　　　　　D. 一次性决策问题

2. 动态规划的建模过程是在明确（　　）的基础上建立（　　）的过程。

A. 最优性原理　　　　　　　　　B. 具有无后效性

C. 状态转移方程　　　　　　　　D. 阶段效应

E. 最优目标函数值 R^*　　　　　F. 状态变量及其可能集

G. 决策变量及其允许集　　　　　H. 动态规划基本方程

3. 动态规划问题的求解要求是（　　）。

A. 最优路线或最优状态序列　　　B. 整体最优解

C. 最优策略或最优决策序列　　　D. 最优目标函数值

E. 条件最优目标函数值　　　　　F. 最优解

4. 用动态规划方法解决工程路线问题时，（　　）网络可以转化为定步数问题求解，在确定节点序号时，是以寻找（　　）作为依据的。

A. 任意　　　B. 无回路有向　　　C. 混合　　　D. 增广链

E. 根节点　　　F. 链的方向　　　G. 决策节点　　　H. 最短路

5. 资源在两种不同的生产活动中多阶段投放的问题属于资源的（　　）分配问题。

A. 多阶段　　　B. 多元　　　C. 多次　　　D. 动态

6. 在生产库存问题的动态规划建模中，应特别注意的是（　　）。

A. 状态变量的允许取值范围　　　B. 生产能力

C. 库存容量　　　　　　　　　　D. 决策变量的允许取值范围

7. 某种资源在 n 种不同的生产活动中的投放问题属于资源的（　　）分配问题。

A. 多阶段　　　B. 多元　　　C. 多次　　　D. 动态

二、判断题

1. 最优性原理可以表述为：策略具有的基本性质是无论初始状态和初始决策如何，对于前面决策所造成的某一状态而言，余下的决策序列必构成最优策略。（　　）

2. 对于一个动态规划问题，应用顺推和逆推解法可能会得出不同的最优解。（　　）

3. 假如一个标准化线性规划问题有 5 个变量和 3 个约束，则用动态规划求解是将其转化为 3 个阶段，每个阶段的状态变量由一个 5 维向量组成。（　　）

4. 适合用动态规划模型求解的多阶段决策问题的目标函数，必须具有关于

阶段效应的可分离形式。　　　　　　　　　　　　　　　　（　　）

5. 资源的多元分配问题，是指有消耗的资源在多种不同的生产活动中多阶段地投放的问题。　　　　　　　　　　　　　　　　　　（　　）

6. 动态规划中，定义状态应保证在各个阶段中所作决策的相互独立性。

（　　）

三、动态规划建模

1. 某单位拟将 4 种物品从救灾现场抢运到另一城市，其运输工具为一架运输机，且只能运输一趟。该飞机的载重能力为 45 吨，货舱空间为 20 立方米。已知 4 种物品的有关数据如表 4—28 所示，现需制定使总价值最大的运输方案。试建立该问题的动态规划模型。

表 4—28　　　　　　　　　　　4 种物品的数据表

物品	重量（公斤）	体积（立方米）	价值（元）
1	300	0.4	15 000
2	200	0.3	8 000
3	100	0.2	9 000
4	150	0.2	6 000

2. 某公司从事某种商品的经营，现要制定本年度 10—12 月的进货及销售计划。已知该种商品的初始库存量为 2 000 件，公司库存最多可存放该种商品 10 000件，公司拥有的经营资金为 80 万元。据预测，10—12 月的进货及销售价格如表 4—29 所示。若每个月仅在 1 日进货 1 次，且要求年底时商品的库存量达到 3 000 件。问如何安排进货及销售计划，使公司获得最大利润？试建立动态规划模型（不考虑库存费用）。

表 4—29　　　　　某公司 10—12 月份的进货及销售价格数据表

	10 月	11 月	12 月
进货价格（元/件）	90	95	98
销售价格（元/件）	100	100	115

3. 某工厂生产三种产品，其重量与利润如表 4—30 所示。现要将这三种产品各 3 件运往市场销售，运输能力（可运输的总重量）为 10 吨，应如何安排运输使所运出的产品总利润最大？试建立该问题的动态规划模型。

表 4—30　　　　　　　　　　三种产品的数据表

产品种类	重量（吨/件）	利润（元/件）
1	2	120
2	3	150
3	5	160

4. 某公司计划对其三个分厂投资 100 万元，三个分厂的投资方式各不相同，其投资和收益测算如表 4—31 所示，现要为该公司制定最佳投资方案。试建立动态规划模型。

表 4—31　　　　　　　　　某公司对三个分厂的投资数据表

分厂	投资方式	投资数量	预期收益
一分厂	1	15	10
	2	20	15
	3	30	20
二分厂	1	20	10
	2	25	20
	3	35	25
	4	45	30
三分厂	1	10	6
	2	15	11
	3	30	18

四、动态规划求解

1. 某旅行者希望从 s 地到 t 地，其间的道路系统如图 4—12 所示。图上圆圈表示途经的地方，连接两地的箭线表示道路，其上数字表示该道路长度，箭头表示通行的方向。试求 s 到 t 的最短路。

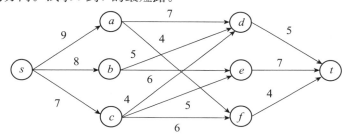

图 4—12　道路系统图

2. 假设从 A 地到 E 地要铺设一条输油管道，中间需经过三个中间站。由于地理条件等原因，某些地区之间不能直接铺设相同的管道（见图 4—13）。图 4—13 中有向边的权数为相应的铺设费用。试求出一条总费用最小的管道路线。

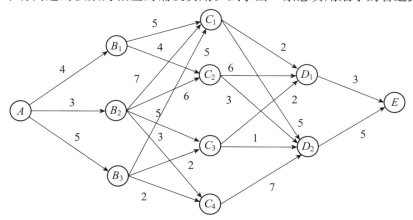

图 4—13　A 地到 E 地管道路线图

3. 某厂从国外引进一台设备，由工厂 A 至港口 G 有多条通路可供选择，其路线及费用如图 4—14 所示。现要确定一条从 A 到 G 总运费最小的路线。请将该问题描述成一个动态规划问题，并用函数迭代法求解。

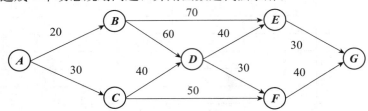

图 4—14　工厂 A 到港口 G 的路线和费用图

4. 图 4—15 是一个由城市 A 到城市 E 的公路网络，箭线上的数字为相邻两城市之间的距离。试分别用函数迭代法和策略迭代法求 A 到 E 的最短路线及其长度。

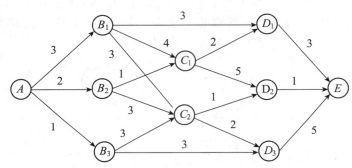

图 4—15　城市 A 到城市 E 的公路网络图

5. 某公司拟将 50 万元资金投放下属 A，B，C 三个企业，各企业在获得资金后的收益如表 4—32 所示。试用动态规划方法求总收益最大的投资分配方案（投资数以 10 万元为单位）。

表 4—32　　　　　　　　　某公司投资资金数据表

投放资金（10 万元）		0	10	20	30	40	50
收益 （万元）	A	0	15	20	25	28	30
	B	0	0	10	25	45	70
	C	0	10	20	30	40	50

6. 某公司计划用 200 万元对其三个分厂进行技术改造，三个分厂的技术改造计划如下：一分厂有 3 条不同的生产线需要改造，其改造费用和预期收益如表 4—33 所示；二分厂有 3 条相同的生产线需要改造，其改造费用和预期收益如表 4—34 所示，其中固定费用是指二分厂如进行改造则必须花费的技术改造费用，与改造生产线数量无关；三分厂有 4 条相同的生产线需要改造，其改造费用和预期收益如表 4—35 所示。试用动态规划方法为该公司制定最佳的投资方案。

表 4—33　　　　　　　　　　　一分厂的生产线情况表

生产线	投资数量	预期收益
1	10	8
2	20	15
3	30	20

表 4—34　　　　　　　　　　　二分厂的生产线情况表

固定费用	每条生产线投资数量	每条生产线预期收益
20	20	30

表 4—35　　　　　　　　　　　三分厂的生产线情况表

每条生产线投资数量	每条生产线预期收益
40	40

7. 设有两种资源，第一种资源有 x 单位，第二种资源有 y 单位，计划分配给 N 个部门。把第一种资源 x_i 单位，第二种资源 y_i 单位分配给部门 i 所得利润记为 $r_i(x_i, y_i)$。如设 $x=3$，$y=3$，$N=3$，其利润 $r_i(x, y)$ 列于表 4—36。试用动态规划方法求使 N 个部门总利润最大的资源分配方案。

表 4—36　　　　　　　　　　　两种资源的数据表

y x	$r_1(x, y)$				$r_2(x, y)$				$r_3(x, y)$			
	0	1	2	3	0	1	2	3	0	1	2	3
0	0	1	3	6	0	2	4	6	0	3	5	8
1	4	5	6	7	1	4	6	7	2	5	7	9
2	5	6	7	8	4	6	8	9	4	7	9	11
3	6	7	8	9	6	8	10	11	6	9	11	13

8. 今有 1 000 台机床，要投放到 A，B 两个生产部门，计划连续使用 3 年。已知对 A 部门投入 u_A 台机器时的年收益是 $g(u_A) = 4u_A^2$（元），机器完好率 $a=0.5$，相应地 B 部门的年收益是 $h(u_B) = 2u_B^2$（元），机器完好率 $b=0.9$。试求使 3 年间总收益最大的年度机器分配方案。

9. 设某工厂进行市场调查后，估计在今后四个时期市场对产品的需求量如表 4—37 所示。假定不论在任何时期，生产每批产品的固定成本均为 3 000 元；若不生产，则为零。每单位生产成本为 1 000 元。同时任何一个时期生产能力所允许的最大生产批量不超过 6 个单位。假设每时期的每个单位产品库存费为 500 元，同时规定在第 1 期期初及第 4 期期末均无产品库存。试问该厂如何安排各个时期的生产与库存，使总成本最低？

表 4—37　　　　　　　今后四个时期市场对产品的需求情况

时期	1	2	3	4
需求量	2	3	2	4

10. 某厂已知其产品在未来四个月内的需求量如表 4—38 所示。每批生产的

准备费用是 500 元，每件的生产费用是 1 元，每件产品的库存费用是每月 1 元。假定 1 月初的库存量是 100 件，4 月末的库存量必须为 0。试建立这四个月的最优生产计划。

表 4—38 　　　　　　　　某产品在未来四个月的需求量

	1	2	3	4
需求量	400	500	300	200

11. 某机械制造厂根据市场预测得知，今年四个季度中市场对该厂某种新型机器的需求量分别为 d_k 台（$k=1$，2，3，4）。该厂第 k 季度生产这一产品的能力为 b_k 台（$k=1$，2，3，4），每季度生产这种产品的固定成本为 K 万元（不生产时，$K=0$），每台产品的追加成本（消耗费用）为 C 万元。本季度的产品如滞销，则需运到仓库储存，每季度每台的库存费用为 h 万元，仓库能够储存这种产品的最大数量为 E 台。假定仓库年初和年末的库存量都必须为零。有关数据如表 4—39 所示。试问该厂应如何安排四个季度的生产，在保证满足市场需求的前提下，使生产和存储的总费用最小？

表 4—39 　　　　　　某机械制造厂某种新型机器的生产与市场需求情况表

季度 k	需求量 d_k（台）	生产能力 b_k（台）	生产费用 固定成本 K（万元）	生产费用 追加成本 C（万元/台）	库存费用 h（万元/台·季度）	仓库最大容量 E（台）
1	2	6				
2	3	4	3	1	0.5	3
3	4	5				
4	2	4				

12. 某电器设备由三个部件串联组成。为提高该种设备在指定工作条件下正常工作的可靠性，需要在每个部件上安装一个、两个或三个主要元件的相同备用件。假设对部件 i（$i=1$，2，3）配备 j（$j=1$，2，3）个备用件后的可靠性 R_{ij} 和所需费用 c_{ij} 均已知（见表 4—40）。在用于安装备用元件的总费用限额为 1 000 元的条件下，如何安排各部件的备用元件数，方能使该种设备在指定工作条件下的可靠性最大？

表 4—40 　　　　　　　　某电器设备的三个部件数据表

		$j=1$		$j=2$		$j=3$	
		R_{i3}	C_{i1}	R_{i1}	C_{i2}	R_{i2}	C_{i3}
部件 i	1	2	0.92	4	0.94	5	0.96
	2	3	0.75	5	0.94	6	0.98
	3	1	0.80	2	0.95	3	0.99

13. 考虑有 3 种货物需要装船。第 i 种物品的单位重量为 w_i，单位体积为 v_i，价值为 r_i（见表 4—41）。船的最大载重量 $W=5$，最大体积 $V=8$。试求在不超过船的最大载重量和最大体积（不考虑货物形状）的条件下，使所载货物价值最大的装载方案。

表 4—41 三种货物数据表

i	w_i	v_i	r_i
1	1	2	30
2	3	4	80
3	2	3	65

14. 现有一设备更新问题如下：已知 n 为计算设备回收额的总期数，t 为某个阶段的设备役龄，$\gamma(t)$ 为从役龄为 t 的设备得到的阶段效益，$\mu(t)$ 为役龄为 t 的设备的阶段使用费，$s(t)$ 是役龄为 t 的设备处理价格，p 为新设备的购置价格。假定关于现值的折扣率为 1，求 n 期内使回收额最大的设备更新策略。假定 $n=6$，新设备购买的价格为 10 万元。设备费用效益表如表 4—42 所示。试求对于第一年役龄为 1 的设备的更新计划。

表 4—42 设备费用效益表

t	0	1	2	3	4	5	6
$\gamma(t)$	27	26	26	24	22	20	18
$\mu(t)$	15	15	16	16	17	17	17
$s(t)$	6	5	5	4	4	3	2

五、研究讨论题

1. 结合具体例子解释最优化原理，并谈谈你对原理的理解。

2. 状态转移方程是否一定是数学意义上的方程？请举例说明。

3. 在生产—库存问题中，状态变量和决策变量的允许取值范围是如何确定的？在问题求解过程中，应当注意哪些问题？生产—库存问题可以用线性规划模型描述和求解吗？

4. 动态规划求解的一般方法是"逆序求解"，但有些问题也可以"顺序求解"。试讨论什么样的多阶段决策问题可以"顺序求解"，并写出状态转移方程和动态规划基本方程的一般表达式。

第 5 章

网络分析

本章要点:

1. 图与网络的基本概念
2. 网络最短路问题的算法
3. 最小树求解原理及方法
4. 最大流最小割定理和 Ford-Fulkerson 标记化方法
5. 求解最小费用最大流的对偶法原理及实施步骤

§5.1 图的基本概念

网络在日常生活和生产实践中随处可见。一种是可见的实体网络，如四通八达的交通网络，城市供水供气的地下管网，遍布全国的电力网络，连接全球的互联网等；另一种是不可见的关系网络，如人际关系网络、供应链网络、传销网络、担保网络等。为了描述网络并研究与之相关的优化问题，数学家将网络中具有相同属性的连接点抽象为顶点（或节点），而将具有相同属性的连接关系抽象为边，将所有顶点的集合和边的集合构成的二元对定义为图。图中的顶点既可以代表人，也可以代表相同属性的物。图中的边可以代表任意属性相同的连接关系，无论这种连接是可见的实体连接，还是不可见的抽象连接。图论就是研究图中顶点与边的各种关系的数学分支，是描述网络的理想数学工具，可用来分析网络的拓扑结构与拓扑特性。

例如，图 5—1 中用圆圈表示顶点，代表城市，圈起的数字代表城市的编号；连接两点之间的线段表示边，代表相应城市之间有道路相连的关系，所有顶点和边的集合就构成五个城市的交通图。图 5—2 是简单的供应链网络，其上游为两个供应商，中间有三个工厂，下接两个分销商，下游有三个客户。顶点就是各供应商、工厂、分销商和客户（在参与同一供应链的意义上，它们具有相同的属性)，边代表上下游点之间的业务关系。

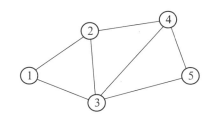

图 5—1　五城市交通网络

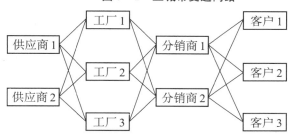

图 5—2　简单的供应链网络

本节介绍图与网络的基本概念和相关术语，其中图的矩阵表示、子图、图的连通性、树和各种链的概念对研究网络优化问题至关重要。基于这些概念和术语，本章将重点讨论最短路问题、最大流问题、最小树问题和最小费用最大流问题。

5.1.1　图的定义

所谓图，就是顶点和边的集合。若顶点的集合为 V，边的集合为 E，则图 G 可表示为：$G=(V, E)$。顶点代表具有相同属性的事物，边代表事物之间属性相同的某种特定关系。边不能离开顶点而独立存在，每条边都有两个顶点。顶点和边的空间位置、顶点的符号表示、边的长度和形状均无关紧要，只要两个图的顶点及边对应相同，即具有相同的拓扑结构，那么两个图就完全相同。需要强调的是，顶点和边作为顶点集和边集中的元素，应该符合集合的定义，即具有相同的属性。

在图 5—3 中，$V = \{v_1, v_2, v_3, v_4, v_5, v_6\}$，$E = \{e_1, e_2, e_3, e_4, e_5, e_6, e_7, e_8, e_9\}$。其中：

$$e_1 = [v_1, v_2], \quad e_2 = [v_1, v_2]$$
$$e_3 = [v_1, v_4], \quad e_4 = [v_1, v_3]$$
$$e_5 = [v_1, v_3], \quad e_6 = [v_2, v_4]$$
$$e_7 = [v_3, v_4], \quad e_8 = [v_4, v_4]$$
$$e_9 = [v_4, v_5]$$

集合 V 所含元素的个数称为图 G 的顶点数，记作 $p(G)$ 或 p。集合 E 所含元素的个数称为图 G 的边数，记作 $q(G)$ 或 q。例如在图 5—3 中，$p(G) =$

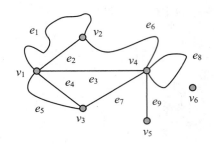

图 5—3　图的基本概念示意图

6，$q(G)=9$。

若 $e=[u,v]\in E$，则称顶点 u 和 v 是 e 的端点，而 e 称为顶点 u 和 v 的关联边。也称顶点 u 和 v 与 e 相关联。在图 5—3 中，顶点 v_1 和 v_2 是 e_1 的端点，e_1 和 e_2 为顶点 v_1 和 v_2 的关联边。

若顶点 u 和 v 与同一条边相关联，则称 u 和 v 为相邻点；若两条边 e_i 和 e_j 有一个共同的端点，则称边 e_i 和 e_j 为相邻边。例如在图 5—3 中，v_1 和 v_2 是相邻点，v_2 和 v_3 不相邻；e_4 和 e_7 为相邻边，e_1 和 e_7 不相邻。

若一条边的两个端点重合，则称该边为环。若连接两点之间的边多于 1 条，则称这两点之间的边为多重边。含有多重边的图称为多重图。无环也无多重边的图称为简单图。不含边的图称为空图。例如在图 5—3 中，e_8 是环，顶点 v_1 和 v_2 之间的边是两重边，顶点 v_1 和 v_3 之间的边也是两重边，因此该图是多重图。

以顶点 v 为端点的边的条数称为顶点 v 的度（degree）或次，记作 $d(v)$。例如在图 5—3 中，$d(v_1)=5$，$d(v_3)=3$。

度为零的点称为孤立点，度为 1 的点称为悬挂点，与悬挂点连接的边称为悬挂边；度为奇数的点称为奇点，度为偶数的点称为偶点。例如在图 5—3 中，顶点 v_6 是孤立点，顶点 v_5 是悬挂点，e_9 是悬挂边。若图 G 中所有点都是孤立点，则图 G 是空图。

[定理 5.1] 所有顶点的度的和，等于所有边数的 2 倍。即

$$\sum_{v\in V}d(v)=2q$$

由于在计算各顶点的度时，每条边都要计算两次，所以定理 5.1 显然成立。

[定理 5.2] 在任一图中，奇点的个数必为偶数。

设 V_1 和 V_2 分别是图 G 中度为奇数和偶数的顶点集合，由定理 5.1 有：

$$\sum_{v\in V_1}d(v)+\sum_{v\in V_2}d(v)=\sum_{v\in V}d(v)=2q$$

由于式中左边第 2 项和右端项均为偶数，则左边第 1 项也为偶数。因为只有偶数个奇数之和才能成为偶数，所以奇点的个数必为偶数。

5.1.2　图的连通性

在图 G 中，由两两相邻的点 $v_0,v_1,\ldots,v_n$ 及其相关联的边 $e_1,e_2,\ldots,e_n$ 构成

的点边序列 $v_0, e_1, v_1, e_2, v_2, \ldots, v_{n-1}, e_n, v_n$（其中 e_k 与 v_{k-1}, v_k 关联）称为链。其中 v_0 称为链的起点，v_n 称为链的终点。若链的起点与终点重合，则称该链为闭链（或圈），否则为开链。

若链中所含的边均不相同，则称该链为简单链。若所含的点均不相同（反证法可证明边也必然均不相同），则称为初等链或通路。除起点和终点外均不相同的闭链，称为初等回路或圈。例如在图 5—3 中，$v_1, e_1, v_2, e_2, v_1, e_3, v_4, e_9, v_5$ 是一条开链，也是简单链，但不是初等链，因为顶点 v_1 出现了两次。$v_1, e_2, v_2, e_6, v_4, e_3, v_1$ 是一个圈。

若在图 G 中的任意两点之间至少有一条链相连，则称图 G 为连通图，否则为非连通图。连通图还可细分为强连通图、单侧连通图和弱连通图等。强连通要求图 G 中的任意两点之间至少有一条通路（初等链）相连；单侧连通指图 G 中的任意两点之间至少有一条单向通路相连；弱连通仅要求在图的任意两点之间有链相连即可。图 5—3 所示的图不是连通图，因为顶点 v_6 是孤立点。

连通性是图论中的重要概念，网络分析中研究的诸多典型问题，其研究对象都是连通图。如果一个网络所对应的图是一个非连通图，则该网络就可以分解成互不相干的子网来研究，即可将非连通图分解成独立的子图来研究。

5.1.3 子图

设 $G_1 = (V_1, E_1), G_2 = (V_2, E_2)$，如果 $V_1 \subseteq V_2, E_1 \subseteq E_2$，则称 G_1 为 G_2 的子图。例如图 5—4 中（b）就是（a）的子图。必须注意，并非从原图 G_2 中任选一些顶点和边放在一起就能组成 G_2 的子图 G_1，只有在 G_2 中的一条边及其连接该边的两个端点均选入 G_1 时，G_1 才是 G_2 的子图。例如图 5—4 中的（g）就不是（a）的子图。

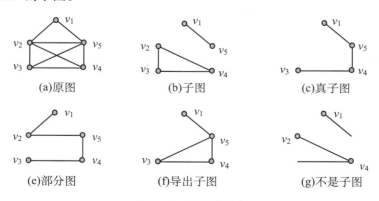

图 5—4　子图的概念

若 $V_1 \subset V_2, E_1 \subset E_2$，即 G_1 中不包含 G_2 中所有的顶点和边，称 G_1 是 G_2 的真子图。如图 5—4 中（c）就是（a）的真子图。

若 $V_1 = V_2, E_1 \subset E_2$，则称 G_1 是 G_2 的部分图。如图 5—4 中（e）就是（a）

的部分图。

若 $V_1 \subseteq V_2, E_1 = \{[u_i, v_j] \in E_2 \mid u_i \in V_1, v_j \in V_1\}$，则称 G_1 是 G_2 中关于 V_1 的导出子图。如图 5—4 中（f）就是（a）的导出子图。

掌握子图的概念需要进行比较并找出概念之间的差别。真子图比子图的概念更苛刻，要求顶点集是原图顶点集的真子集，边集也是原图边集的真子集。部分图的顶点集与原图的顶点集相同，只是边集为原图边集的真子集。导出子图的顶点集不要求是原图顶点集的真子集，但边必须是端点均在其顶点集中的边。

5.1.4　有向图

现实中，许多网络的边是双向可达的，即 $[u, v] = [v, u]$。一般不用标明方向，这种网络称为无向网络，对应的图称为无向图。比如交通网络四通八达，互联网可相互联系，沟通网络可相互沟通等。但也有一些网络的连接关系是不对称的，例如父子关系、上下级关系、担保关系、债务关系等。当用图来描述这些网络时，得到的关联边是具有方向的，用带箭头的线来表示，称为有向边或弧。从顶点 u 指向 v 的弧 a，记为 $a = (u, v)$，此时 $(u, v) \neq (v, u)$，其中 u 称为 a 的起点，v 称为 a 的终点。顶点集 V 和弧集 A 的集合称为有向图 D，记为 $D = (V, A)$。

有向图在不考虑边的方向时，同样也可以定义链。若有向图 $D = (V, A)$ 中，L 是从 u 到 v 的链，且对 L 中每一条弧而言，在序列中位于该弧前面的点恰好是其起点，而位于该弧后面的点恰好是其终点，这个链 L 就称为 D 中从 u 到 v 的一条路。当路的起点和终点重合时，称为回路。顶点均不相同的路称为初等路，除起点和终点外均不相同的回路称为初等回路。

图 5—5 是一个有向图，其中 $v_1, a_1, v_2, a_3, v_3, a_6, v_5, a_9, v_6$ 是由 v_1 到 v_6 的链，但不是一条路，因为 a_3 的起点不是 v_2，终点不是 v_3。有向图中路的定义要求链中的每一条弧都应首尾相接，以便形成从起点到终点的可达通路。$v_1, a_2, v_3, a_6, v_5, a_7, v_4, a_5, v_3, a_3, v_2$ 是一条从 v_1 到 v_2 的路，但不是初等路，因为 v_3 在序列中出现了两次。$v_3, a_6, v_5, a_7, v_4, a_5, v_3$ 是一个回路，而且是初等回路。

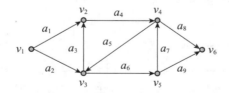

图 5—5　有向图中链的概念

若在有向图中，任意两点之间均存在一条链，则称 D 是连通图，否则称为不连通图。连通图分为强连通图、单侧连通图和弱连通图等。若有向图中任意两点之间均存在一条互通的路，则称 D 为强连通图；若任意两点之间仅有单向通路，则称为单侧连通图；若任意两点之间仅有链相连，则称为弱连通图。

5.1.5　树

不含圈的图称为林，无圈且连通的图称为树。一个林的每个连通子图都是一棵树。例如，图 5—6 中的两个连通子图都是树，其整体又构成一个林。

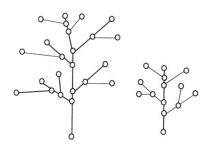

图 5—6　树与林的概念

[定理 5.3] 以下关于树的六种不同命题是等价的。

（1）无圈的连通图。

（2）无圈，$q=p-1$。

（3）连通，$q=p-1$。

（4）无圈，但增加一条边，可得一个且仅有一个圈。

（5）连通，但舍弃一条边后图就不连通。

（6）每一对顶点之间有一条且仅有一条初等链。

证明思路：

● 由命题（1）⇒命题（2）：

无圈自然成立，用数学归纳法可证明 $q=p-1$。

● 由命题（2）⇒命题（3）：

用反证法，假设不连通，则有 m 个子图，每个子图都是无圈连通图，因此可求得图的边数，与 $q=p-1$ 相矛盾。故命题（3）成立。

● 由命题（3）⇒命题（4）：

若图 G 无圈，有 $p-1$ 条边，则 G 无圈。

对 p 采用归纳法，$p=2$ 时无圈显然成立。设 $p=k-1$ 时无圈，证明 $p=k$ 时也无圈。

● 由命题（4）⇒命题（5）：

用反证法，假设 G 不连通，则存在顶点 u 和 v，且 u 和 v 之间没有链。若加上一条边 $[u,v]$ 仍然不产生圈，则与条件矛盾，因此 G 连通。由于 G 无圈，则舍弃任一边，链就断开，图不再连通。

● 由命题（5）⇒命题（6）：

由连通性可知，每对顶点之间必有一条链。因为如果两点之间有多于一条链时，去掉其中一条边，图仍然连通，因而与条件矛盾。故每对顶点之间仅有一条链。

若树 T 是连通图 $G = (V, E)$ 的部分图，则称 T 为部分树（支撑树）。若 T 是图 G 的部分树，则从 G 中去掉 T 中所有的边，所得到的子图称为图 G 中 T 的余树。例如图 5—4 中（e）就是（a）的部分树（支撑树）。

§5.2 网络最短路问题

最短路问题就是在网络中的两个节点之间寻求一条通路 μ，使得构成通路的边上的总权数最小。设 v_1 和 v_n 是网络的起点和终点，边 e_{ij} 的权为 l_{ij}，则从 v_1 到 v_n 的最短路，即

$$\min L(\mu) = \sum_{e_{ij} \in \mu} l_{ij} \qquad (5\text{—}1)$$

式中，$L(\mu)$ 是沿着通路 μ 从 v_1 到 v_n 的距离，l_{ij} 是 v_i 到 v_j 的弧的权。

在无向图中，通路相当于初等开链。但在有向图中，通路和链是不同的两个概念，通路中所有弧都是首尾相连的，但链就不一定首尾相连。最短路问题的应用十分广泛，比如管道铺设、线路安排、厂区布局、设备更新等，都可抽象成网络最短路问题。

5.2.1 狄克斯拉算法

狄克斯拉算法（即 D 氏标号法）由狄克斯拉（E. W. Dijkstra）于 1959 年提出，是最短路问题求解的最佳算法之一。其求解思路是从始点出发，逐步顺次向外探寻，要求每向外延伸一步都是最短的。使用条件是网络中所有弧上的权必须全部非负，即 $w_{ij} \geqslant 0$。

算法选用了两种标号——P 标号和 T 标号。P 标号是永久标号，表示始点到标号点的最短距离。T 标号是临时标号，表示始点到标号点的最短距离的上界。

计算步骤如下（见图 5—7）：

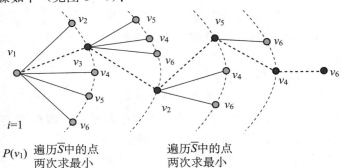

图 5—7 狄克斯拉算法的基本思想示意图

（1）令 $S = \{v_1\}$，$\overline{S} = \{v_2, v_3, \cdots, v_n\}$。给永久标号和临时标号赋初值：

$$\begin{cases} P(v_1) = 0 \\ T(v_j) = \infty, \quad v_j \in \overline{S} \end{cases}$$

（2）设永久标号点已循环到 v_i，$P(v_i)$ 是从 v_1 到 v_i 的最短距离。考虑 $v_j \in \overline{S}$，比较 $T(v_j)$ 的初值和从 v_i 向前走一步的最短距离 $P(v_i) + l_{ij}$，将 $\min\{T(v_j), P(v_i) + l_{ij}\}$ 重新记入 $T(v_j)$，刷新结果。

（3）在刷新后的 $T(v_j)$ 中，寻找 v_k 使得 $T(v_k) = \min\limits_{v_j \in \overline{S}}\{T(v_j)\}$。令 $P(v_k) = T(v_k)$，即将求得的最短距离记入永久标号 $P(v_k)$。

（4）若 $v_k = v_n$，则已经找到从 v_1 到 v_n 的最短路；否则令 $i = k$，从 $\overline{S}$ 中删除 v_i，转到（2）继续循环。

［例 5—1］用狄克斯算法求解图 5—8 所示的最短路问题，其中，边上的数字为相邻点的距离。

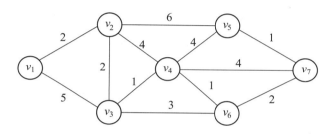

图 5—8 例 5—1 网络图

解： 写出距离矩阵 D。

$$D = \begin{array}{c} v_1 \\ v_2 \\ v_3 \\ v_4 \\ v_5 \\ v_6 \\ v_7 \end{array} \begin{pmatrix} 0 & 2 & 5 & \infty & \infty & \infty & \infty \\ 2 & 0 & 2 & 4 & 6 & \infty & \infty \\ 5 & 2 & 0 & 1 & \infty & 3 & \infty \\ \infty & 4 & 1 & 0 & 4 & 1 & 4 \\ \infty & 6 & \infty & 4 & 0 & \infty & 1 \\ \infty & \infty & 3 & 1 & \infty & 0 & 2 \\ \infty & \infty & \infty & 4 & 1 & 2 & 0 \end{pmatrix}$$

表 5—1 显示了狄克斯算法迭代求解的具体计算过程。表中的考察点为刚刚得到永久性标号的点，三角形圈起的数字为永久性标号，其他数字为临时性标号。为书写简便，用短杠代替了 ∞，竖括号括起的两个数字是步骤（2）中式 $\min\{T(v_j), P(v_i) + l_{ij}\}$ 大括号中的两个数字。比较得到的较小数字就是修改后的临时性标号，写在竖括号下面，这个过程可称为"自身比较"过程，即自身比较得到修改后的临时性标号过程。然后对所有临时性标号进行"横向比较"，将最小数字用三角符号圈起成为永久性标号，进入下一次迭代。迭代进行到所有点（或所定义的终点）得到永久性标号为止。

应当注意的是：反向追踪时，从某个永久性标号点开始，必须追到上一个得到永久性标号的点，才能写出相应的最优路线。

该算法在得到从起点到终点的最短路线和最短路长的同时，还能得到从 v_1 （起点）到各点的最短路线和最短路长。

当网络中有负权时，狄克斯拉算法失效。请研究图 5—9 给出的例子，对于这样有负权的网络，若仍用狄克斯拉算法求解从 v_1 到 v_3 的最短路，得到的结果是从 v_1 直接到 v_3，最短路权为 2。但实际上，从 v_1 经过 v_2 再到 v_3 的最短路权为 -2。这就提示我们，对有负权的网络必须寻求新的算法求解最短路问题。

表 5—1 　　　　　　　　　用狄克斯拉算法计算例 5—1 的步骤

步骤	考察点	T标号点集 S̄	v_1	v_2	v_3	v_4	v_5	v_6	v_7	最短路线
			△	— [0+2]	— [0+5]	—	—	—	—	
1	v_1	{v_2, v_3, …, v_7}		△2	5 [2+2]	— [2+4]	— [2+6]	—	—	$v_1 \to v_2$
2	v_2	{v_3, …, v_7}			△	6 [4+1]	8 [4+3]	—	—	$v_2 \to v_3$
3	v_3	{v_4, v_5, v_6, v_7}				△5	8 [5+4]	7 [5+1]	— [5+4]	$v_3 \to v_4$
4	v_4	{v_5, v_6, v_7}					8	△	9 [6+2]	$v_4 \to v_6$
5	v_6	{v_5, v_7}					△8		8 [8+1]	$v_6 \to v_5$
6	v_5	{v_7}							△8	$v_6 \to v_7$

反向追踪即可获得最优路线为：

$$v_1 \to v_2 \to v_3 \to v_4 \to v_6 \to v_7$$
$$\to v_5$$

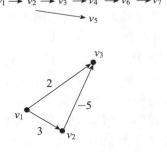

图 5—9 　有负权的网络

5.2.2 列表法

列表法也称为 Ford 算法，由福特（L. R. Ford）于 1956 年提出，用以解决有负权但无负回路的网络最短路问题，可求出起点 v_1 到任意其他节点 v_j 的最短路。其步骤如下（见图 5—10）：

（1）赋初值：$d_j^{(1)}=w_{1j}$（$j=1,2,\cdots,n$）。$d_j^{(1)}$ 表示从起点 v_1 到 v_j 走一步的最短路。其中 w_{1j} 为弧（v_1,v_j）上的权。

（2）设 $d_j^{(k-1)}$ 是从 v_1 到 v_j 走（$k-1$）步的最短路，则迭代递推公式为：

$$d_j^{(k)}=\min_i\{d_j^{(k-1)}+w_{ij}\}\qquad(i,j=1,2,\cdots,n)$$

式中，$d_j^{(k)}$ 表示从 v_1 到 v_j 至多含 $k-1$ 个中间点的最短路。若 v_i 到 v_j 不可直接到达，则 w_{ij} 记为 ∞；若自连接，则 $w_{ii}=0$。

（3）当有 $d_j^{(l)}=d_j^{(l-1)}$ 时，迭代收敛。$d_j^{(l)}$ 就是从 v_1 到各点的最短路。

（4）反向追踪求出最短路线。

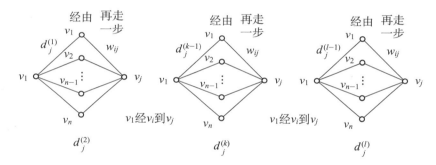

图 5—10 Ford 算法的基本思想

[例 5—2] 用列表法求解图 5—11 所示网络中从 v_s 到其他各点的最短路。其中箭线边上的数字为相应有向弧上的权。

解： 表 5—2 左边是网络的距离矩阵，右边三列是按照迭代步骤得到的结果：

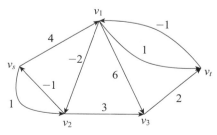

图 5—11 例 5—1 网络图

$$d_j^{(1)}=w_{1j},\quad j=s,1,2,3,t$$

$$d_s^{(2)}=\min_i(d_i^{(1)}+w_{is})$$

$$=\min(0+0,\ 4+\infty,\ \underline{1+(-1)},\ \infty+\infty,\ \infty+\infty)=0$$

$$d_1^{(2)} = \min_i (d_i^{(1)} + w_{i1})$$
$$= \min\ (\underline{0+4},\ 4+0,\ 1+\infty,\ \infty+\infty,\ \infty+(-1)) = 4$$

以此类推。

由于 $d_j^{(2)} = d_j^{(3)}$ ，停止迭代，$d_j^{(3)}$ 列旁边的箭线指示了反向追踪求得最优路线的过程。

表 5—2　　　　　　　　　　　　**例 5—2 表格法迭代过程**

	v_s	v_1	v_2	v_3	v_t	$d_j^{(1)}$	$d_j^{(2)}$	$d_j^{(3)}$
v_s	0	4	1	—	—	0	0	0
v_1	—	0	−2	6	1	4	4	4
v_2	−1	—	0	3	—	1	1	1
v_3	—	—	—	0	2	—	4	4
v_t	—	−1	—	—	0	—	5	5

注：为便于书写，用 "—" 代替了 "∞"。

反向追踪过程：寻求一点 v_k，使 $d_k^{(l-1)} + w_{kt} = d_t^{(l)}$，本题中 v_k 即为 v_1，所以找到弧 (v_1, v_s)，再寻求一点 v_i，使 $d_i^{(l-1)} + w_{i1} = d_4^{(l)}$，这里，$v_i$ 即为 v_s，所以找到弧 (v_s, v_1)。于是得到从 v_s 到 v_t 的最短路线：$v_s \rightarrow v_1 \rightarrow v_t$，最短路权为 5。读者可以自行写出从 v_s 到其他各点的最短路线和最短路长。

5.2.3　海斯算法

海斯算法是求网络中任意两点间最短路的算法。其思想是：利用 v_i 到 v_j 走一步的距离求出 v_i 到 v_j 走两步的距离，再由两步距离求出四步距离，经有限步迭代即可求得 v_i 到 v_j 的最短路线和最短距离。算法步骤如下：

（1）赋初值 $d_{ij}^{(0)} = l_{ij}$ $(i, j = 1, 2, \ldots, n)$，则 $d_{ij}^{(0)}$ 是指 v_i 到 v_j 走一步的距离。

（2）当 $d_{ij}^{(m-1)}$ 已知时，运用递推公式 $d_{ij}^{(m)} = \min_k \{d_{ik}^{(m-1)} + d_{kj}^{(m-1)}\}$ $(k = 1, 2, \cdots, n)$ 进行迭代。其中，$d_{ij}^{(1)}$ 表示 v_i 到 v_j 走两步的最小距离；$d_{ij}^{(2)}$ 代表 v_i 到 v_j 走四步的最小距离；$d_{ij}^{(m)}$ 就是 v_i 到 v_j 走 2^m 步的最小距离。

（3）当对所有 i 和 j 有：$d_{ij}^{(m)} = d_{ij}^{(m-1)}$ 时，则 $d_{ij}^{(m)}$ 就是 v_i 到 v_j 的最短距离。

[**例 5—3**] 用海斯算法求图 5—12 所示网络图中从 v_1 到 v_6 的最短距离和最短路线。

解： 写出其距离矩阵 $D^{(0)}$：

$$
D^{(0)} = L =
\begin{array}{c}
 \\ v_1 \\ v_2 \\ v_3 \\ v_4 \\ v_5 \\ v_6
\end{array}
\begin{array}{c}
\begin{array}{cccccc}
v_1 & v_2 & v_3 & v_4 & v_5 & v_6
\end{array} \\
\left[
\begin{array}{cccccc}
0 & 2 & 6 & \infty & \infty & \infty \\
2 & 0 & 3 & 8 & 9 & \infty \\
6 & 3 & 0 & 5 & 3 & \infty \\
\infty & 8 & 5 & 0 & \infty & 3 \\
\infty & 9 & 3 & \infty & 0 & 1 \\
\infty & \infty & \infty & 3 & 1 & 0
\end{array}
\right]
\end{array}
$$

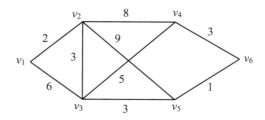

图 5—12　例 5—3 网络图

（1）第一轮迭代：以第一行的计算为例。

$$d_{12}^{(1)} = \min_k \{d_{1k}^{(0)} + d_{k2}^{(0)}\}$$

$$= \min\{d_{11}^{(0)} + d_{12}^{(0)}, d_{12}^{(0)} + d_{22}^{(0)}, d_{13}^{(0)} + d_{32}^{(0)}, d_{14}^{(0)} + d_{42}^{(0)}, d_{15}^{(0)} + d_{52}^{(0)},$$
$$d_{16}^{(0)} + d_{62}^{(0)}\}$$

$$= \min\{0+2, 2+0, 6+3, \infty+8, \infty+9, \infty+\infty\} = 2$$

$$d_{13}^{(1)} = \min_k \{d_{1k}^{(0)} + d_{k3}^{(0)}\}$$

$$= \min\{d_{11}^{(0)} + d_{13}^{(0)}, d_{12}^{(0)} + d_{23}^{(0)}, d_{13}^{(0)} + d_{33}^{(0)}, d_{14}^{(0)} + d_{43}^{(0)}, d_{15}^{(0)} + d_{53}^{(0)},$$
$$d_{16}^{(0)} + d_{63}^{(0)}\}$$

$$= \min\{0+6, 2+3, 6+0, \infty+5, \infty+3, \infty+\infty\} = 5$$

$$d_{14}^{(1)} = \min_k \{d_{1k}^{(0)} + d_{k4}^{(0)}\}$$

$$= \min\{d_{11}^{(0)} + d_{14}^{(0)}, d_{12}^{(0)} + d_{24}^{(0)}, d_{13}^{(0)} + d_{34}^{(0)}, d_{14}^{(0)} + d_{44}^{(0)}, d_{15}^{(0)} + d_{54}^{(0)},$$
$$d_{16}^{(0)} + d_{64}^{(0)}\}$$

$$= \min\{0+\infty, 2+8, 6+5, \infty+0, \infty+\infty, \infty+3\} = 10$$

$$d_{15}^{(1)} = \min_k \{d_{1k}^{(0)} + d_{k5}^{(0)}\}$$

$$= \min\{d_{11}^{(0)} + d_{15}^{(0)}, d_{12}^{(0)} + d_{25}^{(0)}, d_{13}^{(0)} + d_{35}^{(0)}\}$$

$$= \min\{0+\infty, 2+9, 6+3, \infty+\infty, \infty+0, \infty+1\} = 9$$

$$d_{16}^{(1)} = \min_k \{d_{1k}^{(0)} + d_{k6}^{(0)}\}$$

$$= \min\{d_{11}^{(0)} + d_{16}^{(0)}, d_{12}^{(0)} + d_{26}^{(0)}, d_{13}^{(0)} + d_{36}^{(0)}, d_{14}^{(0)} + d_{46}^{(0)}, d_{15}^{(0)} + d_{56}^{(0)},$$
$$d_{16}^{(0)} + d_{66}^{(0)}\}$$

$$= \min\{0+\infty, 2+\infty, 6+\infty, \infty+3, \infty+1, \infty+0\} = \infty$$

按照公式进行迭代，求得 $D^{(1)}$：

$$D^{(1)} = \begin{array}{c} v_1 \\ v_2 \\ v_3 \\ v_4 \\ v_5 \\ v_6 \end{array} \begin{matrix} v_1 & v_2 & v_3 & v_4 & v_5 & v_6 \end{matrix} \\ \begin{pmatrix} 0 & 2 & 5 & 10 & 9 & \infty \\ 2 & 0 & 3 & 8 & 6 & 10 \\ 5 & 3 & 0 & 5 & 3 & 4 \\ 10 & 8 & 5 & 0 & 4 & 3 \\ 9 & 6 & 3 & 4 & 0 & 1 \\ \infty & 10 & 4 & 3 & 1 & 0 \end{pmatrix}$$

$$中间点矩阵为：\begin{pmatrix} ① & ① & ② & ② & ③ & \\ ① & ② & ② & ③ & ③ & ⑤ \\ ② & ② & ③ & ③ & ③ & ⑤ \\ ② & ③ & ③ & ④ & ⑥ & ④ \\ ③ & ③ & ③ & ⑥ & ⑤ & ⑤ \\ & ⑤ & ⑤ & ④ & ⑤ & ⑥ \end{pmatrix}$$

（2）第二轮迭代：

$$D^{②}=\begin{pmatrix} 0 & 2 & 5 & 10 & 8 & 9 \\ 2 & 0 & 3 & 8 & 6 & 7 \\ 5 & 3 & 0 & 5 & 3 & 4 \\ 10 & 8 & 5 & 0 & 4 & 3 \\ 8 & 6 & 3 & 4 & 0 & 1 \\ 9 & 7 & 4 & 3 & 1 & 0 \end{pmatrix}$$

$$中间点矩阵为：\begin{pmatrix} ① & ① & ① & ① & ② & ③ \\ ① & ② & ② & ② & ② & ③ \\ ① & ② & ③ & ③ & ③ & ③ \\ ① & ② & ③ & ④ & ④ & ④ \\ ② & ② & ③ & ④ & ⑤ & ⑤ \\ ③ & ③ & ③ & ④ & ⑤ & ⑥ \end{pmatrix}$$

（3）第三轮迭代：

$$D^{③}=\begin{pmatrix} 0 & 2 & 5 & 10 & 8 & 9 \\ 2 & 0 & 3 & 8 & 6 & 7 \\ 5 & 3 & 0 & 5 & 3 & 4 \\ 10 & 8 & 5 & 0 & 4 & 3 \\ 8 & 6 & 3 & 4 & 0 & 1 \\ 9 & 7 & 4 & 3 & 1 & 0 \end{pmatrix}$$

$$中间点矩阵为：\begin{pmatrix} ① & ① & ① & ① & ① & ① \\ ① & ② & ② & ② & ② & ② \\ ① & ② & ③ & ③ & ③ & ③ \\ ① & ② & ③ & ④ & ④ & ④ \\ ① & ② & ③ & ④ & ⑤ & ⑤ \\ ① & ② & ③ & ④ & ⑤ & ⑥ \end{pmatrix}$$

由于 $D^{(2)} = D^{(3)}$ ，故 $D^{(3)}$ 中的元素就是 v_i 到 v_j 的最短距离，$D^{(3)}$ 称为最短距离矩阵。于是，得到由 v_1 到 v_6 的最短路线为：$v_1 \rightarrow v_2 \rightarrow v_3 \rightarrow v_5 \rightarrow v_6$ 。

海斯算法适用于无负回路的任意网络，能求出网络中任意两节点间的最短距离，且算法效率高，经 m 次迭代即可完成计算。

§5.3　最小树问题

天然气管道、电缆以及城市地下管网等的铺设问题，其研究对象往往是无圈的连通图。我们要求管道或电缆是互相连通的，并且总希望铺设的距离尽可能短或费用尽可能少。最小树问题就是求取一个图的部分树（支撑树），使其总权数（总距离或总费用等）最小的一类优化问题。最常见的求解方法有破圈法和逐步生长法。前者适用于手工计算，后者适用于计算机求解。

5.3.1　破圈法

破圈法的思想是：在保证网络连通的前提下，用削减较长边的方法减少圈的个数，直至网络图无圈为止。其实施步骤如下：

（1）在网络图中寻找一个圈，若已不存在圈，转步骤（3）；否则，转步骤（2）。

（2）在圈中选取权数最大的边，从网络图中去掉该边，形成新的网络图，转步骤（1）。

（3）若 $q = p - 1$，则已找到最短树；否则，网络图不连通，不存在最短树。

［**例 5—4**］用破圈法求图 5—13 所示网络中的最小树。

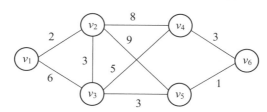

图 5—13　例 5—4 破圈法举例

解：求解过程见表 5—3。该网络图的最短树见图 5—14 右图，最短树长为 12。

表 5—3　　　　　　　　　用破圈法求解例 5—4 的过程

迭代次数	寻找的圈	权数最大的边	权数	处理结果
1	$\{v_1, v_2, v_3, v_1\}$	(v_1, v_3)	6	去掉该边
2	$\{v_2, v_3, v_5, v_2\}$	(v_2, v_5)	9	去掉该边
3	$\{v_2, v_3, v_4, v_2\}$	(v_2, v_4)	8	去掉该边
4	$\{v_3, v_4, v_6, v_5, v_3\}$	(v_3, v_4)	5	去掉该边
5	已无圈			转步骤（3），因 $q = p - 1$，已得最短树，最短树长等于 12

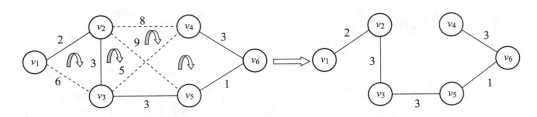

图 5—14 例 5—4 破圈法求解示意图

5.3.2 逐步生长法

逐步生长法的思想是：从图中任意一点开始，按既连通又无圈的要求，逐次选择最短边，最终生长成最短树。实施算法时，设 V 是图的顶点集合，S_k 为已选入树的点组成的集合，$\bar{S}_k$ 为尚未入选的点组成的集合。具体步骤如下：

(1) 令 $k=1$，从图中任选一点 v_i，$S_1=\{v_i\}$，$\bar{S}_1=V-S_1$。

(2) 选择权数最小的边 (v_i,v_j)，要求 $v_i \in S_k$ 且 $v_j \in \bar{S}_k$。若不存在这样的边，则原图不连通，不存在最短树。

(3) 令 $S_{k+1}=S_k+\{v_j\}$，$\bar{S}_{k+1}=\bar{S}_k-\{v_j\}$，即将 v_j 选入 S_k，并从 $\bar{S}_k$ 中删除。若 $\bar{S}_{k+1}$ 成为空集，则已找到最短树。否则，转步骤 (2)，经过 $n-1$ 次迭代即可得到最短树。

[**例 5—5**] 用逐步生长法求解例 5—4。

解： 该例所给图的距离矩阵为：

$$
D=\begin{pmatrix}
0 & 2 & 6 & - & - & - \\
2 & 0 & 3 & 8 & 9 & - \\
6 & 3 & 0 & 5 & 3 & - \\
- & 8 & 5 & 0 & - & 3 \\
- & 9 & 3 & - & 0 & 1 \\
- & - & - & 3 & 1 & 0
\end{pmatrix}
\xRightarrow{\text{简易操作}}
D=\begin{pmatrix}
0 & ② & 6 & - & + & - \\
2 & 0 & ③ & 8 & 9 & - \\
6 & 3 & 0 & 5 & ③ & + \\
+ & 8 & 5 & 0 & + & 3 \\
+ & 9 & 3 & - & 0 & ① \\
+ & - & + & ③ & 1 & 0
\end{pmatrix}
$$

(1) 选取顶点 v_1，划去 D 中的第一列，保留第一行，填入表中第一行。选择该行中最小者圈起，对应的点是 v_2，表明生长出一条边 (v_1,v_2)。

(2) 划去第二列，将剩余矩阵的第二行填入表中（保留第二行元素，表明可以考虑从点 v_2 往外生长）。

(3) 两行相比择其小者构成第三行（就每个向外生长的点，比较所有可能的生长边），将该行最小者圈起（横向比较，确定生长点），对应的点是 v_3。

(4) 依次计算比较，直至生成最小树。

表 5—4 是该例的迭代过程。用 "{ }" 括起的数字是横向比较后得到的最小

数，即生长边的长度，该数字所在列对应的点就是生长边的终点。旁边用圆圈圈起的数字表明来自的行数，对应该边生长的起始点。图 5—15 中粗实线边及相连顶点构成最小树，最小树长等于 2＋3＋3＋1＋3＝12。与破圈法所得结果相同。

表 5—4　用逐步生长法求解例 5—5 的过程

迭代次数		V_2	V_3	V_4	V_5	V_6
1	$S_1=\{v_1\}$	{2}	6	—	—	
	V_2		3	8	9	—
2	$S_2=S_1+v_2$		{3}②	8②	9②	—
	V_3			5	3	
3	$S_3=S_2+v_3$			5③	{3}③	—
	V_5			—		1
4	$S_4=S_3+v_5$			5③		{1}⑤
	V_6			3		
5	$S_5=S_4+v_6$			{3}		
	V_4					

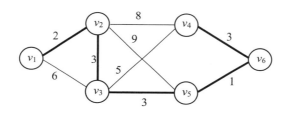

图 5—15　例 5—5 的最小树示例

§5.4　最大流问题

最大流问题是指，在满足容量限制条件和中间点平衡条件下，求取流量值达到最大的可行流的一类优化问题。简言之，是求容量网络中具有最大流量值的可行流问题。所求出的可行流称为最大流。

5.4.1　基本概念

有向图中，每条弧上给出的最大通过能力（或加在每条弧上的最大可能负载）称为该弧的容量。弧（v_i，v_j）的容量记为 b_{ij}。对所有的弧都给出了容量的有向网络称为容量网络，记为 $D=(V,A,B)$。其中，V 表示有向图的节点集合，A 表示有向边（弧）的集合，B 是所有弧上容量的集合。

网络中加在弧上的负载量称为弧上的流，记为 x_{ij}。加在网络中各条弧上的一组负载量（即网络中各条弧上负载量的一组分配方案）称为图上的流，记为 $X=\{x_{ij}\}$。若网络中所有弧上的流均为 0，即对所有的 i 和 j，都有 $x_{ij}=0$，则称相应的图上的流为零流。

在容量网络上，满足容量限制条件和中间点平衡条件的图上的流称为可行流。中间点平衡条件是连续性定理的具体体现。容量限制条件和中间点平衡条件具体为：

(1) 容量限制条件为 $0 \leqslant x_{ij} \leqslant b_{ij}$ 。

(2) 中间点平衡条件：

$$\sum_{(i,j)\in A} x_{ij} - \sum_{(j,i)\in A} x_{ji} = \begin{cases} f, & i = s \\ 0, & i \neq s, t \\ -f, & i = t \end{cases}$$

式中，f 为网络中从起点 v_s 流出的流量，也是流入终点 v_t 的流量。通常设定流出为正，流入为负。对于中间点，流入的流量等于流出的流量，即净流量为零。

容量网络中的弧可从不同角度进行分类。

(1) 在可行流 $X = \{x_{ij}\}$ 中，按流量特征分类：

1）饱和弧：弧上的流量等于容量的弧（$x_{ij} = b_{ij}$）；

2）非饱和弧：弧上的流量小于容量的弧（$x_{ij} < b_{ij}$）；

3）零流弧：弧上的流量等于零的弧（$x_{ij} = 0$）；

4）非零流弧：弧上的流量大于零的弧（$x_{ij} > 0$）。

(2) 在容量网络中从起点 v_s 到终点 v_t 的一条链中，链的方向规定为从起点 v_s 指向终点 v_t，按弧的方向分类：

1）正向弧（前向弧）：与链的方向一致的弧，正向弧的全体记为 μ^+；

2）反向弧（后向弧）：与链的方向相反的弧，反向弧的全体记为 μ^-。

(3) 就节点 v_i 而言，流入的弧称为反向弧（后向弧），流出的弧称为正向弧（前向弧）。

设 X 是一可行流，μ 是从起点 v_s 到终点 v_t 的一条链，若 μ 满足以下两个条件，则称 μ 为关于可行流 X 的一条增广链（或流量修正路线）。这两个条件是：

(1) 在弧 $(v_i, v_j) \in \mu^+$ 上，$0 \leqslant x_{ij} < b_{ij}$（即正向弧均为非饱和弧）；

(2) 在弧 $(v_i, v_j) \in \mu^-$ 上，$0 < x_{ij} \leqslant b_{ij}$（即反向弧均为非零流弧）。

5.4.2　最大流最小割集定理

设 V 为网络中所有节点的集合，将 V 划分为两个子集 S 和 $\bar{S}$。若弧集 $(S, \bar{S})$ 满足：$S \cap \bar{S} = \Phi, S \cup \bar{S} = V (v_s \in S, v_t \in \bar{S})$，则称该弧集 $(S, \bar{S})$ 为分离起点 v_s 和终点 v_t 的割集，简称割集。构成割集的各条弧的容量之和称为割容量，所有割集中容量最小的割集称为最小割集（最小割）。

针对图 5—16，表 5—5 给出了其所示网络的割集表（仅列出了 16 种可能情况中的 4 种情况）。其中，最小割集是 $\{(v_2, v_4), (v_2, v_5), (v_s, v_3)\}$，最小割容量是 20。值得注意的是，对任何一种划分方法，只有起点在 S 中而终点在 $\bar{S}$ 中的弧才能作为割集中的弧，从 $\bar{S}$ 中出发到达 S 中的弧不能作为割集中的弧。例如图 5—16

中的第二种划分方法，其中弧（v_3，v_2）起点在 $\overline{S}$ 中而终点在 S 中，因此不能作为割集中的弧。不能简单地认为，凡是划分集合 V 的虚线涉及的弧都是割集中的弧。

最大流最小割集定理　在任一容量网络中，从起点到终点的最大流流量等于该网络最小割集的割容量。它是最大流算法——Ford-Fulkerson 标记化方法的理论基础。

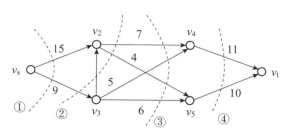

图 5—16　割集与最小割集

表 5—5　　　　　　　　　　　　　　　网络割集表

序号	S	$\overline{S}$	割集	割容量
1	v_s	v_2,v_3,v_4,v_5,v_t	$(v_s,v_2),(v_s,v_3)$	24
2	v_s,v_2	v_3,v_4,v_5,v_t	$(v_2,v_4),(v_2,v_5),(v_s,v_3)$	20
3	v_s,v_2,v_3	v_4,v_5,v_t	$(v_2,v_4),(v_2,v_5),(v_3,v_4),(v_3,v_5)$	22
4	v_s,v_2,v_3,v_4,v_5	v_t	$(v_4,v_t),(v_5,v_t)$	21

5.4.3　Ford-Fulkerson 算法

Ford-Fulkerson 算法即 Ford—Fulkerson 标记化方法（简称标号法），分为三个步骤：

第一，确定初始可行流，若没有给定，也不易观察得出，可将零流作为初始可行流。

第二，进行标号，目的是寻求增广链。网络起点的标记符号（—，∞），表示未知源头的流，其流量可以无限大。其他点的标记符号 $v_i(v_j,\varepsilon_i)$，表示节点 v_i 的标号来自 v_j，流量修正量（可增加量）为 ε_i。

第三，调整流量：计算调整量，修改可行流。

具体实施步骤如下：

（1）起点标号为（—，∞）。

（2）考察与起点相邻的所有未标号节点 v_j：

1）检查正向弧（v_s，v_j）是否饱和。若不饱和，则加标记为（v_s^+，ε_j），$\varepsilon_j = b_{sj} - x_{sj}$；若饱和，则不加标记。

2）检查反向弧（v_j，v_s）是否为零流弧。若不是零流弧，则加标记为（v_s^-，

ε_j），其中 $\varepsilon_j = x_{sj}$；若是零流弧，则不加标记。

（3）把 v_s 换成已得到标号的点 v_i 重复步骤（2）中的标记工作。

（4）标号过程会出现两种结果：

1）标号过程被中断，终点无法得到标号。说明该网络中不存在增广链，现行的可行流就是最大流。

2）终点已得到标号。反向追踪，可找到一条从起点到终点的增广链，它由标号点及相应弧连接而成。

（5）修改可行流：

1）计算修正量 $\varepsilon = \min_j \{\varepsilon_j\}$，其中 ε_j 指增广链上各弧的流量修正量，所以 ε 是整个增广链上每条弧都允许的流量修正量。

2）在增广链的正向弧上流量增加 ε，反向弧上流量减少 ε，其他弧上流量不变。

[**例5—6**] 以图 5—17 所示的容量网络为例说明标号法的步骤和实施过程。

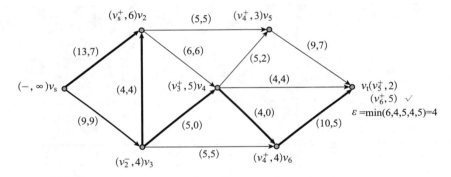

图 5—17　例 5—6 容量网络

解：首先确定初始可行流，然后进行标记化工作：

（1）在起点 v_s 处标记 $(-,\infty)$。

（2）确定其余各节点能否标记，并计算相应的流量修正量 ε_j，记在有关的节点旁边。

1）顶点 v_2 的标记化：因 $x_{s2} < b_{s2}$，故可标记，$\varepsilon_2 = b_{s2} - x_{s2} = 13 - 7 = 6$。节点 v_2 可标记为 $(v_s^+,6)$。

2）顶点 v_3 的标记化：因 $x_{s3} = b_{s3}$，所以 v_3 不能从 v_s 得到标号。但因 $x_{32} > 0$，故 v_3 可从 v_2 得到标号。由 $\varepsilon_3 = x_{32} - 0 = 4$ 得知，节点 v_3 可标记为 $(v_2^-,4)$。

3）按上述方法依次进行标记，可得节点 v_4 的标记为 $(v_3^+,5)$，节点 v_5 的标记为 $(v_4^+,3)$，节点 v_6 的标记 $(v_4^+,4)$。

4）最后是顶点 v_t 的标记：(v_4,v_t) 为饱和弧，但 $x_{5t} < b_{5t}$，所以 v_t 可以从 v_5 得到标记 $(v_5^+,2)$。又 $x_{6t} < b_{6t}$，所以 v_t 也可以从 v_6 得到标记 $(v_6^+,5)$。由于 $\max\{2, 5\} = 5$，所以选择终点 v_t 的标记为 $(v_6^+,5)$。

（3）反向追踪，可得流量修正路线：$v_t \rightarrow v_6 \rightarrow v_4 \rightarrow v_3 \rightarrow v_2 \rightarrow v_s$
一般写成：

$$v_s \xrightarrow{+6} v_2 \xrightarrow{-4} v_3 \xrightarrow{+5} v_4 \xrightarrow{+4} v_6 \xrightarrow{+5} v_t$$

其中，"＋"、"－"号分别代表相应的弧为正向弧、反向弧。

（4）增广链上各弧都许可的流量修正量 $\varepsilon = \min\{6,4,5,4,5\} = 4$。图 5—18
为修正流量后的网络图。弧 (v_6, v_t) 上的流量值 $x_{6t} = 5$，则修正后的流量值为
$x_{6t} + \varepsilon = 5 + 4 = 9$。

（5）对修正流量后的网络图继续上述工作，直到终点 v_t 不能标记为止。此
时已不存在流量修正路线，流量修正工作结束。该容量网络的最大流量为 20。

5.4.4　最小割的确定

当标号过程无法进行时，将已标号的点的集合作为 S，未能得到标号的
点的集合作为 $\overline{S}$，则（S，$\overline{S}$）即为最小割，这就是利用标号过程寻找最小
割的方法。图 5—19 显示了例 5—6 修正后的各边流量和确定最小割集时对
节点集的分割情况。

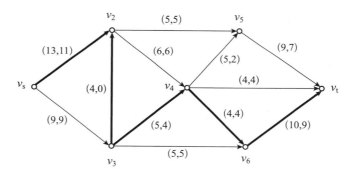

图 5—18　例 5—6 最大流图

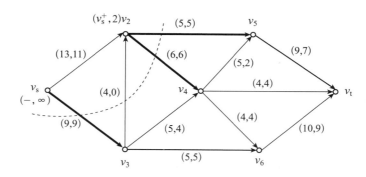

图 5—19　利用标号过程确定最小割

当标号过程终止后，已标号的点为 v_s，v_2，其他均为未标号的点。因此，
$S = \{v_s, v_2\}$，$\overline{S} = \{v_3, v_4, v_5, v_6, v_t\}$，最小割（$S$，$\overline{S}$）$= \{(v_s, v_3), (v_2, v_4), (v_2,$

$v_5)\}$。此时，最小割容量等于弧 (v_s,v_3)，(v_2,v_4)，(v_2,v_5) 的弧容量之和，即 $9+6+5=20$，与最大流的流量数值相等。

§5.5 最小费用最大流问题

5.5.1 基本概念

费用容量网络就是每条弧都给出了单位流量费用 c_{ij} 的容量网络，记为 $D=(V,A,B)$。其中，V 是容量网络的节点集，A 是有向弧的集合，B 表示所有弧上容量的集合。对于任一费用容量网络，能够使网络流量达到最大流量的可行流往往有多个，其输送相同流量所消耗的费用大小不同。最小费用最大流问题就是：求取最大流 X，使输送流量的总费用 $C(X)=\sum c_{ij}x_{ij}$ 为最小的一类优化问题。其中，b_{ij} 表示弧 $(v_i，v_j)$ 上的容量，x_{ij} 表示弧 $(v_i，v_j)$ 上的流量，c_{ij} 表示弧 (v_i,v_j) 上通过单位流量所消耗的费用。

对任一费用容量网络，在具有相同流量 f 的可行流中，总费用最小的可行流称为该费用容量网络关于流量 f 的最小费用流，简称流量为 f 的最小费用流。当沿着一条关于可行流 X 的增广链（流量修正路线）μ，以修正量 $\varepsilon=1$ 进行流量调整时，若得到新的可行流 $\widetilde{X}$，则称 $C(\widetilde{X})-C(X)$ 为增广链 μ 的费用。此时，$\widetilde{X}$ 的流量 $f(\widetilde{X})=f(X)+1$，增广链 μ 的费用就是可行流的流量调整一个单位时所需支付的费用。当修正量 $\varepsilon=1$ 时，

$$C(\widetilde{X})-C(X)=\sum_{\mu^+}c_{ij}(\widetilde{x}_{ij}-x_{ij})+\sum_{\mu^-}c_{ij}(\widetilde{x}_{ij}-x_{ij})$$
$$=\sum_{\mu^+}c_{ij}-\sum_{\mu^-}c_{ij}$$

5.5.2 对偶法求解最小费用最大流问题

对于最小费用最大流问题，有两种求解思路：（1）始终保持网络中的可行流是最小费用流，然后不断调整，使流量逐步增大，最终成为最小费用的最大流；（2）始终保持可行流是最大流，通过不断调整使费用逐步减小，最终成为最大流量的最小费用流。本部分将按照第一种思路研究该问题的求解方法。

[定理 5.4] 若 X 是流量为 $f(X)$ 的最小费用流，μ 是关于 X 的所有增广链中费用最小的增广链，那么沿着 μ 去调整 X 得到的新的可行流 $\widetilde{X}$ 就是流量为 $f(\widetilde{X})$ 的最小费用流。

根据定理 5.4，只要找到最小费用增广链，并在该链上调整流量，就可得到增加流量后的最小费用流。如此循环，使流量逐步增大，直到最大流量，即可求出

最小费用最大流。寻找最小费用增广链，可以借助最短路算法。问题的关键是需要构造增广费用网络图（或称为扩展费用网络图），以便形成四通八达的"路"，使弧上的流量可增可减。

具体方法是将网络中的每一条弧 (v_i, v_j) 都变成一对方向相反的弧，且权数定义如下：

（1）对非饱和且非零流的弧 $(0 < x_{ij} < b_{ij})$（见图 5—20（a））：流量可增可减，即

$$W_{ij} = \begin{cases} c_{ij} & \text{原有弧（流量可以增加）} \\ -c_{ij} & \text{后加弧（流量可以减少）} \end{cases}$$

（2）对零流弧（见图 5—20（b））：流量可以增加但无法减少，即

$$W_{ij} = \begin{cases} c_{ij} & \text{原有弧（流量可以增加）} \\ \infty & \text{后加弧（流量不能再减少）} \end{cases}$$

（3）对饱和弧（见图 5—20（c））：流量只能减少而不能增加，即

$$W_{ij} = \begin{cases} \infty & \text{原有弧（流量不能再增加）} \\ -c_{ij} & \text{后加弧（流量可以减少）} \end{cases}$$

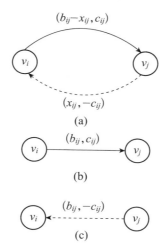

图 5—20　构造扩展费用网络的方法

构造增广费用网络图的方法可总结如下：零流弧，保持原弧不变，将单位费用作为权数；非饱和非零流弧，原有弧以单位费用作权数，后加弧（虚线弧）以单位费用的负数作权数；饱和弧，去掉原有弧，添上后加弧（虚线弧），权数为单位费用的负数。

于是，在容量网络中寻找最小费用增广链的问题，就相当于在增广费用网络图（扩展费用网络图）中寻找从起点到终点的最短路。找到最短路后，再还原到原网络图中（虚线弧改成原图中的反向弧）即可。

求解最小费用最大流问题的对偶方法，其实施步骤如下：

第 1 步：用 Ford-Fulkerson 算法求出该容量网络的最大流量 $f_{\max}$。

第 2 步：取初始可行流为零流，其必为流量为零的最小费用流。

第 3 步：一般为第 $k-1$ 次迭代，得到一最小费用流 $X^{(k-1)}$，对当前可行流构造增广费用网络图 $W(X^{(k-1)})$，用最短路算法求出从起点到终点的最短路。（如果不存在最短路，则 $X^{(k-1)}$ 就是最小费用最大流，停止迭代。否则，转下一步。）

第 4 步：将最短路还原成原网络图中的最小费用增广链 μ，在 μ 上对可行流 $X^{(k-1)}$ 进行调整，得到新的可行流图。若其流量等于 f_{max}，迭代结束。否则转入第 3 步，进入下一次迭代过程。

[例 5—7] 求图 5—21 所给的容量费用网络的最小费用最大流。图中箭线边上的数字为（容量，费用）。

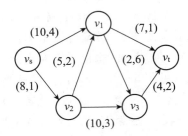

图 5—21　例 5—7 容量费用网络图

解：按照对偶法求解步骤将求解过程列于表 5—6。

表 5—6	用对偶法求解例 5—7 最小费用最大流的过程	
k	增广费用网络图 （容量费用图，(b_{ij}, c_{ij})）	可行流图 （流量网络图，(b_{ij}, c_{ij}, x_{ij})）
0		最大流量 $f_{max}=11$　　　（未标费用）
1	（1）原图全部是零流弧，保持原边不变，单位费用为权 （2）所有的权均大于零，可用 D 氏标号法求出最短路 $v_s \rightarrow v_2 \rightarrow v_1 \rightarrow v_t$，即最小费用增广链	（1）流量调整量 $\varepsilon_1 = \min\{8-0, 5-0, 7-0\}=5$，总流量 $f_1=5$ （2）最小费用增广链的费用 $\sum c_{ij} = 1+2+1=4$ （3）总费用 $C_1 = 4 \times 5 = 20$

续前表

k	增广费用网络图 （容量费用图，$(b_{ij}，c_{ij})$）	可行流图 （流量网络图，$(b_{ij}，c_{ij}，x_{ij})$）
2	 （1）零流弧保持原边，非饱和非零流弧 $(v_s，v_2)$ 和 $(v_1，v_t)$ 增添后加弧饱和弧 $(v_2，v_1)$ 去掉原弧增添后加弧 （2）用列表法求出最短路 $v_s \rightarrow v_1 \rightarrow v_t$，即最小费用增广链	 （1）流量调整量 $\varepsilon_2 = \min\{10-0，2-0\} = 2$，总流量＝原流量＋新增流量＝5＋2＝7 （2）最小费用增广链的费用 $\sum c_{ij} = 4+1 = 5$ （3）总费用 C_2＝原费用＋新增费用＝20＋5×2＝30
3	 （1）零流弧保持原边，非饱和弧增添后加弧，饱和弧去掉原边增添反向虚线弧 （2）用列表法求得最短路 $v_s \rightarrow v_2 \rightarrow v_3 \rightarrow v_t$，即最小费用增广链	 （1）流量调整量 $\varepsilon_3 = \min\{3，10，4\} = 3$，总流量＝原流量＋新增流量＝7＋3＝10 （2）最小费用增广链的费用 $\sum c_{ij} = 1+3+2 = 6$ （3）总费用 C_2＝原费用＋新增费用＝30＋6×3＝48
4	 （1）零流弧保持原边，非饱和弧增添后加弧，饱和弧去掉原边增添反向虚线弧 （2）用列表法求得最短路 $v_s \rightarrow v_1 \rightarrow v_2 \rightarrow v_3 \rightarrow v_t$ （3）对应的最小费用增广链是 $v_s \xrightarrow{+} v_1 \xrightarrow{-} v_2 \xrightarrow{+} v_3 \xrightarrow{+} v_1$	 （1）流量调整量 $\varepsilon_4 = \min\{8，5，7，1\} = 1$，总流量＝原流量＋新增流量＝10＋1＝11 （2）最小费用增广链的费用 $\sum c_{ij} = 4-2+3+2 = 7$ （3）总费用 C_2＝原费用＋新增费用＝48＋7×1＝55。由于总流量 11 已达到最大流量，故停止迭代，当前的可行流就是最小费用最大流

迭代到第 4 步所得的可行流就是最小费用最大流，此时的最小费用为 55，最大流量为 11。

从迭代过程可以看到，每一步都包括两张图：一张是增广费用网络图，阐明了该图的构造过程、选用适当的方法求出的最短路以及对应的最小费用增广链；另一张图是可行流图，说明了流量调整量的计算过程与结果、调整以后的总流量、最小费用增广链的费用计算过程和结果以及当前可行流的总费用。对偶法综合运用了最大流算法和最短路算法，并巧妙地处理了两者的结合。

本章小结

本章重点讨论了网络最短路问题、最大流问题和最小费用最大流问题。网络最短路问题运用两次比较思想（自身比较与横向比较），保证了从起点开始每向前一步的探寻都是最短的。最大流问题以最大流最小割定理为理论支撑，以寻找从起点到终点的增广链的标号过程为关键，阐述了 Ford-Fulkerson 标记化方法的实施步骤。以增广费用网络图为纽带，将最短路算法和最大流算法巧妙结合，解决了最小费用最大流问题的求解。这些应用问题都有广泛的实际背景，也是理论联系实际的绝好选题。

本章内容框架如下：

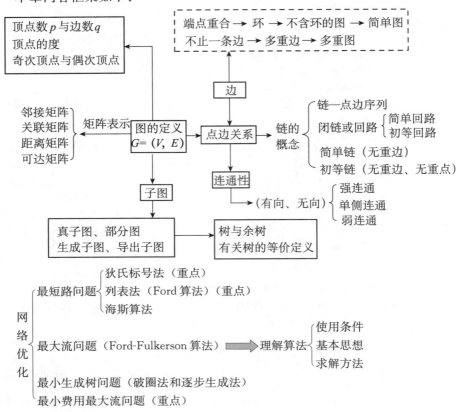

习　题

一、选择题

1. （　　）的图叫简单图，（　　）的图叫树。

A. 无圈且流通　　　　　　　　B. 至少有一个悬挂点

C. 无环也无多重边　　　　　　D. 每对顶点之间有一条链

2. 已知图 5—22（a），则图 5—22（b）是其（　　），图 5—22（c）是其
（　　），图 5—22（d）是其（　　）。

A. 真子图　　　　B. 部分图　　　　C. 生成子图　　　　D. 部分树

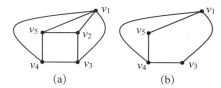

(a)　　　　　　　(b)　　　　　　　(c)　　　　　　　(d)

图 5—22　图与子图的概念

3. 某连通图 G 的各顶点的度分别为 4，1，1，2，2，2，则 G（　　）。

A. 是树　　　　　　　　　　　B. 不是树

C. 不一定是树　　　　　　　　D. 条件不够，无法判断

4. 用网络分析方法求最短路问题的 D 氏标号法的使用条件是（　　），
Ford 算法的使用条件是（　　）。

A. 无回路有向网络　　　　　　B. 无负回路

C. 任意网络　　　　　　　　　D. 所有的权非负

5. 在网络最大流问题的求解过程中，每一次标号过程所寻找的流量修正路
线（　　），最终求得的最大流（　　），最小割（　　）。最大流量（　　），
最小割容量（　　）。

A. 是唯一确定的　　　　　　　B. 不一定唯一

C. 一定不唯一

6. 用 Ford-Fulkerson 标记化方法求网络最大流时，标号过程的目的是（　　），
寻求的增广链中的弧一定满足（　　）。

A. 标出节点序　　　　　　　　B. 寻找流量修正路线

C. 确定最小割　　　　　　　　D. 正向非饱和

E. 正向非零流　　　　　　　　F. 反向非饱和

G. 反向非零流

二、判断题

1. 最短树是网络中总权数最短的部分树，因此它既是部分图，又是无圈的
连通图。　　　　　　　　　　　　　　　　　　　　　　　　　　　　　（　　）

2. 部分树的余树不一定是树，最短树问题是求总权数最小的图的部分树的问题。（　　）

3. 如果一个图的支撑子图是一棵树，则这棵树就是该图的支撑树。（　　）

4. 最短路算法中的D氏标号法的使用条件是无回路，列表法的使用条件是无负权。（　　）

5. 任意一个容量网络中，从起点 v_s 到终点 v_t 的最大流流量等于分离 v_s 和 v_t 的任意一个割集的容量。（　　）

6. 容量网络中满足容量限制条件和中间点平衡条件的图上的流叫做可行流。（　　）

7. 任意容量网络中，从起点到终点的最大流量等于分离起点和终点的任一割集的容量。（　　）

8. 求解最小费用最大流问题的对偶法，其思想是：始终保持网络中的可行流是最小费用流，然后不断地在最小费用增广链上调整流量，使流量逐步增大，最终成为最小费用最大流。（　　）

三、网络优化

1. 求图 5—23 的最小生成树。

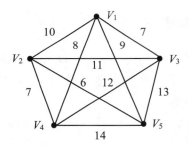

图 5—23　网络图

2. 图 5—24 是一个公路交通网，边上的数字表示走这条边所须的费用。有一批货物要从 V_s 运到 V_t，试问走哪一条道路比较划算。

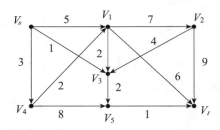

图 5—24　公路交通网络图

3. 试找出图 5—25 中从 V_1 到各点的最短路。

4. 在图 5—26 所示的容量网络中，V_s 为起点，V_t 为终点，弧旁的数字为容量。

（1）求出从 V_s 到 V_t 的最大流和最大流量（每一步均要求标出标号、标明流

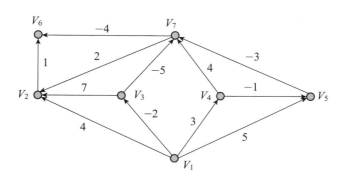

图 5—25　网络图

量修正路线及流量修正量）；

（2）利用上述标号过程求出最小割集及相应的最小割容量；

（3）根据求解结果说明（验证）最大流最小割定理。

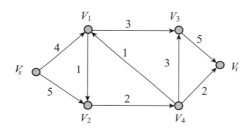

图 5—26　网络图

5. 有 V_1，V_2 两口油井经管道将油输送到脱水处理厂 V_{10}，中间需要经过几个泵厂（见图 5—27）。箭线边的数字为相应管道通过的最大能力（吨/小时），求每小时从油井输送到脱水处理厂的最大流。

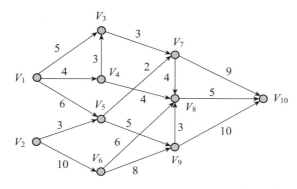

图 5—27　油井到脱水处理厂的网络图

6. 已知有六台机床 $x_1,x_2,\dots,x_6$，六个零件 $y_1,y_2,\dots,y_6$。机床 x_1 可加工零件 y_1；x_2 可加工零件 y_1,y_2；x_3 可加工零件 y_1,y_2,y_3；x_4 可加工零件 y_2；x_5 可加工零件 y_2,y_3；x_6 可加工零件 y_2,y_5,y_6。现在要求制定一个加工方案，使一台机床只加工一种零件，一种零件只在一台机床上加工，要求尽可能多地安排零件的加工，试把这个问题化为网络最大流的问题，求出能满足上述条件的加工方案。

7. 试求图 5—28 所示网络的最小费用最大流，边上的数字为 (b_{ij}, c_{ij})。

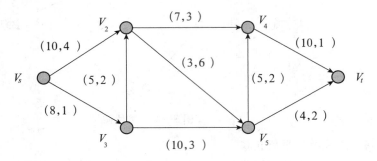

图 5—28　网络图

8. 求图 5—29 中从 V_s 到 V_t 的最小费用最大流，边上的数字为 (b_{ij}, c_{ij})。

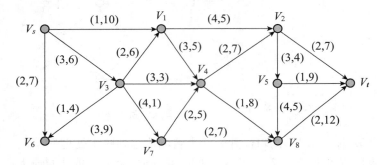

图 5—29　网络图

9. 表 5—7 给出了某运输问题的产销平衡表与单位运价表，试将此问题转化为最小费用最大流问题，画出网络图，并求解。

表 5—7　　　　　　　　　　　某运输问题的数据表

	1	2	3	4	产量
A	18	23	10	17	10
B	26	25	16	20	8
C	25	17	18	15	15
销量	6	8	8	5	

四、研究讨论题

1. 图 5—30 所示的无回路有向网络是否可用 D 氏标号法求解从起点 s 到终点 t 的最短路？

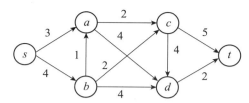

图 5—30　无回路有向网络图

2. 某企业的一台生产设备，在每年年底企业都要决策下年度是否需要更新。若购买新设备，就要支付一笔购置费；如果使用旧设备，则要支付一笔维修费，而维修费随着设备使用年限的延长而增加。现根据以往统计资料已经估算出设备在各年年初的价格和不同使用年限的年维修费用（见表 5—8 和表 5—9）。试问怎样将此问题转化为最短路问题？

表 5—8　　　　　　　　　　　　　　设备购置费

年份	1	2	3	4	5
购置费	11	11	11	12	13

表 5—9　　　　　　　　　　　　　　设备维修费

使用年限	0~1	1~2	2~3	3~4	4~5
年维修费	5	6	9	11	18

3. 最小费用最大流问题的实质是当最大流不唯一时，在这些最大流中求一个费用最小的流。

（1）能否判别最大流的唯一性？

（2）如果在所有的可行流中选择费用尽量小、流量尽量大的一个流，这就成为一个两目标的多目标规划问题，试建立一个这样的多目标规划模型。

4. 最大流问题中，若将目标函数改成费用最小，试考虑求最大流的方法是否同样适用。

第 6 章

排队论概述

本章要点：

1. 排队系统的构成、分类和符号表示
2. 排队论研究的问题
3. 常用的理论分布

在日常生活和生产实践中，拥挤现象或者说需要排队的现象比比皆是。无论是就餐、购物、缴费、取款，还是乘车、购票、面试和找工作，往往都需要排队等待服务。生产实践中，汽车加油、出租车加气、电话呼叫、机床修理等也需要排队等待服务。排队论就是研究这种拥挤现象的一门科学。其目的是研究排队系统的概率规律性，以解决排队系统的最优设计、最优控制和最佳运营问题。

排队系统的共同特征是：

（1）有请求服务的人或物，在排队系统中统称为"顾客"。如到银行存（取）款的学生、加油站等待加油的汽车等。

（2）有为顾客服务的人或物，在排队系统中统称为"服务台"。如医院的医生、火车站售票厅的售票员、停靠列车的站台、供飞机起降的跑道等。

（3）具有随机性，无法确切地得知顾客相继到达的间隔时间，也无法预知一位顾客接受服务的时间。因而排队系统也称为"随机服务系统"，排队论也叫"随机服务系统理论"。

排队论是运筹学的一个重要分支，是在研究排队系统概率规律性的基础上，来解决有关排队系统的最优设计（静态）和最优控制（动态）问题。排队论的开创性成果，源于 1909 年丹麦哥本哈根电子公司工程师爱尔朗（A. K. Erlang）的杰出工作，其论文《概率论和电话通信理论》奠定了排队论研究的基础。排队论在通信、交通、医疗、供应链、作战指挥等领域都有十分广泛的应用前景。

§6.1　排队系统的构成

任何排队系统都有请求服务的顾客和提供服务的服务台，而且顾客到达的间隔时间与接受服务的服务时间都具有随机性。排队系统的基本构成包括输入过程、排队规则和服务机构（见图 6—1）。

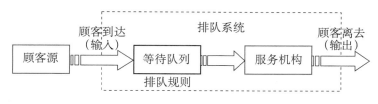

图 6—1　排队系统的基本构成

输入过程描述顾客到达的规律性，包括顾客源、到达方式和到达间隔时间的概率分布。

（1）顾客源：指顾客的总体数，分为有限源和无限源两种情况。

1）有限源指顾客的总体数是有限的，如车间等待修理的机床台数，其数量是有限的。

2）无限源即顾客总体的数量是无限的，如需要加油的车辆、需要理发的顾客、去食堂就餐的学生等，作为研究总体，其数量可以看成是无限大的。

（2）顾客到达的方式：可以是单个到达，也可以是成批到达。

（3）到达间隔时间的概率分布：顾客相继到达，其到达的间隔时间在统计意义上服从某种概率分布，如泊松分布或泊松流。

排队规则描述顾客到达排队系统后接受服务的先后次序。一般分为损失制、等待制和混合制三种类型。

（1）损失制（losing system）：当顾客到达排队系统时，若所有服务台均被占用（正在进行服务），则离开系统，永不再来。如电话拨号后若为忙音，则挂断，重新拨号时作为一个新的顾客到达。

（2）等待制（waiting system）：顾客到达系统时，若所有服务台均被占用，顾客就加入排队行列等待服务，直至接受服务后离去。服务台可按下面的规则进行排序服务：

1）先到先服务（first come first served，FCFS）：如银行的取号机规定的顺序。

2）后到先服务（last come first served，LCFS）：如从仓库中抽取要加工的钢板。

3）随机服务（service in random order，SLRO）：如抓阄决定服务顺序。

4）有优先权的服务（priority，PR）：如火车站规定的军人、记者买票优先。

（3）混合制（losing system and waiting system）：损失制与等待制的结合，

主要有以下两种情况：

1）队长有限制：鉴于空间的限制，排队系统的容量有限。当排队等待服务的顾客达到一定数量时，后面来到的顾客就自动离去，另求服务。如汽车修理店最多仅能容纳三辆待修汽车，则后来的第四辆汽车会因无法进站而自动离去。

2）等待时间有限制：顾客排队等待的时间超过一定限度时，就自动离去。如易损电子元器件的库存，过期报废。

服务机构（服务台）主要描述其数量和服务规律。

（1）服务台的数量及布置形式：分为单队单台、单队多台、多队多台、串联服务台和混合服务台等多种形式（见图6—2）。

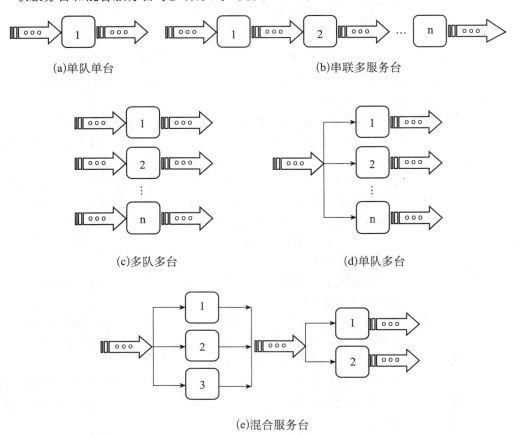

图6—2　排队系统服务台的布置形式

（2）某时刻接受服务的顾客数：逐个服务或成批服务。

（3）服务时间的概率分布：服务时间与顾客到达时间一样，均是随机变量，所服从的常见分布有定常分布、负指数分布、k阶爱尔朗分布、一般分布等。

为便于讨论，排队模型通常采用肯道尔（D. G. Kendall）的分类方法进行符号表示。排队系统的符号表示采用如下形式：$A/B/C/D/E/F$，分别表示如下：

A 表示输入过程，即顾客相继到达的间隔时间分布；

B 表示服务时间服从的分布；

C 表示服务台个数；

D 表示系统容量；

E 表示顾客源中的顾客总数；

F 表示服务规则。

例如，$M/M/1/\infty/\infty/FCFS$ 表示泊松输入、服务时间服从负指数分布、1 个服务台、系统容量无限制、顾客源无限、先到先服务的排队系统。$GI/E_k/1/N/\infty/FCFS$ 表示一般独立输入、服务时间服从 k 阶爱尔朗分布、1 个服务台、系统容量为 N、顾客源无限、先到先服务的排队系统。

在讨论问题时，有时也仅写出前面 3 个或 4 个符号，而将顾客源和服务规则用语言进行描述。也有教材采用 $[A/B/C]：[d/e/f]$ 的形式表示排队模型。若略去符号后三项，通常是指 $A/B/C/\infty/\infty/FCFS$ 排队系统。常用的各种分布符号有：

M 表示负指数分布（兼指泊松分布）；

D 表示定长分布；

E_k 表示 k 阶爱尔朗分布；

GI 表示一般独立随机分布；

G 表示一般随机分布。

§6.2　排队论研究的问题

排队论研究的问题包括：排队系统的数量指标、统计推断问题和排队系统的优化。

1. 排队系统的数量指标

研究排队系统的数量指标，其目的是了解系统的基本特征和性态，揭示其呈现的概率规律性，以便对系统进行评价。主要的数量指标如下：

（1）平均队长 L_s。

平均队长指排队系统中顾客的平均数（期望值），包括正在接受服务和等待接受服务的顾客数。若已知队长分布，则可计算队长超过某个数量的概率，据此可考虑是否应改变服务方式或设计更合理的等待空间等。

（2）平均队列长 L_q。

平均队列长指系统中排队等待接受服务的顾客数的期望值，不包括正在接受服务的顾客数。

（3）平均逗留时间 W_s。

平均逗留时间指顾客在系统内停留时间的期望值（包括排队等待时间和接

受服务时间)。

（4）平均等待时间 W_q。

平均等待时间指从顾客到达系统的时刻算起，到开始接受服务的时刻为止，该时间段的期望值。

（5）忙期和闲期。

忙期指从有顾客到达空闲服务台开始接受服务，到服务台再度空闲为止的这段时间，即服务台连续工作的时间。它是一个随机变量，可以反映服务台的工作强度。闲期是指服务台连续保持空闲的时间长度。在排队系统中忙期和闲期是交替出现的。

（6）服务设备利用率。

服务设备利用率指服务设备工作时间占总时间的比例，该指标可以衡量服务设备的工作强度，或者说服务设备的磨损和疲劳程度。

（7）顾客损失率。

顾客损失率指由于服务能力不足而造成顾客流失的概率。该指标过高会造成服务系统的利润减少，因此在损失制和混合制排队系统中都要重视对这一指标的研究。

2. 统计推断问题的研究

在针对实际问题建立排队模型时，首先，必须采集和整理实际数据，研究顾客相继到达的间隔时间是否服从独立分布，若服从独立分布则确定其分布类型和有关参数；其次，研究服务时间与相继到达的间隔时间之间的独立性，并确定服务时间服从的分布类型和有关参数；最后，判断该系统适合建立何种排队模型，并在此基础上运用排队理论进行深入分析。

3. 排队系统的优化

排队系统的优化包括系统的最优设计（静态优化）和系统的最优控制（动态优化）。最优设计是在给定输入和服务参数的条件下，确定系统的设计参数（如服务台数），以求系统的运行指标达到最优。最优控制是在系统的运行参数可随时间或状态的变化而变化的情况下（如服务率随顾客数的变化而改变），根据系统的实际情况提出一个合理可行的控制策略，然后分析确定系统运行的最佳参数或者对一个具体系统研究一个最佳的控制策略。

研究排队系统的目的是通过对系统概率规律的研究，实现系统的最优设计和最优控制，以最少的费用实现系统最大的收益，使服务系统既能在适当的程度上满足顾客需求，又能使花费费用达到最小（见图6—3）。

横轴的"服务水平"反映了系统整体服务能力，包括服务台数量、服务率等。曲线"服务费用"表示达到相应服务水平所付出的费用，包括增加服务台、提高服务率、组织动态服务台，以及其他管理需支出的总费用。服务费用随服务水平的提高而上升。曲线"等待费用"是指在相应的服务水平下，由于顾客等待服务而产生的顾客与系统费用，包括顾客由于等待服务而造成的损失、由于部分顾客的离去对系统造成的机会损失等费用总和。等待费用随服务水平的提高而减少。因此，总费用的变化存在一个极小值。

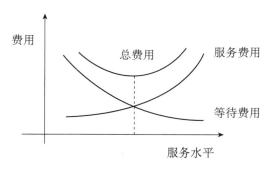

图 6—3　费用优化示意图

§6.3　常见的理论分布

排队系统中常见的几种典型理论分布有泊松分布、负指数分布和爱尔朗分布。

1. 泊松分布（Poisson）

泊松分布也称泊松流，在排队论中也称最简单流，它具有四个基本性质。

（1）平稳性：指在时间段 t 内，恰有 n 个顾客到达系统的概率 $p\{N(t)=n\}$ 仅与 t 的长短有关，而与该时间段的起止时刻无关。

（2）无后效性：指在不相交的两个时间段内到达的顾客数是相互独立的。如在 $[a,a+t]$ 时段内到达 n 个顾客的概率与 a 时刻之前到达多少顾客无关。

（3）普通性：在充分小的时间段内到达至少两个顾客的概率 $\psi(\Delta t)=O(t)$ $(t\to 0)$，即

$$\lim_{\Delta t\to 0}\frac{\psi(\Delta t)}{\Delta t}=0$$

该性质表明，只要时间间隔充分小，顾客是逐个到达系统的。

（4）有限性：在任意有限的时间段 t 内，到达有限个顾客的概率为 1，即

$$\sum_{k=1}^{\infty}p\{N(t)=k\}=1$$

泊松分布的概率分布是：

$$p\{N(t)=k\}=\frac{(\lambda t)^k}{k!}\mathrm{e}^{-\lambda t},\quad k=0,1,2,\cdots$$

式中，$\lambda>0$ 为一常数，$t\geq 0$。

求 $N(t)$ 的数学期望可得：

$$E[N(t)]=\sum_{k=1}^{\infty}kp\{N(t)=k\}=\sum_{k=1}^{\infty}k\frac{(\lambda t)^k}{k!}\mathrm{e}^{-\lambda t}$$

$$=\lambda t\,\mathrm{e}^{-\lambda t}\Big[\sum_{k=1}^{\infty}\frac{(\lambda t)^{k-1}}{(k-1)!}\Big]$$

$$= \lambda t \, e^{-\lambda t} \left[1 + \frac{\lambda t}{1!} + \frac{(\lambda t)^2}{2!} + \cdots + \frac{(\lambda t)^{k-1}}{(k-1)!} + \cdots \right]$$

$$= \lambda t \, e^{-\lambda t} \times e^{\lambda t}$$

$$= \lambda t$$

所以，$\lambda = E[N(t)]/t$。因此，λ 表示单位时间内到达系统的顾客平均数，又称为平均到达率。

泊松流在排队论中具有重要地位，这是因为它在实践中最常见，而且数字处理简单。当实际流与泊松流有较大出入时，经过适当变换，也可使结果达到一定精度。

2. 负指数分布

负指数分布的密度函数和分布函数分别是：

$$p(t) = \begin{cases} \mu e^{-\mu t}, & t \geqslant 0, \\ 0, & t < 0 \end{cases}$$

$$F(t) = \begin{cases} 1 - e^{-\mu t}, & t \geqslant 0 \\ 0, & t < 0 \end{cases}$$

相应的数学期望和方差分别为：

$$E(t) = \frac{1}{\mu}$$

$$D(t) = \frac{1}{\mu^2}$$

在排队系统中，若对每个顾客的服务时间相互独立且均服从参数 $\mu > 0$ 的负指数分布（常简称为"负指数服务"），此时参数 μ 表示单位时间内完成服务的顾客平均数，又称为平均服务率。

[**定理 6.1**] 顾客到达服从参数为 λ 的泊松分布等价于顾客相继到达的间隔时间是独立的且同为负指数分布。

该定理表明了泊松流的一个重要特征，在处理实际问题中有重要作用。

3. 爱尔朗分布

若顾客在系统内所接受的服务可以分成 k 个阶段，每个阶段的服务时间 $t_1, t_2, \cdots, t_k$ 为服从同一分布 $f(t) = k\mu e^{-k\mu t}$（参数为 $k\mu$ 的负指数分布）的 k 个相互独立的随机变量，且在顾客完成全部服务内容并离开系统后，另一个顾客才能进入服务系统，则顾客在系统内接受服务的时间总和 $t = t_1 + t_2 + \cdots + t_k$ 服从 k 阶爱尔朗分布 E_k，其分布密度函数为：

$$f_k(t) = \frac{(k\mu)^k t^{k-1}}{(k-1)!} e^{-k\mu t}, \quad t \geqslant 0, k \geqslant 1, \mu \geqslant 0$$

相应的数学期望和方差分别为：

$$E(t) = \frac{1}{\mu}$$

$$D(t) = \frac{1}{k\mu^2}$$

当 $k = 1$ 时，爱尔朗分布归结为负指数分布；

当 k 增大时，图形逐渐趋于对称，当 $k \geqslant 30$ 时，近似于正态分布；

当 $k \to \infty$ 时，由 $D(t) = 0$ 知，爱尔朗分布可归结为定长分布。

如图 6—4 所示，爱尔朗分布族可以看成是完全随机与完全确定的中间过渡类型，因而能对现实问题提供更广泛的模型类。

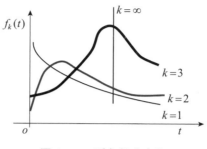

图 6—4　爱尔朗分布族

§6.4　生灭过程与状态概率平衡方程

生灭过程是一类简单而且具有广泛应用的随机过程。在排队系统中，顾客达到和顾客离去就可看成是"生"和"灭"的过程。如果用 t 时刻系统中的顾客数 $N(t)$ 表示系统的状态，则 $N(t)$ 随 t 变化所形成的一系列状态构成随机过程 $\{N(t), t \geqslant 0\}$。

对于随机过程 $\{N(t), t \geqslant 0\}$，若 $N(t)$ 的概率分布满足如下假设，则称 $\{N(t), t \geqslant 0\}$ 为一个生灭过程。

（1）给定 $N(t) = n(n = 0, 1, 2, \cdots)$，则从 t 时刻起到下一个顾客到达的时刻止，其间隔时间服从参数为 λ_n 的负指数分布。

（2）给定 $N(t) = n(n = 1, 2, 3, \cdots)$，则从 t 时刻起到下一个顾客离去的时刻止，其间隔时间服从参数为 μ_n 的负指数分布。

（3）同一时刻仅有一个顾客到达或者离去。即在充分小的间隔时间内，仅有一次"生"或"灭"发生，系统状态只能转移到相邻状态。

对于顾客输入为泊松流、服务时间为负指数分布的排队系统，符合上述生灭过程的定义，都可用生灭随机过程进行描述。

设时刻 t，系统中有 n 个顾客的概率为 $p_n(t)$，相应的顾客达到率为 λ_n，服务率为 μ_n。当 Δt 充分小时，在间隔时间 $(t, t + \Delta t]$ 内有一个顾客到达的概率为 $\lambda_n \Delta t$，有一个顾客离去的概率为 $\mu_n \Delta t$。由于泊松流所具有的平稳性和普通性，使得在 Δt 内有两个或两个以上顾客到达（或离去）的概率是 Δt 的高阶无穷小量，因而可以忽略不计。在间隔时间 $(t, t + \Delta t]$ 内，保持 $(t + \Delta t)$ 时刻系统内仍有 n 个顾客的状态，有如下四种可能：

（1）在时刻 t 系统内有 n 个顾客，随后在 Δt 内既没有顾客到达，也没有顾客离去；

　　（2）在时刻 t 系统内有 $n-1$ 个顾客，随后在 Δt 内有一个顾客到达，但没有顾客离去；

　　（3）在时刻 t 系统内有 $n+1$ 个顾客，随后在 Δt 内有一个顾客离去，但没有顾客到达；

　　（4）在时刻 t 系统内有 n 个顾客，随后在 Δt 内有一个顾客到达，同时有一个顾客离去。

　　四种可能出现的概率如表 6—1 所示。

表 6—1　　　　　　　　　　　　四种可能出现的概率表

序号	状态 $N(t)$	出现的概率	Δt 内发生的事件	发生的概率
1	n	$p_n(t)$	无到达，无离去	$(1-\lambda_n\Delta t)\times(1-\mu_n\Delta t)$
2	$n-1$	$p_{n-1}(t)$	到达一个，无离去	$\lambda_{n-1}\Delta t\times(1-\mu_n\Delta t)$
3	$n+1$	$p_{n+1}(t)$	离去一个，无到达	$(1-\lambda_n\Delta t)\times\mu_{n+1}\Delta t$
4	n	$p_n(t)$	到达一个，离去一个	$\lambda_n\Delta t\times\mu_n\Delta t$

　　由于这四种可能互不相容，故由全概率公式得：

$$p_n(t+\Delta t) = p_n(t)\times(1-\lambda_n\Delta t)(1-\mu_n\Delta t) + p_{n-1}(t)\times\lambda_{n-1}\Delta t(1-\mu_n\Delta t) + p_{n+1}(t)\times(1-\lambda_n\Delta t)\mu_{n+1}\Delta t + p_n(t)\times\lambda_n\Delta t\times\mu_n\Delta t$$

$$\begin{aligned}
\frac{\mathrm{d}p_n(t)}{\mathrm{d}t} &= \lim_{\Delta t\to 0}\frac{p_n(t+\Delta t)-p_n(t)}{\Delta t}\\
&= \lim_{\Delta t\to 0}\Big[\frac{p_n(t)\times(1-\lambda_n\Delta t)(1-\mu_n\Delta t)+p_n(t)\times\lambda_n\Delta t\times\mu_n\Delta t-p_n(t)}{\Delta t}\\
&\quad +\frac{p_{n-1}(t)\times\lambda_{n-1}\Delta t(1-\mu_n\Delta t)}{\Delta t}+\frac{p_{n+1}(t)\times(1-\lambda_n\Delta t)\mu_{n+1}\Delta t}{\Delta t}\Big]\\
&= \lambda_{n-1}\times p_{n-1}(t)+\mu_{n+1}\times p_{n+1}(t)-(\lambda_n+\mu_n)\times p_n(t) \quad (n>0)
\end{aligned}$$

　　当 $n=0$ 时，仅有（1）和（4）两种可能出现，则

$$\frac{\mathrm{d}p_0(t)}{\mathrm{d}t}=-\lambda_0 p_0(t)+\mu_1 p_1(t)$$

　　故得

$$\begin{cases}\dfrac{\mathrm{d}p_0(t)}{\mathrm{d}t}=-\lambda_0 p_0(t)+\mu_1 p_1(t)\\[2mm]\dfrac{\mathrm{d}p_n(t)}{\mathrm{d}t}=\lambda_{n-1}p_{n-1}(t)+\mu_{n+1}+p_{n-1}(t)-(\lambda_n+\mu_n)p_n(t)\end{cases} \tag{6—1}$$

　　这是一组差分微分方程，这种方程的解称为瞬态解。但求瞬态解比较复杂，而且所得的解也不便于应用，因此只研究稳态解。所谓稳态解，是指系统运行的时间足够大时所得到的解。此时系统状态的概率分布已不随时间而变化，达到了统计平衡。即在系统运行足够长的时间后，任意时刻系统处于状态 $N(t)=n$ 的概率为常数。换句话讲，对任一状态 n，单位时间内进入

该状态的平均次数等于单位时间内离开该状态的平均次数。此时在统计意义上达到了动态平衡，"流入等于流出"，系统状态达到稳定。

由于状态稳定时，$p_n(t)$ 与 t 无关，可简记为 p_n，故得方程组（仅有 $n+1$ 个状态时）：

$$\begin{cases} -\lambda_0 p_0 + \mu_1 p_1 = 0 \\ \lambda_0 p_0 - (\lambda_1 + \mu_1) p_1 + \mu_2 p_2 = 0 \\ \lambda_1 p_1 - (\lambda_2 + \mu_2) p_2 + \mu_3 p_3 = 0 \\ \qquad\qquad \cdots \\ \lambda_{n-2} p_{n-2} - (\lambda_{n-1} + \mu_{n-1}) p_{n-1} + \mu_n p_n = 0 \\ \lambda_{n-1} p_{n-1} - \mu_n p_n = 0 \end{cases} \tag{6—2}$$

令行向量 $P = (p_0, p_1, p_2, \cdots, p_n)$，状态转移速度矩阵 Λ 为：

$$\Lambda = \begin{cases} -\lambda_0 & \lambda_0 & & & & & & \\ \mu_1 & -(\lambda_1 + \mu_1) & \lambda_1 & & & & & \\ & \mu_2 & -(\lambda_2 + \mu_2) & \lambda_2 & & & & \\ & & \mu_3 & -(\lambda_3 + \mu_3) & & & & \\ & & & & \ddots & & & \\ & & & & -(\lambda_{n-3} + \mu_{n-3}) & \lambda_{n-3} & & \\ & & & & \mu_{n-2} & -(\lambda_{n-2} + \mu_{n-2}) & \lambda_{n-2} & \\ & & & & & \mu_{n-1} & -(\lambda_{n-1} + \mu_{n-1}) & \lambda_{n-1} \\ & & & & & & \mu_n & -\mu_n \end{cases}$$

则系统稳态条件下的状态概率平衡方程（简称状态概率方程）为：

$$P\Lambda = 0 \tag{6—3}$$

状态转移速度矩阵的特点是每一行的元素之和等于零。求解方程组（6—2）或者状态概率方程（6—3），并利用 $\sum\limits_{k=0}^{n} p_k = 1$，可求出系统稳态条件下的基本概率指标。

图 6—5 是系统稳态时的状态转移速度图（此图是系统仅有 $n+1$ 个状态的情形），也可据此写出方程组（6—2），并求出系统稳态条件下的基本概率指标。

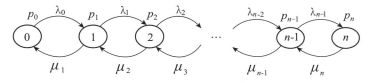

图 6—5　生灭过程状态转移速度图（系统容量有限）

若系统具有无穷多个状态，则状态转移速度图如图 6—6 所示，方程组将会有无穷多个方程：

$$\begin{cases} \mu_1 p_1 = \lambda_0 p_0 \\ \lambda_0 p_0 + \mu_2 p_2 = (\lambda_1 + \mu_1) p_1 \\ \lambda_1 p_1 + \mu_3 p_3 = (\lambda_2 + \mu_2) p_2 \\ \vdots \\ \lambda_{n-1} p_{n-1} + \mu_{n+1} p_{n+1} = (\lambda_n + \mu_n) p_n \\ \vdots \end{cases} \quad (6-4)$$

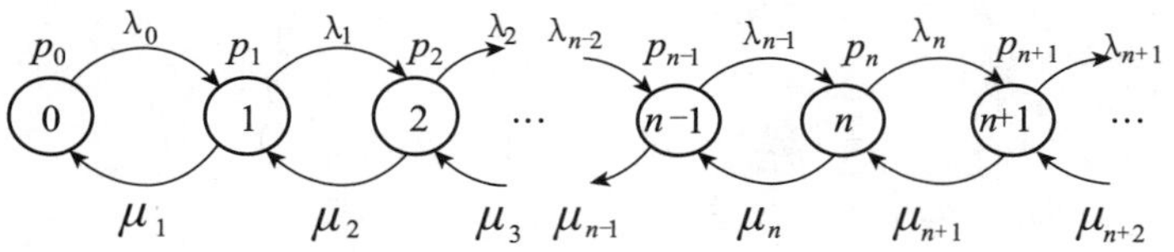

图 6—6 生灭过程状态转移速度图（系统容量无限）

求解可得递推关系：

$$\begin{cases} p_1 = (\dfrac{\lambda_0}{\mu_1}) p_0 \\ p_2 = (\dfrac{\lambda_1}{\mu_2}) p_1 = (\dfrac{\lambda_0 \lambda_1}{\mu_1 \mu_2}) p_0 \\ \vdots \\ p_n = (\dfrac{\lambda_{n-1}}{\mu_n}) p_{n-1} = (\dfrac{\lambda_0 \lambda_1 \cdots \lambda_{n-1}}{\mu_1 \mu_2 \cdots \mu_n}) p_0 \end{cases} \quad (6-5)$$

令 $C_n = \dfrac{\lambda_{n-1} \lambda_{n-2} \cdots \lambda_0}{\mu_n u_{n-1} \cdots \mu_0}$ $(n = 1, 2, \cdots)$，由 $\sum\limits_{n=0}^{\infty} p_n = 1$，得

$$(1 + \sum_{n=1}^{\infty} C_n) p_0 = 1 \Rightarrow p_0 = (1 + \sum_{n=1}^{\infty} C_n)^{-1} \quad (6-6)$$

通过式（6—5）的递推关系，可求出系统稳态条件下的基本概率指标。需要注意的是，式（6—5）和式（6—6）只有当级数 $\sum\limits_{n=1}^{\infty} C_n$ 收敛时才有意义。

本章小结

排队现象随处可见，排队论作为运筹学的重要分支，应用十分广泛。本章概述了排队系统的构成、分类以及符号表示，并介绍了常见的三种理论分布：泊松分布、负指数分布和爱尔朗分布。排队论研究的问题包括计算排队系统的数量指标、进行统计推断和排队系统的优化。排队论的研究思路是求解生灭随机过程的稳态解，其核心是状态概率平衡方程。对于不同的排队模型，画出状态转移速度图，得出状态转移速度矩阵，是求解排队系统在稳态条件下基本概率指标的关键。

习 题

一、选择题

1. 排队系统由（　　）几部分组成，系统状态是指（　　）。

A. 系统中的顾客数　　　　　　　　B. 服务台

C. 排队规则　　　　　　　　　　　D. C 个服务台

E. 等待制　　　　　　　　　　　　F. N 个服务台

G. 输入过程　　　　　　　　　　　H. 状态转移速度

2. $M/M/C/N$ 指的是（　　）的排队系统。

A. 系统中的顾客数　　　　　　　　B. 泊松到达

C. 排队规则　　　　　　　　　　　D. 服务时间服从正态分布

E. 服务时间服从负指数分布　　　　F. C 个服务台

G. 等待制　　　　　　　　　　　　H. N 个服务台

I. 客源总数为 N　　　　　　　　　J. 系统容量为 N

K. 混合制　　　　　　　　　　　　L. 顾客总数

二、判断题

1. 若到达排队系统的顾客为泊松流，则依次到达的两名顾客之间的间隔时间服从负指数分布。（　　）

2. 假如到达排队系统的顾客来自两方面，分别服从泊松分布，则这两部分顾客合起来的顾客流仍为泊松分布。（　　）

3. 对 $M/M/1$ 或 $M/M/C$ 的排队系统，服务完毕离开系统的顾客流也为泊松流。（　　）

4. 一个排队系统，不管顾客到达和服务时间的情况如何，只要运行足够长的时间，系统将进入稳定状态。（　　）

5. 排队系统中，顾客等待时间的分布不受排队服务规则的影响。（　　）

6. 在顾客到达和机构服务时间分布相同的情况下，容量有限的排队系统，顾客的平均等待时间将少于队长无限的系统。（　　）

7. 在机器发生故障的概率及工人修复一台机器的时间分布不变的条件下，由 1 名工人看管 5 台机器，或由 3 名工人联合看管 15 台机器时，机器因故障等待工人维修的平均时间不变。（　　）

8. 排队系统的状态转移速度矩阵中，每一行的元素之和等于 0。（　　）

第7章
典型的排队模型分析

本章要点:

1. 熟悉并掌握排队系统的研究方法
2. 典型排队系统的特征和数量指标
3. 各类排队系统的比较

§7.1 客源无限的排队系统

7.1.1 单服务台指数分布排队系统

1. M/M/1 混合制排队系统

单服务台排队模型 $M/M/1/N/\infty/FCFS$ 是最基本、最简单的排队系统。该系统的意义是: 顾客按泊松流输入且平均到达率为 λ, 服务时间服从负指数分布且平均服务率为 μ, 1 个服务台, 系统容量为 N, 顾客源无限, 服务规则为先到先服务的排队系统。当顾客来到系统时, 若系统中的顾客数等于 N, 则自动离去, 另求服务。

用系统中的顾客数来描述系统状态, 用圆圈圈起的数字表示系统状态, 用箭头表示系统从一种状态到另一种状态的转移, 则可画出该排队系统的状态转移速度图 (见图 7—1)。

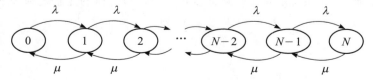

图 7—1 $M/M/1/N/\infty/FCFS$ 系统的状态转移速度图

根据状态转移速度图写出状态转移速度矩阵 Λ，进而写出系统稳态条件下的状态概率平衡方程（简称状态概率方程）：

$$P\Lambda = 0 \tag{7—1}$$

式中：　$P = (p_0, p_1, p_2, \cdots, p_N)$

$$\Lambda = \begin{pmatrix} -\lambda & \lambda & & & & \\ \mu & -(\lambda+\mu) & \lambda & & & \\ & \mu & -(\lambda+\mu) & & & \\ & & & \ddots & & \\ & & & \mu & -(\lambda+\mu) & \lambda \\ & & & & \mu & -\mu \end{pmatrix}$$

该状态转移速度矩阵 Λ 的特点是每一行元素之和等于 0。

求解系统稳态条件下的基本概率指标，有两种思路：

（1）把状态概率方程（7—1）打开，写成状态概率方程组，即可求出系统处于稳态时的基本概率指标。

（2）当系统处于稳态时，对每个状态而言，转入率应等于转出率。结合状态转移速度图，写出状态概率方程组，求出稳态条件下的基本概率指标。

（1）求解基本概率指标。

思路 1：打开式（7—1），得

$$-\lambda p_0 + \mu p_1 = 0 \Rightarrow p_1 = \frac{\lambda}{\mu} p_0$$

$$\lambda p_0 - (\lambda+\mu) p_1 + \mu p_2 = 0 \Rightarrow p_2 = \left(\frac{\lambda}{\mu}\right)^2 p_0$$

$$\vdots$$

根据数学归纳法可以证明：

$$p_n = \left(\frac{\lambda}{\mu}\right)^n p_0, \qquad 1 \leqslant n \leqslant N \tag{7—2}$$

由 $\sum_{n=0}^{N} p_n = 1 \Rightarrow \sum_{n=0}^{N} \left(\frac{\lambda}{\mu}\right)^n p_0 = 1$，得

$$p_0 = \left[\sum_{n=0}^{N} \left(\frac{\lambda}{\mu}\right)^n\right]^{-1} = \begin{cases} \dfrac{1}{N+1}, & \lambda = \mu \\[2mm] \dfrac{1-\lambda/\mu}{1-(\lambda/\mu)^{N+1}}, & \lambda \neq \mu \end{cases} \tag{7—3}$$

$$p_n = \begin{cases} \dfrac{1}{N+1}, & \lambda = \mu \\[2mm] \dfrac{\left(1-\dfrac{\lambda}{\mu}\right)\left(\dfrac{\lambda}{\mu}\right)^n}{1-\left(\dfrac{\lambda}{\mu}\right)^{N+1}}, & \lambda \neq \mu \end{cases} \quad (0 \leqslant n \leqslant N) \tag{7—4}$$

思路 2：当系统处于稳态时，对每一状态而言，转入率应等于转出率。故：

1）当系统状态为 0 时，有 $\lambda p_0 = \mu p_1 \Rightarrow p_1 = \left(\dfrac{\lambda}{\mu}\right) p_0$；

2）当系统状态 $n \geqslant 1$ 时，有 $\lambda p_{n-1} + \mu p_{n+1} = (\lambda+\mu) p_n$；

3）当系统状态 $n=N$ 时，有 $\lambda p_{N-1} = \mu p_N$。

由稳态概率方程得：$p_n = \left(\dfrac{\lambda}{\mu}\right)^n p_0 \ (0 \leqslant n \leqslant N)$。利用 $\sum\limits_{n=0}^{N} p_n = 1$，可得出 p_0, p_n 的表达式，与式（7—3）和式（7—4）相同。

p_0 是系统中没有一个顾客的概率，即系统空闲的概率。因此，系统不空闲的概率（服务台忙的概率）为：

$$p_{忙} = 1 - p_0 \tag{7—5}$$

p_N 为系统中有 N 个顾客的概率，即系统满的概率。由于此时后来的顾客会自动离去，另求服务，因此 p_N 也称为系统的损失概率。

（2）求平均队长 L_s 和平均队列长 L_q。

$$L_s = \sum_{n=0}^{N} n p_n = \sum_{n=1}^{N} n p_n \tag{7—6}$$

$$L_q = \sum_{n=1}^{N} (n-1) p_n = \sum_{n=2}^{N} (n-1) p_n \tag{7—7}$$

（3）有效到达率 λ_e 和有效离去率 μ_e。

有效到达率是指平均每单位时间进入系统的顾客数。同理，有效离去率指平均每单位时间离开系统的顾客数。在稳态条件下，二者相等。故：

$$\lambda_e = \sum_{n=0}^{N-1} \lambda_n p_n = \mu_e = \sum_{n=1}^{N} \mu_n p_n \tag{7—8}$$

λ_e 和 μ_e 也可用另一种思路求解：

当系统不满时，顾客以 λ 速度进入系统；但系统满时，顾客不再进入。则，

$$\lambda_e = 0 \times p_N + \lambda \times (1 - p_N) = \lambda(1 - p_N)$$

同理，当系统不空闲时，顾客以 μ 速度离开系统；但系统空闲时，没有顾客离去。

$$\mu_e = 0 \times p_0 + \mu \times (1 - p_0) = \mu(1 - p_0)$$

在稳态条件下，$\lambda_e = \lambda(1 - p_N) = \mu_e = \mu(1 - p_0)$

（4）平均逗留时间 W_s 和平均等待时间 W_q。

直接计算这两个参数比较困难，通常利用 Little 公式求解。Little 证明：在很宽的条件下，排队系统数量指标之间有以下关系式成立。

$$\begin{cases} W_s = \dfrac{L_s}{\lambda_e} \\ W_q = \dfrac{L_q}{\lambda_e} \\ L_s = W_s \lambda_e \\ L_q = W_q \lambda_e \end{cases} \tag{7—9}$$

另外，由平均服务率 μ 的定义可知，每个顾客的平均服务时间为 $1/\mu$。故：

$$W_s = W_q + \frac{1}{\mu} \tag{7—10}$$

（5）其他数量指标。

1）系统每单位时间损失的顾客平均数：$\lambda_{损} = \lambda - \lambda_e = \lambda p_N$。

2）闲期和忙期：

当顾客到达为泊松流时，根据负指数分布的无后效性，以及顾客到达与系统服务相互独立的假设，容易证明从系统空闲时刻起到下一个顾客到达为止的时间间隔（即闲期）仍服从参数为 λ 的负指数分布，且与到达时间间隔相互独立。故平均闲期长为：

$$T_{\text{闲}} = 1/\lambda \tag{7—11}$$

由于忙期和闲期交替出现，平均忙期长与平均闲期长之比：

$$\frac{T_{\text{忙}}}{T_{\text{闲}}} = \frac{p_{\text{忙}}}{p_{\text{闲}}} = \frac{1-p_0}{p_0}$$

由式（7—11），得

$$T_{\text{忙}} = T_{\text{闲}}\frac{1-p_0}{p_0} = \frac{1-p_0}{\lambda p_0} \tag{7—12}$$

[例 7—1] 某汽车加油站有一台油泵为汽车加油，站内可容纳 4 辆汽车，当站内停满车时，后来的汽车只能到别处加油。若需加油的汽车按泊松流到达，平均每小时 4 辆。每辆车加油所需时间服从负指数分布，平均每辆需 12 分钟，试求系统有关运行指标。

解：据题意，此为 $M/M/1/4/\infty/FCFS$ 排队系统。$\lambda = 4$ 辆/小时，$\mu = 5$ 辆/小时。

(1) $p_0 = \dfrac{1-\dfrac{\lambda}{\mu}}{1-(\dfrac{\lambda}{\mu})^{N+1}} = \dfrac{1-\dfrac{4}{5}}{1-(\dfrac{4}{5})^{4+1}} = \dfrac{0.2}{0.672\ 3} \approx 0.297\ 5$

$p_1 \approx 0.238\ 0$，$p_2 \approx 0.190\ 4$

$p_3 \approx 0.152\ 3$，$p_4 \approx 0.121\ 8$

(2) $L_s = p_1 + 2p_2 + 3p_3 + 4p_4 = 1.562\ 9$

(3) $\lambda_e = \lambda(1-p_4) = 4 \times (1-0.121\ 8) = 3.512\ 8$

(4) $W_s = \dfrac{L_s}{\lambda_e} = \dfrac{1.562\ 9}{3.512\ 8} \approx 0.444\ 9$（小时）

(5) $W_q = W_s - \dfrac{1}{\mu} = 0.244\ 9$（小时）

(6) $L_q = W_q \times \lambda_e \approx 0.860\ 3$

(7) $\lambda_{\text{损}} = \lambda - \lambda_e = 0.487\ 2$

(8) $T_{\text{忙}} = \dfrac{1-p_0}{\lambda_e p_0} \approx 0.672\ 2$（小时）

对于 $M/M/1/N/\infty/FCFS$ 模型，如果系统容量 $N \to \infty$，则该模型转化为等待制系统；反之，如果 $N = 1$，则转化为损失制系统。

2. M/M/1 损失制排队系统

该系统的意义是：顾客按泊松流输入，平均到达率为 λ，服务时间服从负指数分布，平均服务率为 μ，1 个服务台，系统容量为 1，顾客源无限，排队规则为先到先服务的排队系统。当顾客来到系统时，若服务台忙，则自动离去，另求服务。

对 $M/M/1$ 客源无限的损失制排队系统，其状态转移速度图和状态转移速度矩阵 Λ 如图 7—2 所示。稳态条件下的状态概率方程为：

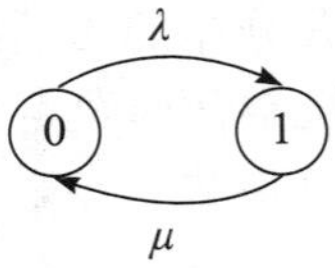

(a)状态转移速度图　　　　(b)状态转移速度矩阵

图 7—2　M/M/1 客源无限的损失制系统

$$P\Lambda = 0 \quad \text{或} \quad (p_0, p_1)\begin{pmatrix} -\lambda & \lambda \\ \mu & -\mu \end{pmatrix} = 0$$

解得该系统的基本概率指标为：

$$p_0 = \frac{1}{1 + \frac{\lambda}{\mu}} = \frac{\mu}{\mu + \lambda}$$

$$p_1 = 1 - p_0 = \frac{\lambda}{\mu + \lambda}$$

由于 $M/M/1$ 损失制系统是 $M/M/1/N$ 混合制系统在 $N=1$ 时的特例，因此根据混合制系统的数量指标公式，可求得 $M/M/1$ 损失制系统的数量指标。计算结果如下：

$$
\begin{cases}
p_0 = \dfrac{\mu}{\mu + \lambda} \\[2mm]
p_1 = \dfrac{\lambda}{\mu + \lambda} \\[2mm]
p_{损} = p_{忙} = p_1 = \dfrac{\lambda}{\mu + \lambda} \\[2mm]
\lambda_e = \lambda p_0 = \dfrac{\mu\lambda}{\mu + \lambda} \\[2mm]
L_s = p_1 \\[2mm]
L_q = 0 \\[2mm]
W_s = \dfrac{1}{\mu} \\[2mm]
W_q = 0
\end{cases}
\tag{7—13}
$$

[例 7—2] 将例 7—1 中的 N 改为 1，则问题转化为 $M/M/1$ 损失制系统，即加油站中只能停放 1 辆汽车，若加油站中有车正在加油，后来的车辆均离去，另求服务。

解：已知 $\lambda = 4$ 辆/小时，$\mu = 5$ 辆/小时，则

$$p_0 = \frac{\mu}{\mu - \lambda} = \frac{5}{5 + 4} \approx 0.56$$

$$p_1 = \frac{\lambda}{\mu - \lambda} = \frac{4}{5 + 4} \approx 0.44$$

每小时接待的顾客数为：$\lambda_e = \mu\lambda/(\mu + \lambda) = 2.2$ 辆；

每小时损失的顾客数为：$\lambda_损 = \lambda - \lambda_e = 4 - 2.2 = 1.8$ 辆。

显然系统容量过小时，会损失过多的顾客。

3. M/M/1 等待制排队系统

该系统的意义是：顾客按泊松流输入，平均到达率为 λ，服务时间服从负

指数分布，平均服务率为 μ，1 个服务台，系统容量和顾客源均为无限，服务规则为先到先服务的排队系统。当顾客来到系统时，若服务台忙，则排队等待服务，直至接受服务后离去。

该系统的状态转移速度图如图 7—3 所示。

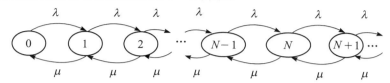

图 7—3　M/M/1 等待制系统的状态转移速度图

状态转移速度矩阵为：

$$\Lambda = \begin{pmatrix} -\lambda & \lambda & & & \\ \mu & -(\lambda+\mu) & \lambda & & \\ & \mu & -(\lambda+\mu) & \lambda & \\ & & \mu & -(\lambda+\mu) & \lambda \\ & & & & \ddots \end{pmatrix}$$

稳态条件下的状态概率方程：$P\Lambda = 0$，即

$$(p_0, p_1, p_2, \cdots) \begin{pmatrix} -\lambda & \lambda & & & \\ \mu & -(\lambda+\mu) & \lambda & & \\ & \mu & -(\lambda+\mu) & \lambda & \\ & & \mu & -(\lambda+\mu) & \lambda \\ & & & & \ddots \end{pmatrix} = 0 \quad (7\text{—}14)$$

注意，在等待制系统中要求 $\lambda/\mu < 1$，否则无穷级数不收敛。系统将由于超负荷而不能达到稳态，无法讨论。由于等待制系统是混合制系统当 $N \to \infty$ 时的极限情形，因而可将混合制系统中的数量指标公式取极限，得到 $M/M/1$ 等待制系统相应的各项数量指标。计算结果如下：

$$\begin{cases} p_0 = \left[\sum_{n=0}^{\infty} \left(\dfrac{\lambda}{\mu}\right)^n \right]^{-1} = 1 - \dfrac{\lambda}{\mu} \\[2mm] p_n = \left(\dfrac{\lambda}{\mu}\right)^n p_0 = \left(\dfrac{\lambda}{\mu}\right)^n \left(1 - \dfrac{\lambda}{\mu}\right), \quad n = 0, 1, 2, \cdots \\[2mm] L_s = \dfrac{\lambda}{\mu - \lambda} = W_s \lambda_e \\[2mm] \lambda_e = \mu(1 - p_0) = \lambda \\[2mm] W_s = \dfrac{L_s}{\lambda_e} = \dfrac{1}{\mu - \lambda} \\[2mm] W_q = W_s - \dfrac{1}{\mu} = \dfrac{\lambda}{\mu(\mu - \lambda)} \\[2mm] L_q = W_q \lambda_e = \dfrac{\lambda^2}{\mu(\mu - \lambda)} \end{cases} \quad (7\text{—}15)$$

[**例 7—3**] 将例 7—1 中的 $N=4$ 改为没有容量限制，则问题转化为 $M/M/1$ 等待制系统。试求系统有关运行指标。

解：$\lambda = 4$ 辆/小时，$\mu = 5$ 辆/小时。

根据式（7—15），解得相应的数量指标为：

$$p_0 = 1 - \frac{\lambda}{\mu} = 0.2$$

$$L_s = \frac{\lambda}{\mu - \lambda} = \frac{4}{5-4} = 4$$

$$\lambda_e = \lambda = 4$$

$$W_s = \frac{L_s}{\lambda_e} = \frac{4}{4} = 1$$

$$W_q = W_s - \frac{1}{\mu} = 1 - \frac{1}{5} = 0.8$$

$$L_q = W_q \lambda_e = 0.8 \times 4 = 3.2$$

7.1.2 多服务台指数分布排队系统

多服务台排队模型的研究可以仿照单服务台排队模型的讨论思路进行，首先从最基本的 $M/M/C/N/\infty/FCFS$ 混合制排队系统开始讨论。

1. $M/M/C/N/\infty/FCFS$ 混合制排队系统

该系统的意义是：顾客按泊松流输入，平均到达率为 λ，服务时间服从负指数分布，平均服务率为 μ，有 C 个服务台，系统容量为 $N(N > C)$，顾客源无限，服务规则为先到先服务的排队系统。顾客到达系统时，若系统中当前的顾客数已经达到 N，则自动离去，另求服务。

该系统的状态转移速度图如图 7—4 所示。

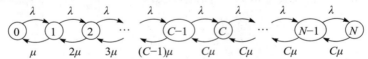

图 7—4 $M/M/C/N/\infty/FCFS$ 混合制系统的状态转移速度图

状态转移速度矩阵为如下 $N+1$ 阶方阵：

$$\Lambda = \begin{pmatrix}
-\lambda & \lambda & & & & & & & \\
\mu & -(\lambda+\mu) & \lambda & & & & & & \\
& 2\mu & -(\lambda+2\mu) & \lambda & & & & & \\
& & 3\mu & -(\lambda+3\mu) & & & & & \\
& & & & \ddots & & & & \\
& & & & & C\mu & -(\lambda+C\mu) & \lambda & \\
& & & & & & C\mu & -(\lambda+C\mu) & \lambda \\
& & & & & & & & \ddots \\
& & & & & & & & C\mu & -C\mu
\end{pmatrix}$$

稳态条件下的状态概率方程为：

$$P\Lambda = (p_0, p_1, \cdots, p_C, p_{C+1}, \cdots, p_N)\Lambda = 0$$

由此，可得稳态概率应满足的关系。

（1）当 $n \leqslant C$（系统中的顾客数不超过 C 个）时，

$$-\lambda p_0 + \mu p_1 = 0 \Rightarrow p_1 = \frac{\lambda}{\mu} p_0$$

$$\lambda p_0 - (\lambda + \mu)p_1 + 2\mu p_2 = 0$$

$$\Rightarrow 2\mu p_2 = -\lambda p_0 + (\lambda + \mu)p_1 = -\lambda p_0 + (\lambda + \mu)\frac{\lambda}{\mu}p_0$$

$$\Rightarrow p_2 = \frac{\lambda^2}{2\mu^2}p_0$$

$$\vdots$$

令 $\rho = \dfrac{\lambda}{C\mu}$，称为系统负荷强度，可得 p_n 的一般表达式：

$$p_n = \frac{\lambda}{n\mu}p_{n-1} = \frac{C}{n}\rho \ p_{n-1} \Rightarrow p_n = \frac{1}{n!}\left(\frac{\lambda}{\mu}\right)^n p_0 = \frac{C^n}{n!}\rho^n p_0$$

（2）当 $C < n \leqslant N$ 时，$\lambda p_{n-1} + C\mu \ p_{n+1} = (\lambda + C\mu)p_n \Rightarrow p_n = \dfrac{C^C}{C!}\rho^n p_0$

也可根据"系统处于稳态时，每个状态的转入率等于转出率"求得 p_n 的一般表达式。通过计算推导，得出系统基本数量指标如下：

$$\begin{cases}
p_0 = \left[\displaystyle\sum_{n=0}^{C} \frac{(C\rho)^n}{n!} + \frac{C^C\rho(\rho^C - \rho^N)}{C!(1-\rho)}\right]^{-1} \\[3mm]
p_n = \begin{cases} \dfrac{C^n}{n!}\rho^n p_0, & 1 \leqslant n \leqslant C \\[3mm] \dfrac{C^C}{C!}\rho^n p_0, & C < n \leqslant N \end{cases} \\[5mm]
L_s = L_q + \dfrac{\lambda_e}{\mu} = L_q + C\rho(1 - p_N) \\[3mm]
\lambda_e = \displaystyle\sum_{n=0}^{N}\lambda_n p_n = \sum_{n=0}^{N-1}\lambda p_n + 0 \times p_N = \lambda(1 - p_N) \\[3mm]
L_q = \dfrac{C^C \cdot \rho^{C+1}p_0}{C!(1-\rho)^2}\left[1 - \rho^{N-C} - (N-C)\rho^{N-C}(1-\rho)\right] \\[3mm]
W_q = \dfrac{L_q}{\lambda_e} = \dfrac{L_q}{\lambda(1 - p_N)} \\[3mm]
W_s = W_q + \dfrac{1}{\mu}
\end{cases} \qquad (7-16)$$

[例 7—4] 某汽车加油站有 2 台油泵为汽车加油，站内可容纳 4 辆汽车，当站内停满车时，后来的汽车只能到别处加油。若需加油的汽车按泊松流到达，平均每小时 4 辆。每辆车加油所需时间服从负指数分布，平均每辆需 12 分钟，试求系统有关运行指标。

解：该系统是 $M/M/2/4$ 混合制排队系统，其中 $\lambda = 4$ 辆/小时，$\mu = 5$ 辆/小时，$C = 2$，$\rho = \lambda/(C\mu) = 0.4$。

根据式（7—16）计算各基本数量指标如下：

$$p_0 = \left[1 + 2\rho + \frac{(2\rho)^2}{2!} + \frac{2^2\rho(\rho^2 - \rho^4)}{2!(1-\rho)}\right]^{-1}$$

$$= \left[1 + 0.8 + 0.32 + 2 \cdot \frac{0.4^3 - 0.4^5}{1 - 0.4}\right]^{-1} \approx 0.434\ 9$$

$$p_1 = 2\rho p_0 \approx 0.347\ 9 \qquad\qquad p_2 = \rho p_1 \approx 0.139\ 2$$

$$p_3 = \rho p_2 \approx 0.055\ 7 \qquad\qquad p_4 = \rho p_3 \approx 0.022\ 3$$

$$L_q = \frac{2^2}{2!(1-0.4)^2}\ 0.4^3 \times 0.434\ 9 \times \left[1 - 0.4^{4-2} - (4-2) \times 0.4^{4-2} \times (1-0.4)\right]$$

$$\approx 0.100\ 2$$

$$\lambda_e = \lambda(1 - p_4) = 4 \times (1 - 0.022\ 3) = 3.910\ 8(\text{辆／小时})$$

$$W_q = \frac{L_q}{\lambda_e} \approx 0.025\ 6(\text{小时}) = 1.536(\text{分钟})$$

$$W_s = W_q + \frac{1}{\mu} \approx 0.225\ 6(\text{小时}) = 13.536(\text{分钟})$$

$$L_s = W_s \lambda_e = 0.882\ 3(\text{辆})$$

对于 $M/M/C/N/\infty/FCFS$ 模型，当 $N \to \infty$ 时，就转化为 $M/M/C$ 等待制系统（顾客源无限、等待空间无限）；当 $N = C$ 时，则转化为 $M/M/C$ 损失制系统（顾客源无限、容量为 C）。

2. $M/M/C$ 等待制排队系统

该系统的意义是：顾客按泊松流输入，平均到达率为 λ，服务时间服从负指数分布，平均服务率为 μ，有 C 个服务台，系统容量和顾客源均无限，服务规则为先到先服务的排队系统。顾客到达系统时，若无空闲服务台，则排队等待服务，直至接受服务后离去。

该系统的状态转移速度图如图 7—5 所示。

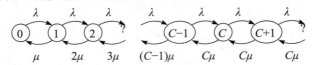

图 7—5　$M/M/C$ 等待制系统的状态转移速度图

状态转移速度矩阵为：

$$\Lambda = \begin{pmatrix} -\lambda & \lambda & & & & & & \\ \mu & -(\lambda+\mu) & \lambda & & & & & \\ & 2\mu & -(\lambda+2\mu) & \lambda & & & & \\ & & 3\mu & -(\lambda+3\mu) & & & & \\ & & & & \ddots & & & \\ & & & & & C\mu & -(\lambda+C\mu) & \lambda & \\ & & & & & & C\mu & -(\lambda+C\mu) & \lambda \\ & & & & & & & & \ddots \end{pmatrix}$$

状态概率方程为：$P\Lambda = (p_0, p_1, p_2, \cdots)\Lambda = 0$。

由于等待制系统是 $M/M/C/N$ 混合制排队系统当 $N \to \infty$ 时的极限情况，故可利用混合制系统式（7—16）中的各项数量指标计算公式取极限 $N \to \infty$ 得

到相应的各项数量指标。这里略去推导过程，只列出最终计算公式，如式
（7—17）所示。

$$
\begin{cases}
p_0 = \left[\sum_{n=0}^{C-1} \frac{C^n}{n!}\rho^n + \frac{C^C}{C!} \cdot \frac{\rho^C}{(1-\rho)} \right]^{-1} \\[2mm]
p_n = \begin{cases} \dfrac{C^n}{n!}\rho^n p_0, & 1 \leqslant n \leqslant C \\[2mm] \dfrac{C^C}{C!}\rho^n p_0, & n > C \end{cases} \\[2mm]
L_q = \dfrac{C^C \rho^{C+1} p_0}{C!(1-\rho)^2} \\[2mm]
L_s = L_q + \dfrac{\lambda}{\mu} \\[2mm]
\lambda_e = \lambda \\[2mm]
W_q = \dfrac{L_q}{\lambda} \\[2mm]
W_s = W_q + \dfrac{1}{\mu}
\end{cases}
\qquad (7-17)
$$

注意，在多服务台等待制系统中，要求 $\rho = \lambda/(C\mu) < 1$，并称其为系统负荷强度，它反映了顾客需求强度与系统服务能力的比值。若 $\rho \geqslant 1$，无穷级数就不能收敛，系统将因超负荷而不能达到稳态。

[例 7—5] 将例 7—4 改为容量没有限制的情况，则该系统转化为 $M/M/2$ 等待制系统。

解：已知 $\lambda = 4$ 辆/小时，$\mu = 5$ 辆/小时，$C = 2$，$\rho = \lambda/(C\mu) = 0.4$。

根据式（7—17）计算有关数量指标如下：

$$
\begin{aligned}
p_0 &= \left[1 + 2 \cdot \rho + \frac{2^2}{2!} \cdot \frac{\rho^2}{1-\rho} \right]^{-1} \\
&= \left[1 + 2 \times 0.4 + 2 \times \frac{0.4^2}{1-0.4} \right]^{-1} \approx 0.4286
\end{aligned}
$$

$$p_1 = 2\rho p_0 = 0.3429$$
$$p_2 \approx 0.1372$$
$$p_3 = 0.0549$$
$$p_4 = 0.0219$$
$$L_q = \frac{2^2 \times 0.4^3 \times 0.4286}{2!(1-0.4)^2} \approx 1.524 (辆)$$
$$\lambda_e = 4$$
$$W_q = \frac{L_q}{\lambda_e} = \frac{1.524}{4} = 0.381 (小时)$$
$$W_s = W_q + \frac{1}{\mu} = 0.381 + 0.2 = 0.581 (小时)$$
$$L_s = W_s \lambda_e = 0.581 \times 4 = 2.324 (辆)$$

3. M/M/C 损失制排队系统

该系统的意义是：顾客按泊松流输入，平均到达率为 λ，服务时间服从负

指数分布，平均服务率为 μ，有 C 个服务台，系统容量为 C，顾客源无限，服务规则为先到先服务的排队系统。顾客到达系统时，若无空闲服务台，则自动离开，另求服务。

该系统状态转移速度图如图 7—6 所示。

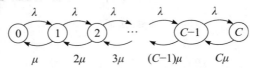

图 7—6　M/M/C 损失制系统的状态转移速度图

状态转移速度矩阵 Λ 为如下 $C+1$ 阶方阵：

$$\Lambda = \begin{pmatrix} -\lambda & \lambda & & & & & \\ \mu & -(\lambda+\mu) & \lambda & & & & \\ & 2\mu & -(\lambda+2\mu) & \lambda & & & \\ & & 3\mu & -(\lambda+3\mu) & \lambda & & \\ & & & \ddots & & & \\ & & & (C-2)\mu & -(\lambda+(C-2)\mu) & \lambda & \\ & & & & (C-1)\mu & -(\lambda+(C-1)\mu) & \lambda \\ & & & & & C\mu & -C\mu \end{pmatrix}$$

稳态下的状态概率方程为：$P\Lambda = (p_0, p_1, p_2, \cdots, p_C)\Lambda = 0$。

由于 $M/M/C$ 损失制排队系统是 $M/M/C/N$ 混合制系统当 $N=C$ 时的特例，因而可将混合制系统式（7—16）中各项数量指标公式取 $N=C$，得到损失制系统的各项数量指标。这里略去推导过程，只列出最终计算公式。

$$\begin{cases} p_0 = \left[\sum_{n=0}^{C} \dfrac{(C\rho)^n}{n!} \right]^{-1} \\[2mm] p_n = \dfrac{C^n}{n!}\rho^n p_0, \quad 1 \leqslant n \leqslant C \\[2mm] \lambda_e = \lambda(1-p_C) \\[2mm] \lambda_{损} = \lambda - \lambda_e = \lambda p_C \\[2mm] L_s = \dfrac{\lambda_e}{\mu} \\[2mm] L_q = W_q = 0 \\[2mm] W_s = \dfrac{1}{\mu} \end{cases}$$

［例 7—6］ 某电话总机系统有 5 条中继线，电话呼叫服从参数为 1.5 的泊松分布，通话时间为负指数分布，平均每次通话为 2.5 分钟。试求：

（1）系统空闲的概率；

（2）一条线被占用的概率；

（3）顾客损失的概率。

解：该系统是 $M/M/5$ 损失制排队系统。顾客为电话呼叫，输入为泊松流，

平均到达率 $\lambda = 1.5$ 次 / 分；服务台为 5 条中继线，即 $C = 5$，平均服务率 $\mu = 1$ 次 $/2.5$ 分 $= 0.4$ 次 / 分。则

$$\rho = \lambda/(C\mu) = 1.5/(5 \times 0.4) = 0.75$$

系统的基本数量指标计算如下：

（1）系统空闲的概率为：

$$p_0 = \left[\sum_{n=0}^{5} \frac{1}{n!} \left(\frac{\lambda}{\mu}\right)^n \right]^{-1}$$

$$= \left[1 + 3.75 + \frac{1}{2!}(3.75)^2 + \frac{1}{3!}(3.75)^3 + \frac{1}{4!}(3.75)^4 + \frac{1}{5!}(3.75)^5 \right]^{-1}$$

$$\approx (1 + 3.75 + 7.031 + 8.789 + 8.240 + 6.180)^{-1} \approx 0.029$$

（2）一条线被占用的概率为：

$$p_1 = \frac{\lambda}{\mu} p_0 = 3.75 \times 0.029 \approx 0.109$$

（3）顾客损失的概率即 5 条线全部被占用的概率为：

$$p_{损} = p_5 = \frac{1}{5!}\left(\frac{\lambda}{\mu}\right)^5 p_0 = \frac{1}{5!} \times 3.75^5 \times 0.029 \approx 0.179$$

[例 7—7] 某织布车间有两个布机维修组，分别负责该车间的两个织布组的布机维修工作。设每个布机组平均每天有 4 台布机需要维修，每个维修组每天平均可修复 5 台布机。试比较维持现状好，还是将两个维修组合并，共同负责全车间的布机维修工作效率高。

解：维持现状，则排队系统为 2 个单队单服务台等待制系统；进行合并，则成为单队 2 个服务台的等待制排队系统。两种方案孰优孰劣，关键在于比较平均队列长、平均等待时间以及平均逗留时间等数量指标的大小。

（1）维持现状：考虑 2 个单队单服务台的等待制系统。

$$\lambda = 4(台 / 天)$$
$$\mu = 5(台 / 天)$$
$$p_0 = 1 - \lambda/\mu = 1 - 4/5 = 0.2$$
$$\lambda_e = \mu(1 - p_0) = \lambda = 4(台 / 天)$$
$$W_s = \frac{L_s}{\lambda_e} = \frac{1}{\mu - \lambda} = \frac{1}{5 - 4} = 1(天)$$
$$W_q = W_s - \frac{1}{\mu} = \frac{\lambda}{\mu(\mu - \lambda)} = \frac{4}{5(5 - 4)} = 0.8(天)$$
$$L_q = W_q\lambda_e = \frac{\lambda^2}{\mu(\mu - \lambda)} = \frac{4^2}{5} = 3.2(台)$$
$$L_s = \frac{\lambda}{\mu - \lambda} = \frac{4}{5 - 4} = 4(台)$$

（2）进行合并：考虑单队 2 个服务台的等待制排队系统。

$$\lambda = 8(台 / 天)$$
$$\rho = \frac{\lambda}{c\mu} = \frac{8}{2 \times 5} = 0.8 < 1$$
$$p_0 = \left[\sum_{n=0}^{C-1} \frac{C^n}{n!}\rho^n + \frac{C^C}{C!} \cdot \frac{\rho^C}{(1 - \rho)} \right]^{-1}$$

$$= \left[1 + 2 \times 0.8 + \frac{2^2}{2!} \cdot \frac{0.8^2}{1-0.8} \right]^{-1}$$

$$\approx 0.111$$

$$L_q = \frac{C^C \cdot \rho^{C+1} p_0}{C!(1-\rho)^2} = \frac{2^2 \times 0.8^3 \times 0.1112}{2 \times 0.2^2} = 2.848 \,(\text{台})$$

$$L_s = L_q + \frac{\lambda}{\mu} = 2.848 + \frac{8}{5} = 4.448 \,(\text{台})$$

$$W_q = \frac{L_q}{\lambda} = \frac{2.848}{8} = 0.356 \,(\text{天})$$

$$W_s = W_q + \frac{1}{\mu} = 0.356 + 0.2 = 0.556 \,(\text{天})$$

两者相比,单队 2 个服务台系统的效率要明显高于 2 个单队单服务台系统。因为平均队列长、平均等待时间及平均逗留时间三个数量指标都明显缩短。

§7.2　客源有限的排队系统

客源有限的排队系统指的是顾客总数有限,每个顾客对系统的服务需求是独立且同分布的系统。本节以等待制系统为例进行讨论。

7.2.1　$M/M/1/m/m$ 排队系统

该系统的意义是:顾客到达为泊松流,服务时间服从负指数分布,1 个服务台,顾客总数为 m,服务规则是先到先服务的等待制排队系统。由于系统容量可视为无限大,该系统也可写成 $M/M/1/\infty/m$ 排队系统。因为 m 个顾客不会同时到达,所以不会有顾客因系统满而自动离去。

在有限源排队系统的讨论中,有以下两点需要特别注意:

(1) 不同状态下顾客到达的概率是变化的。

因顾客源有限,当系统中已有顾客到达时,再有顾客到达的概率就会减小。特别是,若所有 m 个顾客已全部到达系统,则下一个顾客到达的概率为零。

(2) 顾客到达率 λ 是就单个顾客而言的,不再是无限源时就总体而言的平均到达率。

在有限源排队系统中,顾客到达率 λ 指单位时间内一个顾客来到系统请求服务的次数。若系统中已有 $k(1 \leqslant k < m)$ 个顾客到达,则系统外剩余 $(m-k)$ 个顾客,此时顾客到达率为 $(m-k)\lambda$。以车间里机床维修为例,每台机床每天都有可能出现故障。若一台机床在单位时间内出现故障(需要维修)的次数为 λ,可通过统计数据得知,即顾客平均到达率(平均维修率)已知,则 m 台机床在单位时间内的故障率即为 $m\lambda$。

在讨论无限源排队系统时,由于顾客源是无限的,即便系统中已有有限个顾客到达,顾客源还是无限的,因此,就总体而言来讨论顾客到达率是可行的。然而,在讨论有限源排队系统时,顾客到系统来一个,系统外就会少一个。只有就个体来讨论顾客到达率才方便、可行。

系统的状态转移速度图如图 7—7 所示。

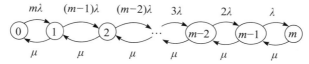

图 7—7　M/M/1/m/m 等待制系统的状态转移速度图

相应的状态转移速度矩阵为：

$$
\Lambda = \begin{bmatrix}
-m\lambda & m\lambda & & & & & \\
\mu & -[(m-1)\lambda+\mu] & (m-1)\lambda & & & & \\
& \mu & -[(m-2)\lambda+\mu] & (m-2)\lambda & & & \\
& & & \ddots & & & \\
& & & & \mu & -(2\lambda+\mu) & 2\lambda \\
& & & & & \mu & -(\lambda+\mu) & \lambda \\
& & & & & & \mu & -\mu
\end{bmatrix}
$$

稳态条件下的状态概率方程为 $P\Lambda = 0$，其中，$P = (p_0, p_1, \cdots, p_m)$。

系统的基本数量指标可计算如下：

（1）基本概率指标。

由状态概率方程，可得

$$-m\lambda p_0 + \mu p_1 = 0 \Rightarrow p_1 = m(\frac{\lambda}{\mu})p_0$$

$$m\lambda p_0 - [(m-1)\lambda+\mu]p_1 + \mu p_2 = 0$$

$$\Rightarrow p_2 = \frac{1}{\mu}\left\{-m\lambda + [(m-1)\lambda+\mu]m(\frac{\lambda}{\mu})\right\}p_0$$

$$= \frac{m(m-1)}{\mu^2}\lambda^2 p_0 = \frac{m!}{(m-2)!}(\frac{\lambda}{\mu})^2 p_0$$

利用数学归纳法可以证明：

$$p_k = \frac{m!}{(m-k)!}(\frac{\lambda}{\mu})^k p_0, \quad 1 \leqslant k \leqslant m$$

由 $\sum\limits_{k=0}^{m} p_k = 1 \Rightarrow \sum\limits_{k=0}^{m} \frac{m!}{(m-k)!}\left(\frac{\lambda}{\mu}\right)^m p_0 = 1$，得

$$
\begin{cases}
p_0 = \left[\sum\limits_{k=0}^{m} \dfrac{m!}{(m-k)!}\left(\dfrac{\lambda}{\mu}\right)^k\right]^{-1} \\[2mm]
p_k = \dfrac{m!}{(m-k)!}\left(\dfrac{\lambda}{\mu}\right)^k p_0 \\[2mm]
\quad = \dfrac{m!}{(m-k)!}\left(\dfrac{\lambda}{\mu}\right)^k \left[\sum\limits_{k=0}^{m} \dfrac{m!}{(m-k)!}\left(\dfrac{\lambda}{\mu}\right)^k\right]^{-1}, \quad 0 < k \leqslant m
\end{cases}
$$

（2）平均队长 L_s 与平均队列长 L_q。

1）可以证明，正在接受服务的顾客平均数为 $1 - p_0$。

证明 1：由于正在接受服务的顾客平均数等于平均占用的服务台数，所以根据数学期望的定义，平均占用的服务台数为：

$$0 \times p_0 + 1 \times (1 - p_0) = 1 - p_0$$

证明 2：根据平均队长、平均队列长的定义以及它们之间的关系，得

$$\sum_{k=0}^{m} p_k = p_0 + \sum_{k=1}^{m} p_k = 1 \Rightarrow \sum_{k=1}^{m} p_k = 1 - p_0$$

$$L_q = \sum_{k=1}^{m} (k-1) p_k = \sum_{k=1}^{m} k p_k - \sum_{k=1}^{m} p_k = L_s - (1 - p_0)$$

即 $L_s = L_q + (1 - p_0)$。故正在接受服务的顾客平均数为 $1 - p_0$。

2）由 Little 公式可知：

$$\begin{cases} W_s = \dfrac{L_s}{\lambda_e} \\ W_q = \dfrac{L_q}{\lambda_e} \\ W_s = W_q + \dfrac{1}{\mu} \end{cases} \Rightarrow \dfrac{L_s}{\lambda_e} = \dfrac{L_q}{\lambda_e} + \dfrac{1}{\mu} \Rightarrow L_s = L_q + \dfrac{\lambda_e}{\mu}$$

因此，正在接受服务的顾客平均数也等于 $\dfrac{\lambda_e}{\mu}$。于是，$1 - p_0 = \dfrac{\lambda_e}{\mu} \Rightarrow \lambda_e = \mu(1 - p_0)$。也可直接利用 $\lambda_e = \mu_e = \mu(1 - p_0)$ 得出上述结论，即当系统无空闲时，顾客以 μ 的速度离开系统。

3）由于 L_s 是系统中的平均顾客数，系统外的平均顾客数为 $m - L_s$。于是，有效到达率 $\lambda_e = \lambda(m - L_s)$。

结合 2）和 3）可得 $\lambda_e = \mu(1 - p_0) = \lambda(m - L_s)$，则平均队长为：

$$L_s = m - \dfrac{\mu}{\lambda}(1 - p_0)$$

4）平均队列长：$L_q = L_s - \dfrac{\lambda_e}{\mu} = L_s - (1 - p_0) = m - \dfrac{\lambda + \mu}{\lambda}(1 - p_0)$

（3）平均逗留时间 W_s 和平均等待时间 W_q。

$$W_s = \dfrac{L_s}{\lambda_e} = \dfrac{L_s}{\lambda(m - L_s)} = \dfrac{L_s}{\mu(1 - p_0)} = \dfrac{m}{\mu(1 - p_0)} - \dfrac{1}{\lambda}$$

$$W_q = W_s - \dfrac{1}{\mu} = \dfrac{L_q}{\lambda_e} = \dfrac{L_q}{\lambda(m - L_s)}$$

（4）其他数量指标。

1）对于机器故障问题，L_s 就是平均故障台数，而系统外的平均顾客数 K 就是正常运转的机器数。故 $K = m - L_s = \dfrac{\mu}{\lambda}(1 - p_0)$。

2）设备利用率 $\tau = \dfrac{m - L_s}{m}$。

7.2.2 $M/M/C/m/m$ 排队系统

该系统的意义是：顾客到达为泊松流，服务时间服从负指数分布，有 C 个

服务台，顾客总数为 m（$C<m$），服务规则是先到先服务的等待制排队系统。也可写为 $M/M/C/\infty/m$ 排队系统，即系统容量可视为无穷大。

该系统的状态转移速度图如图 7—8 所示。

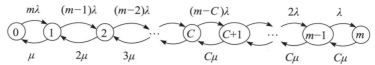

图 7—8　$M/M/C/m/m$ 等待制系统的状态转移速度图

相应的状态转移速度矩阵为：

$$\Lambda = \begin{bmatrix} -m\lambda & m\lambda \\ \mu & -[(m-1)\lambda+\mu] & (m-1)\lambda \\ & 2\mu & -[(m-2)\lambda+2\mu] & (m-2)\lambda \\ & & & \ddots \\ & & & C\mu & -(2\lambda+C\mu) & 2\lambda \\ & & & & C\mu & -(\lambda+C\mu) & \lambda \\ & & & & & C\mu & -C\mu \end{bmatrix}$$

稳态条件下的状态概率方程为：$P\Lambda = 0$，其中 $P = (p_0, p_1, \cdots, p_m)$。

系统的基本数量指标计算如下：

（1）基本概率指标。

由状态概率方程，可得

$$-m\lambda p_0 + \mu p_1 = 0 \Rightarrow p_1 = m\left(\frac{\lambda}{\mu}\right) p_0$$

$$m\lambda p_0 - [(m-1)\lambda+\mu]p_1 + 2\mu p_2 = 0$$

$$\Rightarrow p_2 = \frac{1}{2\mu}\left\{-m\lambda + [(m-1)\lambda+\mu]m\left(\frac{\lambda}{\mu}\right)\right\}p_0$$

$$= \frac{m(m-1)}{2\mu^2}\lambda^2 p_0 = \frac{m!}{2!(m-2)!}\left(\frac{\lambda}{\mu}\right)^2 p_0$$

利用数学归纳法可以证明：

当 $0<k\leqslant C$ 时，$p_k = \frac{1}{k!}\frac{m!}{(m-k)!}\left(\frac{\lambda}{\mu}\right)^k p_0$

当 $C<k\leqslant m$ 时，$p_k = \frac{m!}{C!C^{k-C}(m-k)!}\left(\frac{\lambda}{\mu}\right)^k p_0$

由 $\sum_{k=0}^{m} p_k = 1$，可得

$$\left[\sum_{k=0}^{C}\frac{m!}{k!(m-k)!}\left(\frac{\lambda}{\mu}\right)^k + \sum_{k=C+1}^{m}\frac{m!}{C!C^{k-C}(m-k)!}\left(\frac{\lambda}{\mu}\right)^k\right]p_0 = 1$$

于是，有

$$p_0 = \left[\sum_{k=0}^{C}\frac{m!}{k!(m-k)!}\left(\frac{\lambda}{\mu}\right)^k + \sum_{k=C+1}^{m}\frac{m!}{C!C^{k-C}(m-k)!}\left(\frac{\lambda}{\mu}\right)^k\right]^{-1}$$

（2）平均队长 L_s 与平均队列长 L_q。

$$
\begin{cases}
L_s = \sum_{k=0}^{m} k p_k \\
L_q = \sum_{k=C+1}^{m} (k-C) p_k = L_s - \dfrac{\lambda_e}{\mu}
\end{cases}
$$

（正在接受服务的顾客平均数也等于 $\dfrac{\lambda_e}{\mu}$ 。）

（3）平均逗留时间 W_s 和平均等待时间 W_q 。

$$
\begin{cases}
W_s = \dfrac{L_s}{\lambda_e} = \dfrac{L_q}{\lambda_e} + \dfrac{1}{\mu} \\
W_q = \dfrac{L_q}{\lambda_e}
\end{cases}
$$

（4）其他数量指标。

1）在机器故障问题中，L_s 就是平均故障台数。系统外的顾客数，即正常运转的机器数 $K = m - L_s$ 。

2）设备利用率：$\tau = \dfrac{m - L_s}{m}$ 。

3）有效到达率：$\lambda_e = \lambda(m - L_s)$ 。

由上面的基本公式还可以推出一些不同形式的其他公式，如：

$$
L_s = L_q + \frac{\lambda_e}{\mu} = L_q + \frac{\lambda(m - L_s)}{\mu} \Rightarrow L_s = \frac{L_q + \dfrac{\lambda}{\mu} m}{1 + \dfrac{\lambda}{\mu}} \quad ^{①}
$$

$$
W_s = \frac{L_s}{\lambda_e} = \frac{L_s}{\lambda(m - L_s)}
$$

[例7—8] 有一个修理小组负责修理 3 台同类设备，每台设备的故障发生时间服从负指数分布，故障率为每周 1 次，修理所需时间服从负指数分布，修复率为每周 4 台次，试计算该修理组的有关运行指标。若再组建一个修理组共同负责修理任务，有关运行指标有何变化？

解：（1）依题意，该系统是一个 $M/M/1/3/3$（或 $M/M/1/\infty/3$）的单队、单服务台、等待制排队系统，排队规则为先到先服务。其中 $m = 3$，$\lambda = 1$（台次/周），$\mu = 4$（台次/周）。

有关运行指标计算如下：

1）基本概率指标：

$$
p_0 = \left[\sum_{k=0}^{m} \frac{m!}{(m-k)!} \left(\frac{\lambda}{\mu} \right)^k \right]^{-1} = \left[\sum_{k=0}^{3} \frac{3!}{(3-k)!} \left(\frac{1}{4} \right)^k \right]^{-1}
$$

$$
= \left[\frac{3!}{3!} \left(\frac{1}{4} \right)^0 + \frac{3!}{2!} \left(\frac{1}{4} \right)^1 + \frac{3!}{1!} \left(\frac{1}{4} \right)^2 + \frac{3!}{0!} \left(\frac{1}{4} \right)^3 \right]^{-1} \approx 0.451
$$

---

① 该公式揭示了平均队长、平均队列长、平均到达率及平均服务率之间的关系，避开了有效到达率的表达式。

$$p_1 = m\left(\frac{\lambda}{\mu}\right) p_0 = \frac{3}{4} p_0 \approx 0.338$$

$$p_2 = \frac{m!}{(m-2)!}\left(\frac{\lambda}{\mu}\right)^2 p_0 = \frac{3!}{(3-2)!}\left(\frac{1}{4}\right)^2 \times 0.451 \approx 0.169$$

$$p_3 = m!\left(\frac{\lambda}{\mu}\right)^3 p_0 = 6 \times \left(\frac{1}{4}\right)^3 \times 0.451 \approx 0.042$$

2）有效到达率 $\lambda_e = \lambda(m-L_s) = \mu(1-p_0) = 4 \times (1-0.451) = 2.197$。

3）平均队长 L_s 和平均队列长 L_q：

$$L_s = m - \frac{\mu}{\lambda}(1-p_0) = 3 - \frac{4}{1}(1-0.4507) = 0.803(台)$$

$$L_q = L_s - \frac{\lambda_e}{\mu} = L_s - (1-p_0) = 0.803 - (1-0.451) = 0.254(台)$$

4）平均逗留时间 W_s 和平均等待时间 W_q：

$$W_s = \frac{L_s}{\lambda_e} = \frac{0.803}{2.197} \approx 0.365(周)$$

$$W_q = W_s - \frac{1}{\mu} = 0.365 - \frac{1}{4} = 0.115(周)$$

5）正常运转的机器数 $K = m - L_s = 3 - 0.803 = 2.197$。

6）设备利用率 $\tau = \frac{m-L_s}{m} = \frac{K}{m} = \frac{2.197}{3} = 0.7324 = 73.24\%$。

（2）若再组建一个修理组共同负责修理任务，则系统就变成 $M/M/2/3/3$（或 $M/M/2/\infty/3$）系统。

有关运行指标计算如下：

1）基本概率指标：

$$p_0 = \left[\sum_{k=0}^{C} \frac{m!}{k!(m-k)!}\left(\frac{\lambda}{\mu}\right)^k + \sum_{k=C+1}^{m} \frac{m!}{C!C^{k-C}(m-k)!}\left(\frac{\lambda}{\mu}\right)^k\right]^{-1}$$

$$= \left[1 + \frac{3!}{1!2!}\left(\frac{\lambda}{\mu}\right) + \frac{3!}{2!1!}\left(\frac{\lambda}{\mu}\right)^2 + \frac{3!}{2! \cdot 2(3-3)!}\left(\frac{\lambda}{\mu}\right)^3\right]^{-1}$$

$$= \left[1 + 3 \times \frac{1}{4} + 3 \times \left(\frac{1}{4}\right)^2 + \frac{3}{2} \times \left(\frac{1}{4}\right)^3\right]^{-1} = 0.51$$

$$p_1 = \frac{1}{1!}\frac{m!}{(m-1)!}\left(\frac{\lambda}{\mu}\right)p_0 = \frac{3}{4}p_0 \approx 0.382$$

$$p_2 = \frac{m!}{2!(m-2)!}\left(\frac{\lambda}{\mu}\right)^2 p_0 = \frac{3!}{2!(3-2)!}\left(\frac{1}{4}\right)^2 p_0 = \frac{3}{16} \times 0.51 \approx 0.096$$

$$p_3 = \frac{1}{2!}\frac{m!}{2^{m-2}}\left(\frac{\lambda}{\mu}\right)^m p_0 = \frac{3}{2} \times \left(\frac{1}{4}\right)^3 \times 0.51 \approx 0.012$$

2）平均队长 L_s 和平均队列长 L_q：

$$L_q = \sum_{k=C+1}^{m}(k-C)p_k = \sum_{k=2+1}^{3}(k-2)p_k = 1 \times p_3 = 0.012$$

$$L_s = \frac{L_q + \frac{\lambda}{\mu}m}{1+\frac{\lambda}{\mu}} = \frac{0.012 + \frac{1}{4} \times 3}{1+\frac{1}{4}} \approx 0.60956$$

3）有效到达率 $\lambda_e = \lambda(m - L_s) = 1 \times (3 - 0.609\,56) = 2.39$。

4）平均逗留时间 W_s 和平均等待时间 W_q：

$$W_s = \frac{L_s}{\lambda_e} = \frac{0.609\,56}{2.390\,44} \approx 0.255（周）$$

$$W_q = W_s - \frac{1}{\mu} = 0.255 - \frac{1}{4} = 0.005（周）$$

5）正常运转的机器数 $K = m - L_s = 3 - 0.61 = 2.39$。

6）设备利用率 $\tau = \frac{m - L_s}{m} = \frac{2.39}{3} \approx 79.68\%$。

根据以上分析，若再组建一个修理组，形成 2 个服务台的排队系统，则系统空闲的概率 p_0 会增大，平均队长 L_s、平均队列长 L_q、平均逗留时间 W_s 和平均等待时间 W_q 都会大大降低，而且正常运转的机器数和设备利用率也都会提高。

§7.3　排队论模型的综合应用

7.3.1　排队系统的建模分析

排队论问题的建模无须从最基本的生灭随机过程开始，完全可以在本章前两节讨论的排队模型的基础上进行建模。事实上，只需判断所研究的问题是否可以归结为某种典型的排队模型即可。需要特别注意的是：

（1）必须对背景资料进行认真推敲，明确所研究的系统可归结为哪种类型的排队模型。分析客源是否有限，有几个服务台，系统容量是否有限；准确判断模型是属于等待制、损失制，还是混合制的排队系统。

（2）通常顾客到达为泊松流，服务时间服从负指数分布，但也有例外的情况，在建模时必须进行确认。如果属于例外情况，则要基于问题的实际背景，重新研究新的排队模型，而不能简单地套用已有的排队模型。

（3）注意问题的求解最终可以归结为排队系统中的哪个特征量或数量指标的计算。

（4）倘若顾客到达的间隔时间和接受服务的服务时间所服从的概率分布未知，则应进行实际调查和统计分析，验证其所服从的分布，并确定相关的参数。

[例 7—9] 假设光顾康桥苑图书超市的顾客按泊松流到达，平均每小时到来 20 人，超市只有 1 个收款台，收款开发票的时间服从负指数分布，平均每位顾客需花费 2.5 分钟。试问：若要分析该图书超市的运营情况，基于上述背景，系统可以抽象成哪种排队模型？为什么？

解：顾客有两种：一种是购书者；另一种是只看不买的浏览者。浏览者虽然不买，但了解图书信息有助于其今后购买。这里需要根据实际背景将问题进行简化：（1）只将购书者作为"顾客"，近似假定"光顾者"都是购买者；（2）

根据统计经验，估计购买者占"光顾者"的平均比例，计算购买者的平均到达率。服务机构就是收款台，购书者须付款后才能离去。因此，在将"光顾者"均理解为购书者的前提下，该超市的购书付款系统可抽象为 $M/M/1$ 等待制排队系统。

平均到达率：$\lambda = 20$（人／小时）

平均服务率：$\mu = 1/2.5$（人／分钟）$= 24$（人／小时）

康桥苑图书超市的购书系统可以描述为：购书者按泊松流到达且平均到达率为 $\lambda = 20$ 人／小时，收款台服务时间服从负指数分布且平均服务率为 $\mu = 24$ 人／小时，1 个服务台，系统容量无限，排队规则为先到先服务的 $M/M/1$ 等待制排队系统。当需要交付书款的顾客到达收款台时，如果收款台正忙，则顾客排队等待服务。计算系统的基本数量指标后，即可评价该图书超市的运营情况。

[**例 7—10**] 某汽车加油站有两台油泵为汽车加油，站内最多能容纳 6 辆汽车。已知待加油车辆相继到达的间隔时间服从负指数分布，平均每小时到达 18 辆。若加油站中已有 k 辆汽车，当 $k \geqslant 2$ 时，有 $k/6$ 的待加油车辆将离去，另求服务。加油时间服从负指数分布，平均每辆车需要 5 分钟。请求解以下问题：

（1）加油站空闲的概率；

（2）两台加油泵全忙的概率；

（3）加油站客满的概率；

（4）若每服务 1 辆车，加油站可获得 10 元利润，则平均每小时可获利多少？

（5）每小时平均损失多少顾客？

（6）平均等待加油的车辆数是多少？

（7）平均有多少车位被占用？

（8）进入加油站的车辆，平均等待多长时间才能开始加油？共需多少时间才能离开？

解：这是 $M/M/2/6/\infty/FCFS$ 混合制排队系统。根据定理 6.1，车辆相继到达的间隔时间服从负指数分布，等价于顾客到达服从参数为 λ 的泊松分布。模型参数为：

服务台数：$C = 2$

平均到达率：$\lambda = 18$（辆／小时）

平均服务率：$\mu = 1/5$（辆／分）$= 12$（辆／小时）
$$\lambda/\mu = 3/2$$

当 $k \geqslant 2$ 时，有 $k/6$ 的待加油车辆将离去，因此系统在不同状态下的实际到达率 λ_k 和实际服务率 μ_k 是随 k 变化的。因为系统容量为 6，所以 $k = 0$，$1,2,3,4,5,6$。

当 $0 \leqslant k < 2$，站内仅有 1 辆车或没有车，$\mu_k = k\mu$；当 $2 \leqslant k \leqslant 6$，站内至少有 2 辆车，两个服务台同时工作，$\mu_k = 2\mu$。因此，

$$\mu_k = \begin{cases} k\mu, & 0 \leqslant k < 2 \\ 2\mu, & 2 \leqslant k \leqslant 6 \end{cases}$$

当 $0 \leqslant k < 2$，站内仅有 1 辆车或没有车，新来的车辆不会离去，$\lambda_k = \lambda$。当 $2 \leqslant k \leqslant 6$，站内至少有 2 辆车。一方面以 λ 的速度来车，同时来到的车辆又有 $k/6$ 离去，实际达到率 $\lambda_k = (1 - k/6)\lambda$。因此，

$$\lambda_k = \begin{cases} \lambda, & 0 \leqslant k < 2 \\ (1 - k/6)\lambda, & 2 \leqslant k \leqslant 6 \end{cases}$$

其状态转移速度图如图 7—9 所示。

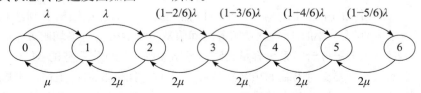

图 7—9　例 7—10 的状态转移速度图

根据每个状态的转入率等于转出率，可写出状态概率方程：

$$\lambda p_0 = \mu p_1 \Rightarrow p_1 = \frac{\lambda}{\mu} p_0 = \frac{3}{2} p_0$$

$$\lambda p_0 + 2\mu p_2 = (\lambda + \mu) p_1 \Rightarrow p_2 = \frac{1}{2\mu}\left[(\lambda + \mu)p_1 - \lambda p_0\right]$$
$$= \frac{\lambda^2}{2\mu^2} p_0 = \frac{9}{8} p_0$$

$$\lambda p_1 + 2\mu p_3 = \left(\frac{2}{3}\lambda + 2\mu\right) p_2 \Rightarrow p_3 = \frac{1}{2\mu}\left[\left(\frac{2}{3}\lambda + 2\mu\right)p_2 - \lambda p_1\right]$$
$$= \frac{1}{2\mu}\left[\left(\frac{2}{3}\lambda + 2\mu\right)\frac{9}{8} - \frac{3\lambda}{2}\right]p_0 = \frac{9}{16} p_0$$

$$p_4 = \frac{\lambda}{4\mu} p_3 = \frac{27}{128} p_0$$

$$p_5 = \frac{\lambda}{6\mu} p_4 = \frac{27}{512} p_0$$

$$p_6 = \frac{\lambda}{12\mu} p_5 = \frac{27}{4\,096} p_0$$

根据 $\sum\limits_{k=0}^{6} p_k = 1$，可得

$$p_0 + \frac{3}{2} p_0 + \frac{9}{8} p_0 + \frac{9}{16} p_0 + \frac{27}{128} p_0 + \frac{27}{512} p_0 + \frac{27}{4\,096} p_0 = 1$$

解得：

$$p_0 \approx 0.224\,33, \quad p_1 \approx 0.336\,49, \quad p_2 \approx 0.252\,37, \quad p_3 \approx 0.126\,18,$$
$$p_4 \approx 0.047\,32, \quad p_5 \approx 0.011\,83, \quad p_6 \approx 0.001\,48$$

由此可知：

（1）加油站空闲的概率 $p_0 = 0.224\,33$。

（2）两台加油泵全忙的概率 $p_{忙} = p_2 + p_3 + p_4 + p_5 + p_6 = 0.439\,18$。

（3）加油站客满的概率 $p_6 = 0.001\,48$。

（4）每小时可服务的顾客数为：

$$\mu_e = \lambda_e = 0 \cdot p_0 + \mu p_1 + 2\mu \sum_{k=2}^{6} p_k = 14.578\ 2(辆／小时)$$

每小时可获利 $R = 10\mu_e = 145.78$ 元。

（5）每小时平均损失的顾客数：

$$\lambda_损 = \lambda - \lambda_e = 18 - 14.578 = 3.421\ 8(辆／小时)$$

（6）平均等待加油的车辆数，即平均队列长：

$$L_q = \sum_{k=3}^{6} (k-2) p_k$$
$$= 0.126 + 2 \times 0.047 + 3 \times 0.012 + 4 \times 0.001$$
$$= 0.262\ 23(辆)$$

（7）平均被占用车位数，即平均队长：

$$L_s = L_q + \frac{\lambda_e}{\mu}$$
$$= 0.262 + \frac{14.578}{12}$$
$$\approx 1.477\ 08(辆)$$

（8）进入加油站车辆的平均等待时间

$$W_q = \frac{L_q}{\lambda_e} = \frac{0.262\ 23}{14.578\ 2} \approx 0.018(小时) = 1.08(分钟)$$

（9）总共需要时间，即平均逗留时间：

$$W_s = W_q + \frac{1}{\mu} = 0.101(小时) = 6.06(分钟)$$

[**例 7—11**] 某汽修部有 3 个修理组，对外提供修车服务，共有 6 个停车位，当所有车位被占满时，新到达的车辆将自动离开，另求服务。已知每天前来修理的车辆数量服从泊松分布，平均每天 4 辆；每个修理组修复 1 辆车所用时间服从负指数分布，平均每天修复 2 辆。当修理部待修车辆不足 3 辆时，空闲的修理组会协助修理。若 3 个组同修 2 辆车，则修复速度提高到每天 5 辆；若 3 个组同修 1 辆车，修复速度提高到每天 4 辆。经核算，每修复一辆车可盈利 2 000 元。试问：

（1）该系统可建立何种类型的排队模型进行分析？试画出状态转移速度图，并写出状态转移速度矩阵。

（2）修理部每天盈利多少？

（3）待修车辆从到达汽修部到修复离开为止，共需要多长时间？

（4）平均每天有多少车位被占用？

（5）平均每天有多少辆车得不到修理而离开？

解：（1）该系统可归结为 $M/M/3/6/\infty/FCFS$ 混合制排队系统，$\lambda = 4$ 辆/天，$\mu = 2$ 辆/天。

实际服务率是变化的，即

$$\mu_k = \begin{cases} 3\mu, & k \geqslant 3 \\ 5, & k = 2 \\ 4, & k = 1 \end{cases}$$

其状态转移速度图如图 7—10 所示。

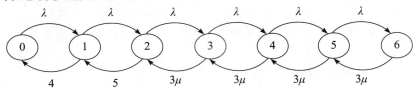

图 7—10 例 7—11 的状态转移速度图

状态转移速度矩阵为：

$$\Lambda = \begin{pmatrix} -4 & 4 & & & & & \\ 4 & -8 & 4 & & & & \\ & 5 & -9 & 4 & & & \\ & & 6 & -10 & 4 & & \\ & & & 6 & -10 & 4 & \\ & & & & 6 & -10 & 4 \\ & & & & & 6 & -6 \end{pmatrix}$$

状态概率方程为 $P\Lambda = 0$，其中，$P = (p_0, p_1, p_2, p_3, p_4, p_5, p_6)$。

打开状态概率方程，得如下方程组：

$$\begin{cases} -4p_0 + 4p_1 = 0 \\ 4p_0 - 8p_1 + 5p_2 = 0 \\ 4p_1 - 9p_2 + 6p_3 = 0 \\ 4p_2 - 10p_3 + 6p_4 = 0 \\ 4p_3 - 10p_4 + 6p_5 = 0 \\ 4p_4 - 10p_5 + 6p_6 = 0 \\ 4p_5 - 6p_6 = 0 \end{cases} \Rightarrow \begin{cases} p_1 = p_0 \\ p_2 = \dfrac{1}{5}(8p_1 - 4p_0) = \dfrac{1}{5} \times 4p_0 = \dfrac{4}{5}p_0 \\ p_3 = \dfrac{1}{6}(9p_2 - 4p_1) = \dfrac{1}{6}(\dfrac{36}{5} - 4)p_0 = \dfrac{8}{15}p_0 \\ p_4 = \dfrac{1}{6}(10p_3 - 4p_2) = \dfrac{1}{6}(\dfrac{80}{15} - \dfrac{16}{5})p_0 = \dfrac{16}{45}p_0 \\ p_5 = \dfrac{1}{6}(10p_4 - 4p_3) = \dfrac{1}{6}(\dfrac{160}{45} - \dfrac{32}{15})p_0 = \dfrac{32}{135}p_0 \\ p_6 = \dfrac{1}{6}(10p_5 - 4p_4) = \dfrac{1}{6}(\dfrac{320}{135} - \dfrac{64}{45})p_0 = \dfrac{64}{405}p_0 \end{cases}$$

根据 $\displaystyle\sum_{k=0}^{6} p_k = 1$，得基本概率指标如下：

$$p_0 = \frac{1}{1 + 1 + \dfrac{4}{5} + \dfrac{8}{15} + \dfrac{16}{45} + \dfrac{32}{135} + \dfrac{64}{405}} = \frac{405}{1\,654} \approx 0.245$$

$p_1 \approx 0.244\,9$

$p_2 \approx 0.195\,9$

$p_3 \approx 0.130\,6$

$p_4 \approx 0.087\,1$

$p_5 \approx 0.058\,1$

$$p_6 \approx 0.038\ 7$$

(2) 修理部每天盈利为：

$$2\ 000\mu_e = 2\ 000 \times (0 \times p_0 + 4p_1 + 5p_2 + 6p_3 + 6p_4 + 6p_5 + 6p_6)$$
$$= 2\ 000 \times (0 + 0.980 + 0.980 + 6 \times 0.315)$$
$$= 2\ 000 \times 3.850$$
$$= 7\ 700(\text{元})$$

或者（因舍入误差，结果略有差异）

$$\mu_e = \lambda_e = \lambda(1 - p_6) = 4 \times (1 - 0.039) = 3.845$$
$$\Rightarrow 2\ 000\mu_e = 7\ 690(\text{元})$$

(3) 待修车辆从到达汽修部到修复离去为止所需时间，即平均逗留时间：

$$W_s = W_q + 1/\mu$$

(4) 平均每天被占用车位数量，即平均队长 $L_s = W_s\mu_e$。

(5) 平均每天得不到修理而离去的车辆数 $\lambda_{损} = \lambda - \lambda_e$。

最后（3）、（4）、（5）的具体运算，请读者根据给出的公式自行完成。

7.3.2　排队系统的优化

[例 7—12] 现计划兴建一座码头，只有 1 个泊位装卸船只，要求设计其装卸能力（每日装卸的船只数量），使每天的总支出最少。已知数据资料如下：

单位装卸能力每天平均消耗生产费用 $a = 2\ 000$ 元；

船只到港后如不能及时装卸，每滞留 1 天的损失费为 $b = 1\ 500$ 元；

预计船只的平均到港率为 $\lambda = 3$ 只/日；

船只到达的间隔时间和装卸时间均服从负指数分布。

解：服务台就是装卸船只的泊位，到港装卸的船只就是请求服务的顾客，船只到达为泊松流，装卸时间服从负指数分布，该系统可视为 $M/M/1$ 等待制排队系统。需要设计的装卸能力就是服务率 μ，目标要求是每天的总支出最少。

每天的费用有两项：一项与装卸能力（服务率 μ）成正比，表示为 $a\mu$；另一项与每天平均滞留的船只数 L_s 成正比，表示为 bL_s。总费用 F 可表示为服务率 μ 的函数：

$$F = a\mu + bL_s = a\mu + b \cdot \frac{\lambda}{\mu - \lambda}$$

$$\frac{\mathrm{d}F}{\mathrm{d}\mu} = a + \frac{-b\lambda}{(\mu - \lambda)^2} = 0 \quad \Rightarrow \quad (\mu - \lambda)^2 = \frac{b\lambda}{a}$$

$$\mu_1 = \lambda + \sqrt{\frac{b\lambda}{a}}$$

$$\mu_2 = \lambda - \sqrt{\frac{b\lambda}{a}}$$

由于 $M/M/1$ 等待制系统只有当 $\lambda < \mu$ 时才有意义（无穷级数收敛条件），因此舍去 μ_2，则

$$\mu = \lambda + \sqrt{\frac{b\lambda}{a}} = 3 + \sqrt{\frac{1.5 \times 3}{2}} = 4.5(\text{只/天})$$

如果已知每个泊位每天可装卸 2 只船，每天耗费生产费用 $a = 2\,000$ 元，其他数据资料同上，现要求设计装卸船只的泊位数，使每天的总费用最少。此时该系统成为 $M/M/C$ 等待制排队系统，要求对服务台进行优化设计，即求最佳服务台数 C。目标要求仍是总费用最少。

总费用等于生产费用与滞留损失费用之和，生产费用与服务台数成正比，滞留损失费用与每天平均滞留的船只数成正比，则

$$F = aC + bL_s = 2C + 1.5L_s$$

由于服务台数 C 只能是整数，因此费用函数不连续。由负荷强度 $\rho < 1$，知

$$\rho = \frac{\lambda}{C\mu} < 1 \quad \Rightarrow \quad C > \frac{\lambda}{\mu} = \frac{3}{2} \quad \Rightarrow \quad C = 2, 3, 4, \cdots$$

根据 $M/M/C$ 等待制系统的数量指标公式，计算对应的 L_s 和 F 取值（见表 7—1）。

表 7—1　　　　　　　　　　　　服务台数 C 与总费用 F 关系表

C	p_0	L_q	L_s	F
2	1/7	27/14	24/7	9.143
3	4/19	9/38	33/19	8.605
4	40/181	81/1 810	1 398/905	10.317

查表可知，最佳服务台数 $C = 3$，此时总费用最小，约为 8 605 元。

本章小结

本章详细介绍了 8 个典型的排队模型。其研究步骤是：首先明确系统的意义，画出状态转移速度图，写出状态概率方程；然后推导相应的数量指标公式，包括基本概率指标、与"队长"有关的指标以及与"时间"有关的指标；最后，利用这些数量指标对排队系统进行评价，或者对排队系统进行优化设计。

排队模型综合应用的前提是深刻理解各类排队模型。首先，必须对问题背景进行仔细分析，选择并建立恰当的排队模型；其次，明确要求解的问题可归结为对哪个模型特征量的优化分析。静态优化一般可归结为对某个特征量的设计，动态优化过程则要对现行运营情况进行评价，提出改进措施，再重新计算并进行调整。

实际上，排队论模型还有很多类型，如 $M/G/1$ 排队模型、$GI/M/1$ 排队模型、$M/E_k/1$ 排队模型、$E_k/M/1$ 模型、$M/D/1$ 排队模型、$D/M/1$ 排队模型等。重要的是掌握研究排队论问题的一般思路和方法，其核心是状态概率方程和各种数量指标的基本定义。在经典排队模型的基础上，读者可举一反三，扩充自己的研究范围。

本章内容框架如下：

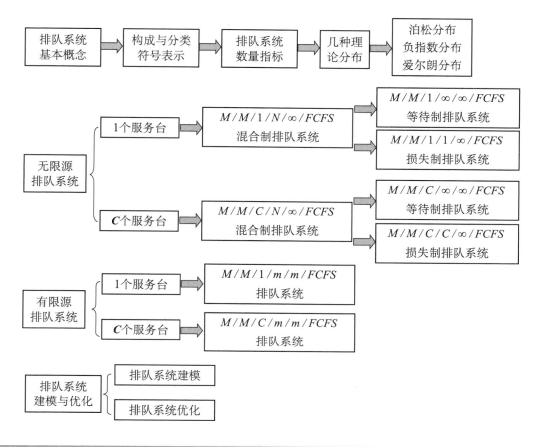

附录 A

$M/M/C/N/\infty/FCFS$ 混合制排队系统中 p_0 计算公式的证明。

证明：

$$\because p_n = \frac{C^n}{n!}\rho^n p_0, \quad 1 \leqslant n \leqslant C$$

$$p_n = \frac{C^C}{C!}\rho^n p_0, \quad C < n \leqslant N$$

$$\sum_{n=0}^{C} p_n = \sum_{n=0}^{C} \frac{C^n}{n!}\rho^n p_0 = \sum_{n=0}^{C} \frac{(C\rho)^n}{n!} p_0$$

$$\sum_{n=C+1}^{N} p_n = \sum_{n=C+1}^{N} \frac{C^C}{C!}\rho^n p_0 = \frac{C^C}{C!} p_0 \sum_{n=C+1}^{N} \rho^n$$

$$= \frac{C^C}{C!} p_0 \left(\sum_{n=0}^{N} \rho^n - \sum_{n=0}^{C} \rho^n \right)$$

$$= \frac{C^C}{C!} p_0 \left(\frac{1-\rho^{N+1}}{1-\rho} - \frac{1-\rho^{C+1}}{1-\rho} \right)$$

$$= \frac{C^C}{C!} p_0 \frac{\rho(\rho^C - \rho^N)}{1-\rho}$$

$$\therefore \sum_{n=0}^{N} p_n = \sum_{n=0}^{C} p_n + \sum_{n=C+1}^{N} p_n$$
$$= \Big[\sum_{n=0}^{C} \frac{(C\rho)^n}{n!} p_0 + \frac{C^C}{C!} p_0 \frac{\rho(\rho^C - \rho^N)}{1-\rho} \Big]$$
$$= 1$$
$$\therefore p_0 = \Big[\sum_{n=0}^{C} \frac{(C\rho)^n}{n!} + \frac{C^C}{C!} \frac{\rho(\rho^C - \rho^N)}{1-\rho} \Big]^{-1}$$

附录 B

$M/M/1/\infty/\infty$ 单服务台等待制无限源排队系统的平均队长公式推导。

证明：无限源排队系统，系统容量 $N \to \infty$，令 $\rho = \lambda/\mu < 1$，则

$$L_s = \sum_{n=0}^{\infty} n p_n = \sum_{n=0}^{\infty} n \Big(\frac{\lambda}{\mu} \Big)^n \Big(1 - \frac{\lambda}{\mu} \Big)$$
$$= \sum_{n=0}^{\infty} n (\rho)^n (1-\rho) = \rho(1-\rho) \sum_{n=1}^{\infty} n\rho^{n-1}$$
$$= \rho(1-\rho)\big[1 + 2\rho + 3\rho^2 + 4\rho^3 + \cdots + n\rho^{n-1} + \cdots \big]$$

令 $f(\rho) = \rho + \rho^2 + \rho^3 + \cdots + \rho^n + \cdots$，则

$$f'(\rho) = 1 + 2\rho + 3\rho^2 + 4\rho^3 + \cdots + n\rho^{n-1} + \cdots$$
$$f(\rho) = \rho \sum_{n=0}^{\infty} \rho^{n-1} = \frac{\rho}{1-\rho}$$

故

$$f'(\rho) = \frac{1}{(1-\rho)^2}$$
$$\therefore L_s = \rho(1-\rho) \times \frac{1}{(1-\rho)^2} = \frac{\rho}{(1-\rho)}$$
$$= \frac{\lambda/\mu}{1-\lambda/\mu} = \frac{\lambda}{\mu - \lambda}$$

附录 C

$M/M/C/$ 等待制排队系统中 p_0 计算公式的证明。

证明：已知 $M/M/C/N/\infty/FCFS$ 混合制排队系统中 p_0 计算公式为：

$$p_0 = \Big[\sum_{n=0}^{C} \frac{(C\rho)^n}{n!} + \frac{C^C}{C!} \frac{\rho(\rho^C - \rho^N)}{1-\rho} \Big]^{-1}$$
$$= \Big[\sum_{n=0}^{C-1} \frac{C^n}{n!} \rho^n + \frac{C^C}{C!} \rho^C + \frac{C^C}{C!} \frac{\rho(\rho^C - \rho^N)}{1-\rho} \Big]^{-1}$$
$$= \Big[\sum_{n=0}^{C-1} \frac{C^n}{n!} \rho^n + \frac{C^C}{C!} \frac{\rho^C - \rho^{C+1} + \rho^{C+1} - \rho^{N+1}}{1-\rho} \Big]^{-1}$$
$$= \Big[\sum_{n=0}^{C-1} \frac{C^n}{n!} \rho^n + \frac{C^C}{C!} \frac{\rho^C - \rho^{N+1}}{1-\rho} \Big]^{-1}$$

$$\therefore \lim_{N\to\infty} p_0 = \lim_{N\to\infty}\left[\sum_{n=0}^{C-1}\frac{C^n}{n!}\rho^n + \frac{C^C}{C!}\frac{\rho^C-\rho^{N+1}}{1-\rho}\right]^{-1}$$

$$= \left[\sum_{n=0}^{C-1}\frac{C^n}{n!}\rho^n + \frac{C^C\rho^C}{C!(1-\rho)}\right]^{-1}$$

附录 D

用数学归纳法证明：$M/M/1/m/m$ 排队系统中 p_k 的递推公式为：

$$p_k = \frac{m!}{(m-k)!}\left(\frac{\lambda}{\mu}\right)^k p_0 \quad (0 < k \leqslant m)$$

证明：（1）当 $k=1$ 时，$p_1 = \frac{m!}{(m-k)!}\left(\frac{\lambda}{\mu}\right)^k p_0 = m\left(\frac{\lambda}{\mu}\right)p_0$，显然成立。

（2）设 $p_k = \frac{m!}{(m-k)!}\left(\frac{\lambda}{\mu}\right)^k p_0$ 成立，由状态概率方程知：

$$(m-k+1)\lambda p_{k-1} + \mu p_{k+1} = [(m-k)\lambda + \mu]p_k$$

$$(m-k+1)\lambda\frac{m!}{(m-k+1)!}\left(\frac{\lambda}{\mu}\right)^{k-1}p_0 + \mu p_{k+1}$$

$$= [(m-k)\lambda+\mu]\frac{m!}{(m-k)!}\left(\frac{\lambda}{\mu}\right)^k p_0$$

$$\frac{m!}{(m-k)!}\left(\frac{\lambda}{\mu}\right)^k \mu p_0 + \mu p_{k+1}$$

$$= \frac{m!}{(m-k-1)!}\left(\frac{\lambda}{\mu}\right)^{k+1}\mu p_0 + \frac{m!}{(m-k)!}\left(\frac{\lambda}{\mu}\right)^k \mu p_0$$

$$p_{k+1} = \frac{m!}{(m-k-1)!}\left(\frac{\lambda}{\mu}\right)^{k+1}p_0$$

即当 $k+1$ 时也成立，由数学归纳法知，命题得证。

关于 $M/M/C/m/m$ 排队系统中 $p_k(0<k\leqslant C)$ 的递推公式，同样可用数学归纳法证明。

习 题

一、排队模型

1. 某理发店只有一名理发师，来理发的顾客按泊松分布到达，平均每小时 4 人，理发时间服从负指数分布，平均需 6 分钟。

（1）判断排队系统类型，画出系统的状态转移速度图；

（2）求出理发店空闲的概率、店内有 3 个顾客的概率、店内至少有 1 个顾客的概率；

（3）求出店内顾客平均数、在店内平均逗留时间；

（4）求出等待服务的顾客平均数、平均等待服务时间。

2. 某银行有 3 个出纳员，顾客以平均速度为 4 人/分钟的泊松流到达，所有的顾客排成一队，出纳员与顾客的交易时间服从平均数为 1/2 分钟的负指数分布，试求：

(1) 银行内空闲时间的概率；

(2) 银行内顾客数为 n 时的稳态概率；

(3) 平均队列长 L_q；

(4) 银行内的顾客平均数 L_s；

(5) 顾客在银行内的平均逗留时间 W_s；

(6) 等待服务的平均时间 W_q。

3. 某加油站有一台油泵。来加油的汽车按泊松流到达，平均每小时 20 辆，但当加油站已有 n 辆汽车时，新来汽车中将有一部分不愿意等待而离开，离开概率为 $n/4(n = 0,1,2,3,4)$。油泵给一辆汽车加油所需要的时间为均值 3 分钟的负指数分布。

(1) 画出排队系统的状态转移速度图；

(2) 导出其平衡方程式；

(3) 求出系统的运行参数 $L_s, L_q, \lambda_e, W_s, W_q$。

4. 某停车场有 10 个停车位置，车辆按泊松流到达，平均每小时 10 辆。每辆车在该停车场平均存放时间为 10 分钟，存放时间服从负指数分布。试求：

(1) 停车场平均空闲的车位；

(2) 一辆车到达找不到空闲车位的概率；

(3) 车辆到达停车场的有效到达率；

(4) 若该停车场每天营业 10 小时，则平均有多少台车因找不到车位而离开？

5. 有一部电话的公用电话亭打电话的顾客服从 $\lambda = 6$ 个/小时的泊松分布，平均每人打电话时间为 3 分钟，服从负指数分布。试求：

(1) 到达者在开始打电话前需等待 10 分钟以上的概率；

(2) 顾客从到达时算起到打完电话离开超过 10 分钟的概率；

(3) 管理部门决定当打电话顾客平均等待时间超过 3 分钟时，将安装第二部电话，问当 λ 值为多大时需安装第二部电话？

6. 设一个维修组负责修理 3 台相同的设备。每台设备连续正常运转时间长度相互独立且服从平均值为 9 小时的负指数分布，设备当且仅当出现故障时停止运转，维修组每次只能修理 1 台设备，故障修理时间服从平均值为 2 小时的负指数分布。

(1) 指出该排队系统的类型及参数，画出排队系统的状态转移速度图；

(2) 求出稳定状态的概率分布，以及设备平均每次停止运行的时间长度；

(3) 设每台设备每运行一小时可创造净产值的平均数为 200 元，每停止运行一小时可造成平均数为 100 元的损失，试求这 3 台设备平均每天的净产值（每天按 24 小时计算）。

7. 某排队系统，顾客按参数为 λ 的泊松分布到达。当系统只有一名顾客时，由一名服务员为其服务，平均服务率为 μ；当系统中有两名以上顾客时，增加一名助手，并由服务员和助手一起共同对每名顾客依次服务，其平均服务率为 $m(m > \mu)$。上述情况下，服务时间服从负指数分布。该系统客源无限，等待空间无限，服务规则为 FCFS，试求：

（1）系统中无顾客的概率；

（2）服务员及助手的平均忙期；

（3）当 $\lambda = 15$，$\mu = 20$，$m = 30$ 时，求（1）、（2）的数值解。

8. 高射炮阵地有三个瞄准系统，每一瞄准系统在每一时刻只能对一架来犯敌机进行瞄准。假定敌机按泊松流到来，平均每分钟到达 1.2 架。瞄准时间按负指数分布，平均瞄准时间为 2.5 分钟。当三个瞄准系统分别对三架敌机进行瞄准时，则后来的敌机就会窜入后方进行轰炸。

（1）指出该高射炮阵地是哪一种服务系统；

（2）画出系统状态转移速度图；

（3）建立系统状态概率关系；

（4）求出系统空闲的概率；

（5）求出敌机没有遭到瞄准射击而窜入阵地后方进行轰炸的概率；

（6）若要求未遭到瞄准射击的概率小于 0.05，则应设置多少瞄准系统为宜？

9. 某汽车修理部有 4 个修理工，每个修理工可以单独修理汽车，也可以和其他修理工合作共同修理汽车。前来修理部寻求修理的汽车按泊松流到达，平均每天到达 2 辆。当修理部内有 4 辆汽车时，后来的汽车将离开。修理 1 辆汽车所需时间服从负指数分布，若 1 个修理工修理 1 辆汽车，则平均需 3 天；若 2 个修理工修理 1 辆汽车，则平均需 2 天；若 3 或 4 个修理工修理 1 辆汽车，则平均需 1.5 天。

（1）画出系统状态转移速度图；

（2）求系统状态概率；

（3）求系统损失率；

（4）求系统中平均汽车数量；

（5）求每辆汽车在系统中逗留的时间。

二、排队系统优化

1. 今有两名工人同时负责修理 6 台同类设备，若设备故障按泊松流发生，且 $\lambda = 1$ 台/天；修复时间服从负指数分布，每个工人每天可修理 3 台设备。试求：

（1）p_0，L_s，L_q，λ_e，W_s 及设备完好率；

（2）今若每一修理工人负责修理 3 台同类设备，试与上述合在一起的系统进行比较分析。

2. 某检验中心为各工厂服务，要求作检验的工厂到来服从泊松流，$\lambda = 48$ 次/天，每次来检验由于停工等原因损失 6 元。服务时间服从负指数分布，$\mu = 25$ 次/天，每设置一个检验员成本为 4 元/天。其他条件符合标准的 $M/M/C$ 模型，应设几个检验员才能使总费用期望值最小？

3. 某厂有一机修组专门修理某种类型的设备。已知该设备的损坏率服从泊松流，平均每天 2 台。修复时间服从负指数分布，平均每台的修理时间为 $1/\mu$ 天。但 μ 是一个与机修人员多少及维修设备机械化程度（即与修理设备年开支费用 K）等有关的函数。已知 $\mu(K) = 0.1 + 0.001K(K \geqslant 1\,900\,元)$，又已知设备损坏后，每台每天的停产损失为 400 元，试决定该厂修理最经济的 K 值及 μ 值。（提示：以一个月为期进行计算。）

4. 设一套卸货设备，每次只能给一条船卸货，每周到达船数是服从参数为 λ 的泊松分布，卸货时间服从参数为 μ 的负指数分布。设卸货费用与卸货速度成正比，其值为 $k\mu$，船停在码头上的费用 W 与时间成正比，其值为 cW，k 和 c 均为常数，求使费用最小的卸货速度。

三、研究讨论题

1. 是否所有的排队模型都必须满足 $\rho < 1$ 的条件？为什么？请分不同情况进行讨论。

2. 怎样证明排队论中的公式？能归纳出一些主要方法或证明思路吗？模型和公式很多，怎样归纳整理？能总结出一些记忆规则吗？

第 8 章

库存模型

本章要点:

1. 库存系统与库存的基本策略
2. 经济批量订货模型及其扩展形式
3. 单时期库存模型及其应用
4. 多时期库存模型及其应用

库存系统有输入、库存和输出三个基本组成部分。无论是订货还是生产,输入都会补充库存,使库存量增加;输出是对库存量的消耗,以满足市场需求;库存是为了平衡生产与消费之间的动态需求,是生产与消费之间的缓冲环节。过低的库存量无法满足消费的动态需求,会导致缺货,但过高的库存量会造成高额的库存费用(见图 8—1)。因此,库存管理的根本目的是既要满足生产和消费两方面的动态需求,又要设法降低库存费用、节约库存投资。

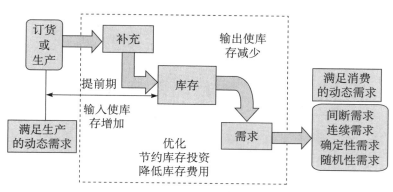

图 8—1 库存系统

研究库存补充和库存消耗与库存周期之间的关系是库存问题建模的关键。明确货物从生产或订货到入库所花费的各种费用,估算货物的库存费用及损毁情况对构造库存问题的目标函数非常重要。在补充速度和消耗速度均为常数的理想状态下,库存问题的建模与求解都比较简单方便。然而现实中的很多库存问题并非如此，只有理解库存问题的根本目的才能更好地建立具体情境下的库存模型。

库存模型包括确定性库存模型和随机性库存模型两大类。在确定性库存模型中，经济批量订货（economic ordering quantity，EOQ）模型是传统而经典的库存模型，也是本章的核心内容，必须掌握 EOQ 基本模型及其扩展模型。随机性库存模型分为单时期库存模型和多时期库存模型。单时期库存模型将一个库存周期作为时间的最小单位，若货物销完不再补充；若销不完，所剩货物对下一周期无用。多时期库存模型与单时期库存模型的区别是：每个周期期末的剩余库存货物对下一周期仍然有用。

§8.1 库存系统的基本概念

1. 补充

通过订货或生产使库存量增加就是对库存的输入（补充）过程。随着市场需求的不断满足，库存量会逐渐下降，只有适时地进行补充，才能满足后续的市场需求。在库存系统的输入中，有些因素是可控的，一般控制的是补充量（每次订购量或生产量）和补充时机（订货的时间或生产循环时间）。

从开始生产或发出订货到货物入库需要一段时间，相对入库时刻而言，称其为提前期；相对生产或订货时刻而言，称其为滞后期。滞后期和提前期可能很长，也可能较短；或者是随机性的，或者是确定性的。如果补充库存的方式是在很短的时间里一次补充完成，称为瞬时补充；如果补充的方式是在满足市场需求的情况下逐渐补充完成，则称为逐渐补充。

2. 需求

库存的目的是为了满足未来需求。随着需求的满足，库存量会随之减少。需求可能是间断发生的，也可能是连续发生的。图 8—2 和图 8—3 分别表示需求量随时间变化的情况，输出量皆为 $S-W$，但两者的输出方式不同。前者是间断的，后者是连续的。

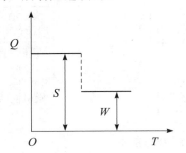
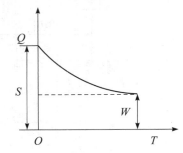

图 8—2　需求量随时间的间断变化　　图 8—3　需求量随时间的连续变化

需求量可以是确定性的，如某厂成品车间约定每天向厂内运输部门请调空车 20 辆；需求量也可以是随机性的，如某纺织品批发部，每天批发的商品品种和数量都不尽相同，但经过大量统计后，会发现批发商品的品种和数量呈现出一定的统计规律，称为有一定随机分布规律的需求，即随机需求。

3. 库存系统的基本策略

一个库存策略是指何时对库存系统进行补充以及补充多少的策略。常见的库存策略有周期性库存策略与连续性库存策略。前者主要包括 T 循环策略、(T,S) 策略，以及 (T,s,S) 策略；后者主要包括 (s,Q) 策略和 (s,S) 策略。

（1）T 循环策略。

该策略的补充过程是每隔时间 T 补充一次，每次补充一个批量 $Q_i = Q$，且补充可瞬间完成，即补充时间可以忽略不计。假定 $t = 0$ 时，库存量 $Y = Q$，则

$$Q_i = \begin{cases} Q, & \text{若 } i = T, 2T, \cdots, nT \\ 0, & \text{若 } i \neq T, 2T, \cdots, nT \end{cases} (nT \leqslant T_0)$$

式中，i 代表循环周期 T 整数倍的时刻；T_0 为计划期，Q_i 为补充量。若已知需求速度或需求率（需求量对时间的变化率）是固定不变的，库存可如此安排，即当库存量下降为零时正好补充下一批物品，其库存量 Y 随时间 t 的变化关系如图 8—4 所示。

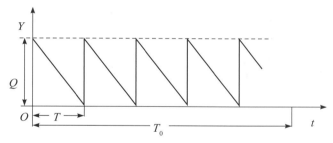

图 8—4　循环策略库存状态图

（2）(T,S) 策略。

每隔时间 T 盘点一次，并将库存量补充到 S。每次的补充量 $Q_i = S - Y_i$，其中 Y_i 是补充前的库存量。这种类型的库存策略，其库存状态图如图 8—5 所示。

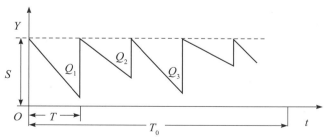

图 8—5　(T, S) 策略库存状态图

（3）(T, s, S) 策略。

每隔时间 T 盘点一次，当发现库存量 Y_i 小于保险库存量 s 时，就补充到库存水平 S，否则不进行补充。因此补充量 Q_i 为：

$$Q_i = \begin{cases} S - Y_i, & Y_i < s \\ 0, & Y_i \geqslant s \end{cases}$$

其库存状态图如图 8—6 所示。

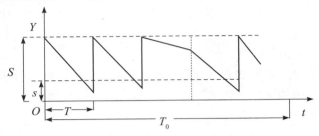

图 8—6 (T, s, S) 策略库存状态图

4. 库存建模中的各种费用

研究库存系统的运作过程，并合理估算每个环节的费用情况是研究库存问题的关键所在，因为库存问题优化的目的是使库存系统所消耗的平均费用达到最小。具体的费用估算要视问题的具体情境而定，需要进行大量的、耐心细致的调研。一般情况下，库存系统中发生的费用主要包括订货费、生产费、库存费和缺货损失费等。

（1）订货费。

订货费指企业向外采购物资的费用，由两项费用构成。一是仅与订货次数有关而与订货数量无关的费用，如每次订货的手续费、交通费、拟定合同及与供应商联系的办公费和人工费等。二是和订购量有关的可变费用，如货物的成本费和运输费等。

（2）生产费用。

生产费用指企业自行生产库存物品的费用，由两项费用构成。一是仅与生产次数有关，而与生产批量无关的装备费用（生产准备费），如启动生产流水线前需要进行设备检修、更换模具、进行调试等发生的费用。二是与生产批量有关的费用，即生产消耗性费用。

（3）库存费。

库存费包括仓库保管费、流动资金占用的利息以及货物损坏变质等造成的损失费用。这些费用的大小随库存物品数量的增加而增加，也与库存物品的性质有关。仓库保管费有仓库的租金、场地占用费、保管员的工资、设施维修费和保险费用，还包括防火、防盗、防虫、防腐等发生的费用。库存积压会占用资金，造成利息损失和相关的机会成本。库存货物的损耗、变质和报废，与库存物品的具体特性有关，如对蔬菜瓜果等易腐品的库存，需要视具体问题而论。

（4）缺货损失费。

缺货损失费指因缺货不能及时满足客户需求所造成的相关损失，如客户停工待料的损失、合同违约的赔偿等直接损失，潜在顾客的流失、客户延期付货造成的收益损失、客户抱怨和服务满意度方面的间接损失。缺货损失费与缺货数量及缺货时间有关，不同情境会有不同的估算标准。在不允许缺货的情况下，可以认为缺货损失费为无穷大。

5. 库存问题的目标函数

在库存问题中，通常把目标函数取为平均费用函数或平均利润函数，所选策略应使平均费用达到最小或使平均利润达到最大。

研究库存问题的基本方法是：将实际问题进行适当简化，抓住问题的本质，建立恰当的库存模型，通过模型求解得出最佳库存策略。库存模型包括确定性库存模型（模型中的数据都是确定的数值）和随机性库存模型（模型中含有随机变量，而不是确定的数值）。本章仅介绍一些经典的库存模型，并从中得出相应的库存策略。

§8.2　确定性库存模型

确定性库存模型是指对库存物资的需求率确切已知的情况。

8.2.1　经济订货批量模型

1. 模型假设

最简单的经济订货批量模型是瞬时进货，且不允许缺货的模型。为使模型易于理解且便于计算，作如下假设：

（1）需求是连续均匀的，需求速度为常数 R，则 T 时间内的需求量为 $Q_1 = RT$。

（2）当库存量降至零时，可立即补充，不会造成缺货。

（3）每次订购费为 C_3，单位货物库存费为 C_1，两者都为常数。

（4）每次订购量相同，均为 Q_1。

（5）缺货损失费 C_2 无穷大。

库存状态变化图如图 8—7 所示。

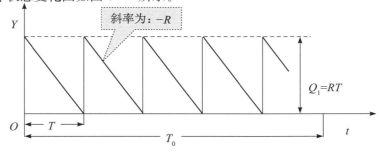

图 8—7　库存状态变化图

2. 建立模型

最优库存策略是：求使总费用最小的订货批量 Q^* 和订货周期 T^*（T 循环策略）。首先分析模型的费用函数如下：

$$\text{总费用}\begin{cases} \text{一次订购费、} C_3 \\ \text{购买货物的费用：} KRT \\ T \text{ 时间段内的平均库存费：} C_1RT/2 \end{cases}$$

式中，K 为货物单价；订购量 $Q^* = RT$。由于 T 时间段内的平均库存量是最大库存量 Q_1 的一半，因此库存费用为 $C_1RT/2$。将订购和购买货物的总费用 $C_3 + KRT$ 平摊到 T 时间段，在没有缺货损失费的情况下，T 时间内总的平均费用为：

$$C(T) = \frac{1}{2}C_1RT + \frac{(C_3 + KRT)}{T}$$

$$\frac{\mathrm{d}C(T)}{\mathrm{d}T} = \frac{1}{2}C_1R - \frac{C_3}{T^2}$$

令 $\dfrac{\mathrm{d}C(T)}{\mathrm{d}T} = 0$，求解，得

$$T^* = \sqrt{\frac{2C_3}{C_1R}} \tag{8—1}$$

$$Q^* = RT^* = \sqrt{\frac{2C_3R}{C_1}} \tag{8—2}$$

式（8—2）就是库存论中著名的经济订货批量公式。

由于货物单价 K 与 Q^*，T^* 无关，若不考虑购买货物的费用 KRT，则 T 时间内总的平均费用为：

$$C(T) = \frac{1}{2}C_1RT + \frac{C_3}{T} \tag{8—3}$$

得最低总费用：

$$C(T^*) = \frac{1}{2}C_1R\sqrt{\frac{2C_3}{C_1R}} + C_3\sqrt{\frac{C_1R}{2C_3}} = \frac{1}{2}\sqrt{2C_1C_3R} + \frac{1}{2}\sqrt{2C_1C_3R}$$

$$= \sqrt{2C_1C_3R} \tag{8—4}$$

库存策略的费用曲线如图 8—8 所示。

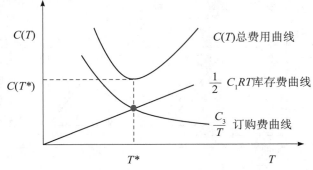

图 8—8　库存策略的费用曲线

若已知全年需求量为 D，每次订货量为 Q，则年订货次数为 D/Q，订货周期为 Q/D。参照式（8—2）、式（8—3）和式（8—4）的推导过程，可得

$$Q^* = \sqrt{\frac{2C_3 D}{C_1}} \tag{8—5}$$

$$C(Q) = \frac{C_3 D}{Q} + \frac{C_1 Q}{2} \tag{8—6}$$

$$C(Q^*) = C_3 D \sqrt{\frac{C_1}{2C_3 D}} + \frac{C_1}{2}\sqrt{\frac{2C_3 D}{C_1}} = \sqrt{2C_1 C_3 D} \tag{8—7}$$

因此最佳订货周期为：

$$T^* = \frac{Q^*}{D} = \sqrt{\frac{2C_3}{C_1 D}} \tag{8—8}$$

讨论：若全年的需求量提高到原来需求量的 n 倍，是否订货批量也应该是原来的 n 倍呢?

由式（8—5）和式（8—8）可知：

$$Q^* = \sqrt{\frac{2C_3 D \times n}{C_1}} = \sqrt{n} \times \sqrt{\frac{2C_3 D}{C_1}}, \quad n \geqslant 1$$

$$T^* = \sqrt{\frac{2C_3}{C_1 D \times n}} = \frac{1}{\sqrt{n}}\sqrt{\frac{2C_3}{C_1 D}}$$

[例 8—1] 某厂对某种材料的全年需求量为 1 040 吨，其单价为 1 200 元/吨，每次采购该种材料的订购费为 2 040 元，每年保管费为 170 元/吨。试求工厂对该种材料的最优订货批量、每年订货次数及全年的费用。

解：由于全年需求量为常数，且不考虑缺货损失费，可用经济订货批量模型来求解。已知 $D = 1\,040$，$C_1 = 170$，$C_3 = 2\,040$，由式（8—2），得

最优订货批量：$Q^* = \sqrt{\frac{2 \times 2\,040 \times 1\,040}{170}} \approx 157.987$（吨）

每年订货次数：$\frac{1\,040}{158} \approx 6.582$（次）

若订货 6 次，总费用为：

$$6 \times \left(2\,040 + \frac{1\,040}{6} \times 1\,200 + \frac{1}{2} \times \frac{1\,040}{6} \times 170\right)$$
$$= 134.864（万元）$$

若订货 7 次，总费用为：

$$7 \times \left(2\,040 + \frac{1\,040}{7} \times 1\,200 + \frac{1}{2} \times \frac{1\,040}{7} \times 170\right)$$
$$= 135.068（万元）$$

因此，订货 6 次更合算，每次订货量为 1 040/6，每年的总费用为 134.864 万元。

8.2.2 经济订货批量模型的扩展

1. 逐渐补充且不允许缺货的模型

（1）模型假设。

在瞬时补充且不允许缺货的模型中，将瞬间补充的假设放宽为逐渐补充。补充是需要时间的，在生产补充的过程中，还要同时满足市场需求。假设在时间 t_P 内生产批量为 Q_1，则生产速率 $P = Q_1/t_P$。库存状态的变化图如图8—9所示。

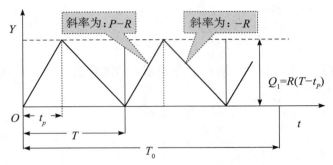

图8—9　库存状态变化图

（2）建立模型。

由于在 t_P 时间段内，每单位时间将生产 P 件产品，但必须消耗 R 件来满足市场需求。因此单位时间内库存量的净增量为 $P-R$，即图8—9中 t_P 时间段内库存量变化曲线的斜率为 $P-R$。

由模型假设知，t_P 时间段内的产量等于 T 时间段内的全部需求量 RT，故有：

$$P \cdot t_P = RT \quad \Rightarrow \quad t_P = \frac{RT}{P}$$

T 时间段内的平均库存量为：

$$\frac{1}{2}(P-R) \times t_P = \frac{(P-R)}{2P}RT$$

则单位时间的平均总费用为：

$$C(T) = \frac{C_3}{T} + \frac{(P-R)}{2P}RT \cdot C_1$$

令 $\dfrac{\mathrm{d}C(T)}{\mathrm{d}T} = 0$，得

$$最佳周期 \ T^* = \sqrt{\frac{2C_3}{C_1 R}} \cdot \sqrt{\frac{P}{P-R}}$$

$$最佳生产批量 \ Q^* = RT^* = \sqrt{\frac{2C_3 R}{C_1}} \cdot \sqrt{\frac{P}{P-R}}$$

$$最佳生产时间 \ t_P = \frac{RT^*}{P} = \sqrt{\frac{2C_3 R}{C_1}} \cdot \sqrt{\frac{1}{P(P-R)}}$$

最小平均总费用 $C(Q^*) = \sqrt{2C_1C_3R} \cdot \sqrt{\dfrac{P-R}{P}}$

可以看出，当生产速率 $P \to \infty$ 时，$t_P \approx 0$，该模型就返回到瞬时补充且不允许缺货的模型。

[例 8—2] 某电视机厂自行生产扬声器用来装配本厂生产的电视机，每台电视机装一个扬声器。该厂每天生产 100 台电视机，而扬声器生产车间每天可以生产 5 000 个扬声器。已知该厂每批电视机装配的生产准备费为 5 000 元，而每个扬声器每天的库存费用为 0.02 元。试确定该厂扬声器的最佳生产批量、生产时间和电视机的安装周期。

解：该问题符合逐渐补充且不允许缺货的经济订货批量模型。已知需求率 $R = 100$ 台/每天，生产率 $P = 5\,000$ 台/每天，生产准备费 $C_3 = 5\,000$ 元，库存费 $C_1 = 0.02$ 元/每天。

最佳安装周期 $T^* = \sqrt{\dfrac{2C_3}{C_1R}}\sqrt{\dfrac{P}{P-R}} = \sqrt{\dfrac{2 \times 5\,000}{0.02 \times 100}} \times \sqrt{\dfrac{5\,000}{5\,000-100}} \approx 71\,(天)$

最佳生产批量 $Q^* = \sqrt{\dfrac{2C_3R}{C_1}}\sqrt{\dfrac{P}{P-R}} = \sqrt{\dfrac{2 \times 5\,000 \times 100}{0.02}} \times \sqrt{\dfrac{5\,000}{5\,000-100}}$
$\approx 7\,143\,(个)$

最佳生产时间 $t_P = \dfrac{Q^*}{P} = \dfrac{7\,143}{5\,000} \approx 1.43\,（天）$

2. 瞬时补充且允许缺货的模型

（1）模型假设。

设单位物品的缺货损失费为 C_2，缺货时库存量为零，存在需求缺口。其余假设条件与瞬时补充且不允许缺货的模型相同。允许缺货，一方面可以减少订货费用和库存费用，但另一方面会造成直接和间接的经济损失。因此需要权衡费用的得失，寻找最优库存策略，使总费用最小。瞬时补充且允许缺货模型的库存状态变化图如图 8—10 所示。

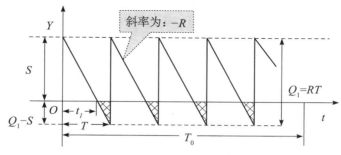

图 8—10　库存状态变化图

（2）建立模型。

设初始库存量为 S，可满足 t_1 时间段内的需求，需求缺口为 $Q_1 - S$，订货量 $Q_1 = RT$。t_1 时间段内的平均库存量为 $S \times t_1/2$，库存周期 T 内的最大缺货量为 $Q_1 - S$，平均缺货量为 $(Q_1-S)(T-t_1)/2$。因 S 仅能满足 t_1 时间段内的需求，故 $t_1 = S/R$ 。

平均库存量：$\dfrac{1}{2}S \times t_1 = \dfrac{1}{2} \times \dfrac{S^2}{R}$

平均缺货量：$\dfrac{1}{2}(RT-S)(T-t_1) = \dfrac{1}{2} \times \dfrac{(RT-S)^2}{R}$

平均总费用函数：$C(t,S) = \dfrac{1}{T}\left[\dfrac{1}{2}\dfrac{C_1S^2}{R} + \dfrac{1}{2}\dfrac{C_2(RT-S)^2}{R} + C_3\right]$ (8—9)

令 $\dfrac{\partial C(T,S)}{\partial T} = 0$ ，$\dfrac{\partial C(T,S)}{\partial S} = 0$ ，求得

$$T^* = \sqrt{\dfrac{2C_3}{C_1R}} \times \sqrt{\dfrac{C_1+C_2}{C_2}} \tag{8—10}$$

$$S^* = \sqrt{\dfrac{2RC_3}{C_1}} \times \sqrt{\dfrac{C_2}{C_1+C_2}} \tag{8—11}$$

$$Q^* = RT^* = \sqrt{\dfrac{2RC_3}{C_1}} \times \sqrt{\dfrac{C_1+C_2}{C_2}} \tag{8—12}$$

$$C^* = \min C(T,S) = C(T^*,S^*) = \sqrt{2C_1C_3R} \times \sqrt{\dfrac{C_2}{C_1+C_2}} \tag{8—13}$$

可以看出，当 $C_2 \to \infty$ 时，$\sqrt{\dfrac{C_2}{C_1+C_2}} \to 1$ ，模型返回到瞬时补充且不允许缺货的 EOQ 模型。最大缺货量为：

$$S' = Q^* - S^* = \sqrt{\dfrac{2C_1C_3R}{C_2(C_1+C_2)}} \tag{8—14}$$

综上所述，在允许缺货条件下的最佳库存策略是：每隔 T^* 订货一次，订货量为 Q^* ，但库存只需达到 S^* 。允许缺货时的最佳订货周期是不允许缺货时的 $\sqrt{\dfrac{C_1+C_2}{C_2}}$ 倍，所以两次订货间隔的时间延长了，订货次数也就减少了。

[例 8—3] 某批发站每月需某种产品 100 件，每次订购费为 5 元。若每次货物到达后存入仓库，每件每月的库存费为 0.4 元。假定允许缺货，缺货损失费为每件 0.15 元。求最优初始库存量 S^* 和最小库存总费用 $C^*(T^*,S^*)$ 。

解：已知需求率 $R = 100$ ，库存费用 $C_1 = 0.4$ ，缺货损失费 $C_2 = 0.15$ ，订购费 $C_3 = 5$ 。

$$T^* = \sqrt{\dfrac{2 \times 5}{0.4 \times 100}} \times \sqrt{\dfrac{0.4+0.15}{0.15}} \approx 0.96\,(月)$$

$$S^* = \sqrt{\dfrac{2 \times 5 \times 100}{0.4}} \times \sqrt{\dfrac{0.15}{0.4+0.15}} \approx 26.11\,(件)$$

$$C^*(T^*,S^*) = \sqrt{2 \times 0.4 \times 5 \times 100} \times \sqrt{\dfrac{0.15}{0.4+0.15}} \approx 10.44\,(元)$$

3. 逐渐补充且允许缺货的模型

（1）模型假设。

假设允许缺货且库存补充需要一定的时间，其余假设与瞬时补充且不允许

缺货的模型相同。该模型是以上三种模型的综合。其库存状态变化图如图 8—11 所示。

设生产速率为 P，需求速度为 $R(P > R)$。当库存达到最大库存量 S 时停止生产，循环周期为 T。在周期 T 中，生产时间为 t_3，库里有产品的时间是 t_2，库里无产品的时间是 $T - t_2$。最大库存量与最大缺货量之和为 $Q_1 = R(T - t_3)$，最大缺货量是 $R(T - t_3) - S$。

（2）建立模型。

设当达到最大缺货量 $Q_1 - S$ 时开始组织生产，每天生产的 P 件产品中，有 R 件产品满足当天的市场需求，其余的 $P - R$ 件产品用于补充上期的缺货，多余的产品补充库存。经过时间段 t_3 后库存达到最大库存量 S，则停止生产。

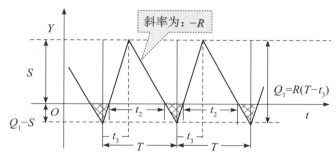

图 8—11　库存状态变化图

周期 T 内的平均装配费用（相当于订购费）为：C_3/T

周期 T 内的平均库存费用为：$\dfrac{1}{T}\left[\dfrac{S}{2} \cdot t_2 \cdot C_1\right] = \dfrac{1}{2}C_1 S \cdot \dfrac{t_2}{T}$

周期 T 内的平均缺货费为：

$$\frac{1}{T}\left[\frac{1}{2}(Q_1 - S) \cdot (T - t_2) \cdot C_2\right] = \frac{1}{2T} \cdot C_2(Q_1 - S)(T - t_2)$$

因此，平均总费用函数为：

$$C(T,S) = \frac{C_1 S}{2T}t_2 + \frac{1}{2T}C_2(Q_1 - S)(T - t_2) + \frac{C_3}{T} \tag{8—15}$$

利用下面的三个关系式，将 $C(T,S)$ 化为不包含 Q_1 和 t_2 的函数：

（1）t_3 时间段内的产量满足了周期 T 内的全部需求，即

$$Pt_3 = RT \quad \Rightarrow \quad T = \frac{P}{R}t_3 \tag{8—16}$$

（2）t_3 时间段内的产量既满足了 t_3 时间段内的需求，又补足了上一期的缺货 $Q_1 - S$，同时也使库存达到最大库存量 S。故有：

$$Pt_3 = Rt_3 + (Q_1 - S) + S \Rightarrow t_3 = \frac{Q_1}{P - R} \tag{8—17}$$

将式（8—16）代入式（8—17），得

$$T = \frac{P}{R} \cdot \frac{Q_1}{P - R} \tag{8—18}$$

（3）由相似三角形的比例关系知，$\dfrac{t_2}{T} = \dfrac{S}{Q_1}$（底边之比等于相应的高之比），则

$$t_2 = \frac{S}{Q_1} \cdot \frac{P}{R} \cdot \frac{Q_1}{P-R} = \frac{PS}{R(P-R)} \qquad (8-19)$$

因此，有

$$C(T,S) = \frac{C_1 S}{2T} \cdot \frac{PS}{R(P-R)} + \frac{1}{2T} C_2 \left[\frac{RT(P-R)}{P} - S \right] \left[T - \frac{PS}{R(P-R)} \right] + \frac{C_3}{T}$$

$$= \frac{C_1 S^2}{2RT} \cdot \frac{P}{(P-R)} + \frac{C_2 \left[RT(P-R) - PS \right]^2}{2RT \times P(P-R)} + \frac{C_3}{T} \qquad (8-20)$$

令 $\alpha = C_2/(C_1 + C_2)$，$\beta = (P-R)/P$，化简后，得

$$C(S,T) = \frac{C_1}{2R\beta} \cdot \frac{S^2}{T} + \frac{C_2 R\beta}{2} T - C_2 S + \frac{C_2 S^2}{2R\beta} \cdot \frac{1}{T} + \frac{C_3}{T}$$

$$\begin{cases} \dfrac{\partial C(S,T)}{\partial S} = \dfrac{C_1}{R\beta} \cdot \dfrac{S}{T} - C_2 + \dfrac{C_2}{R\beta} \cdot \dfrac{S}{T} = 0 \\[2mm] \dfrac{\partial C(S,T)}{\partial T} = -\left(\dfrac{C_1 S^2}{2R\beta} + \dfrac{C_2 S^2}{2R\beta} + C_3 \right) \dfrac{1}{T^2} + \dfrac{C_2 R\beta}{2} = 0 \end{cases}$$

解得：

$$\begin{cases} S = \alpha\beta RT \\[2mm] \dfrac{1}{T^2} \left(\dfrac{C_1 S^2}{R\beta} + \dfrac{C_2 S^2}{R\beta} + 2C_3 \right) = C_2 R\beta \end{cases} \Rightarrow T^2 = \frac{2C_3(C_1+C_2)}{R\beta C_1 C_2}$$

最优循环周期 $T^* = \sqrt{\dfrac{2C_3}{C_1 R}} \sqrt{\dfrac{C_1+C_2}{C_2}} \sqrt{\dfrac{P}{P-R}} \qquad (8-21)$

最大库存水平 $S^* = \sqrt{\dfrac{2RC_3}{C_1}} \sqrt{\dfrac{C_2}{C_1+C_2}} \sqrt{\dfrac{P-R}{P}} \qquad (8-22)$

最小平均总费用 $C(T^*,S^*) = \sqrt{2C_1 C_3 R} \sqrt{\dfrac{C_2}{C_1+C_2}} \sqrt{\dfrac{P-R}{P}} \qquad (8-23)$

最优订货批量 $Q^* = RT^* = \sqrt{\dfrac{2RC_3}{C_1}} \sqrt{\dfrac{C_1+C_2}{C_2}} \sqrt{\dfrac{P}{P-R}} \qquad (8-24)$

最大缺货量 $Q^* - S^* = \sqrt{\dfrac{2C_1 C_3 R}{(C_1+C_2)C_2}} \sqrt{\dfrac{P-R}{P}} \qquad (8-25)$

当 $C_2 \to \infty, P \to \infty$ 时，模型返回到瞬时补充且不允许缺货的模型；当 $C_2 \to \infty$ 时，模型返回到逐渐补充且不允许缺货的模型；当 $P \to \infty$ 时，模型返回到瞬时补充且允许缺货的模型。

[例 8—4] 某企业生产某种产品的速度是每月 300 件，销售速度是每月 200 件，库存费用每月每件为 4 元，每次生产准备费为 80 元，允许缺货，每件缺货损失费为 14 元，试求最优订货周期、最优订货批量、最大库存量及最小平均总费用。

解：已知 $R = 200$ 件/月，$P = 300$ 件/月，生产准备费 $C_3 = 80$ 元，单位产品每月每件的库存费 $C_1 = 4$ 元，缺货损失费 $C_2 = 14$ 元。则

最优订货周期 $T^* = \sqrt{\dfrac{2 \times 80}{4 \times 200}} \sqrt{\dfrac{4+14}{14}} \sqrt{\dfrac{300}{300-200}}$

$$\approx 0.88\,(月)$$

$$最优订货批量\,Q^* = \sqrt{\frac{2\times 80\times 200}{4}}\sqrt{\frac{4+14}{14}}\sqrt{\frac{300}{300-200}}$$

$$\approx 175.66\,(件)$$

$$最小平均总费用\,C^*(S,T) = \sqrt{2\times 80\times 4\times 200}\sqrt{\frac{14}{4+14}}\sqrt{\frac{300-200}{300}}$$

$$\approx 182.17\,(元)$$

$$最优最大库存量\,S^* = \sqrt{\frac{2\times 80\times 200}{4}}\sqrt{\frac{14}{4+14}}\sqrt{\frac{300-200}{300}}$$

$$\approx 45.54\,(件)$$

4. 价格折扣率

为鼓励需求或扩大市场占有率，商家常对客户实行大批量订货的价格优惠。一般情况下，购买数量越多，单价就越低（见图 8—12）。若其他假设条件与瞬时补充且不允许缺货的 EOQ 模型相同，那么当单价随订购量变化时，应如何确定相应的库存策略？

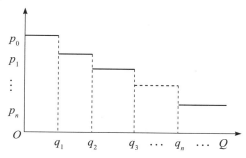

图 8—12　价格折扣示意图

设货物单价 $p_i(i=0,1,2,\cdots,n)$ 与订货量 Q 之间的关系如下：

$$\begin{cases} p_0, & 0\leqslant Q < q_1 \\ p_1, & q_1 \leqslant Q < q_2 \\ \quad\vdots \\ p_n, & Q\geqslant q_n \end{cases}$$

式中，$q_j(j=1,2,\cdots,n)$ 为价格折扣的分界点，且满足 $p_0 > p_1 > p_2 > \cdots > p_n$。

该问题的平均总费用函数为：

$$f_i(Q) = \frac{1}{2}C_1 Q + \frac{C_3 R}{Q} + R p_i \tag{8—26}$$

求解步骤是：

（1）先不考虑价格折扣因素，用 EOQ 模型求出最佳订货批量 Q^*，并确定 Q^* 落在哪个区间。如果落在 $[q_i, q_{i+1}]$ 内，则最小平均总费用为：

$$f_i(Q^*) = \sqrt{2C_1 C_3 R} + R p_i \tag{8—27}$$

（2）考虑折扣因素。因 $p_{i-1} > p_i$，当 $Q < Q^*$ 时不仅会导致费用增加，而且无法享受价格优惠；当 $Q > Q^*$ 时，虽然平均总费用会增加，但享受价格折扣后又会节约很多费用。因此，需要将不享受价格折扣的总费用 $f_i(Q^*)$ 与享受价格折扣后的总费用 $f_i(q_{i+1})$，$f_i(q_{i+2})$，…，$f_i(q_n)$ 进行比较，取总费用最小的订购量为最优订购量。

[**例 8—5**] 某医院药房每年需要某种药 1 000 瓶，每次订购费为 5 元，每瓶药每年的保管费为 0.4 元，每瓶药单价为 2.5 元。制药厂提出的价格折扣条件为：

（1）订购 100 瓶时，价格折扣率为 0.05；

（2）订购 300 瓶时，价格折扣率为 0.1。

求：（1）该医院是否愿意接受有折扣率的条件？

（2）若医院每年对这种药的需求量为 100 瓶，而其他条件不变，医院应采用什么库存策略？

解：（1）若不考虑价格折扣，则：

$$最优订货批量 \ Q^* = \sqrt{\frac{2\times5\times1\,000}{0.4}} \approx 158\,(瓶)$$

$$总费用 \ f_i(Q^*) = \sqrt{2\times1\,000\times5\times0.4} + 1\,000\times2.5\times0.95$$
$$\approx 2\,438\,(元)$$

若要享受价格折扣，取 $Q = 300$ 瓶，则

$$f_i(Q) = \frac{1}{2}\times0.4\times300 + \frac{5\times1\,000}{300} + 1\,000\times2.5\times0.9 \approx 2\,327\,(元)$$

所以应该接受每次订购 300 瓶的价格折扣。

（2）若不考虑价格折扣，则：

$$最优订货批量 \ Q^* = \sqrt{\frac{2\times5\times100}{0.4}} = 50\,(瓶)$$

$$总费用 \ f_i(Q^*) = \sqrt{2\times100\times5\times0.4} + 100\times2.5 = 270\,(元)$$

若取 $Q = 100$ 瓶，则

$$f_i(Q) = \frac{1}{2}\times0.4\times100 + \frac{5\times100}{100} + 100\times2.5\times0.95 = 262.5\,(元)$$

因此，医院应采用每次订购 100 瓶的库存策略。

§8.3　随机性库存模型

随机性库存模型的特点是：需求随机但已知其概率分布。许多实际问题都有以往的历史资料，可以找出需求变化的统计规律，并确定其概率分布。然后以盈利的期望值作为衡量标准，求出使盈利期望值最大的库存策略作为最优库存策略。随机性库存模型分为单时期随机库存模型和多时期随机库存模型。

8.3.1 单时期随机库存模型

单时期随机库存模型将一个库存周期作为时间的最小单位，一次性订货。若销售完毕，并不补充进货；若销不完，货物对下一期无用。在多时期随机库存模型中，每个周期期末的库存货物对下一周期仍然可用。由于需求是不确定的，这就形成了两难境地：若订货过多卖不出去，就得降价处理而造成损失；若订货过少，则因供不应求而失去了潜在的销售机会。该问题的库存策略就是要确定一个适当的订货量。

1. 需求是随机离散的单时期随机库存模型

典型的单时期随机需求问题就是报童问题。有一报童每天售报的数量是一个离散的随机变量，设销售量 r 的概率分布 $P(r)$ 为已知，每张报纸的成本为 μ 元，售价为 v 元（$v > \mu$）。如果报纸当天卖不出去，第二天就要降价处理，处理价格为 w 元（$w < \mu$），报童每天最好准备多少份报纸？

该问题的求解就是确定报童每天的订购量 Q 为多少时，盈利的期望值最大或者损失的期望值最小。因此选择盈利的期望值为目标函数，求解的目的是确定最佳订购量 Q^*。

若订购量 Q 大于等于实际需求量 r（$Q \geqslant r$），盈利的期望值为：

$$\sum_{r=0}^{Q} [(v-\mu)r - (\mu-w) \times (Q-r)] P(r)$$

即对所有 $r \leqslant Q$ 的可能取值，计算每种结果的盈利，然后按照出现这种可能的概率 $P(r)$ 计算其期望值。$(v-\mu)r$ 是每天卖出 r 份报纸的盈利，$(\mu-w)(Q-r)$ 是剩余 $(Q-r)$ 份报纸降价处理造成的损失。

订购量小于需求量（$Q < r$）时，盈利的期望值为：

$$\sum_{r=Q+1}^{\infty} (v-\mu) Q P(r)$$

即对所有 $r > Q$ 的可能取值，计算全部卖出得到的盈利，并按照概率 $P(r)$ 计算其期望值。

因此对任意 Q，总的盈利期望值为：

$$C(Q) = \sum_{r=0}^{Q} [(v-\mu)r - (\mu-w)(Q-r)] P(r) + \sum_{r=Q+1}^{\infty} (v-\mu) Q P(r)$$

$$(8-28)$$

最佳订购量应满足以下条件，使得"多一份就太多，而少一份就太少"。

$$C(Q^*) \geqslant C(Q^*+1) \tag{8-29}$$

$$C(Q^*) \geqslant C(Q^*-1) \tag{8-30}$$

根据式（8—29），可得

$$\sum_{r=0}^{Q} [(v-\mu)r - (\mu-w)(Q-r)] P(r) + \sum_{r=Q+1}^{\infty} (v-\mu) Q P(r) \geqslant$$

$$\sum_{r=0}^{Q+1} [(v-\mu)r - (\mu-w)(Q+1-r)] P(r) + \sum_{r=Q+2}^{\infty} (v-\mu)(Q+1) P(r)$$

化简，得

$$\sum_{r=0}^{Q} P(r) \geqslant \frac{v-\mu}{v-w} \tag{8—31}$$

同理，由式（8—30），可得

$$\sum_{r=0}^{Q-1} P(r) \leqslant \frac{v-\mu}{v-w} \tag{8—32}$$

综合以上结果，最佳订货量 Q^* 应满足：

$$\sum_{r=0}^{Q-1} P(r) \leqslant \frac{v-\mu}{v-w} \leqslant \sum_{r=0}^{Q} P(r) \tag{8—33}$$

上述推导若以损失的期望值为目标函数，同样可以得到每天的最佳订购批量 Q^*。报童问题具有广泛的实际背景，若把生产需求的某种零件或顾客需求的某种商品看成是报童所卖的报纸，则问题的实质是一样的。

[**例 8—6**] 某商店销售一种日用品，已知日用品的进货单价为 50 元，销售单价为 70 元；若发生滞销，每件日用品将亏损 10 元。根据以往的经验，甲商品销售量 r 服从参数 $\lambda = 6$ 的泊松分布，$P(r) = \dfrac{e^{-\lambda}\lambda^r}{r!}$ $(r = 0, 1, 2, \cdots)$。该商店的最佳订货批量为多少件？

解：已知 $u = 50$ 元/件，$v = 70$ 元/件，$u - w = 10$，$w = 40$ 元/件。

$$\frac{v-u}{v-w} = \frac{70-50}{70-40} = \frac{2}{3} \approx 0.667$$

$$F(6) = \sum_{x=0}^{6} \frac{e^{-6}6^x}{x!} = 0.606$$

$$F(7) = \sum_{x=0}^{7} \frac{e^{-6}6^x}{x!} = 0.744$$

由于 $F(6) < 0.667 < F(7)$，故最佳订货批量 $Q^* = 7$ 件。

2. 需求是随机连续的单时期随机库存模型

设有某种单时期需求的物资，需求量 r 为连续型随机变量，已知其概率密度为 $\varphi(r)$。每件物品的成本为 μ 元，售价为 v 元（$v > \mu$）。若销售不完，下一期就要降价处理，处理价格为 w 元（$w < \mu$）。求最佳订货批量 Q^*。

将上述离散模型中的求和方式改为积分形式，得结果如下：

$$C(Q) = \int_0^Q [(v-\mu)r - (\mu-w)(Q-r)]P(r)\,\mathrm{d}r + \int_{Q+1}^{\infty}(v-\mu)QP(r)\,\mathrm{d}r$$

$$= (v-\mu)Q + (v-w)\int_0^Q r\varphi(r)\,\mathrm{d}r - (v-w)\int_0^Q Q\varphi(r)\,\mathrm{d}r$$

由于 $C(Q)$ 的表达式中含有参变量积分，可用如下公式求导[①]：

$$\frac{\mathrm{d}}{\mathrm{d}u}\int_{a(u)}^{b(u)} f(x,u)\,\mathrm{d}x = \int_{a(u)}^{b(u)} \frac{\partial f(x,u)}{\partial u}\,\mathrm{d}x + f(b(u),u)b'(u)$$
$$- f(a(u),u)a'(u).$$

---

① 参见叶其孝、沈永欢：《实用数学手册》（第 2 版），第 246 页，北京，科学出版社，2005。

$$\frac{\mathrm{d}C(Q)}{\mathrm{d}Q} = (v-\mu) + (v-w)Q\varphi(Q) - (v-w)\left[\int_0^Q \varphi(r)\mathrm{d}r + Q\varphi(Q)\right]$$

$$= (v-\mu) - (v-w)\int_0^Q \varphi(r)\mathrm{d}r$$

$$\frac{\mathrm{d}^2 C(Q)}{\mathrm{d}Q^2} = -(v-w)\varphi(Q) < 0$$

令 $\dfrac{\mathrm{d}C(Q)}{\mathrm{d}Q} = 0$，解得

$$\int_0^Q \varphi(r)\mathrm{d}r = \frac{v-\mu}{v-w} \tag{8—34}$$

据此可求出使盈利期望值最大的最佳订货批量 Q^*。

[例 8—7] 某书亭经营某种杂志，每册进价 0.80 元，售价 1.00 元。如果过期，处理价格为 0.5 元。根据多年的统计结果，需求服从均匀分布，最大需求量 $b = 1\,000$ 册，最小需求量 $a = 500$ 册。应订货多少才能保证期望利润最大？

解：均匀分布的密度函数为：

$$\varphi(r) = \begin{cases} \dfrac{1}{b-a}, & r \in [a,b] \\ 0, & 其他 \end{cases}$$

由公式（8—34），得

$$\frac{v-\mu}{v-w} = \frac{1.00-0.80}{1.00-0.50} = 0.4$$

令 $\displaystyle\int_0^Q \varphi(r)\mathrm{d}r = \int_a^Q \frac{1}{b-a}\mathrm{d}r = 0.4$，得

$$\frac{Q-a}{b-a} = \frac{Q-500}{1\,000-500} = 0.4 \Rightarrow Q^* = 700（册）$$

因此应订货 700 册，才能保证期望利润最大。

8.3.2　多时期随机库存模型

与单时期随机库存模型不同的是：在多时期随机库存模型中，每个周期的期末库存到下一周期仍然可用，并非进行低价处理。在实际应用中，库存管理往往是随时间动态循环的，因而多时期库存模型的应用会更加广泛，其分析也更为复杂。有效的库存策略需要根据不同物资的需求特点，依据经济的原则来制定。最为常见的多时期库存策略是 (s,S) 策略。模型的目标要求是总费用的期望值最小化。

1. 需求是随机离散的多时期 (s,S) 模型

此类模型的特点是周期性订货。假设在某个周期开始时的初始库存量为 I，按订货量 Q 使库存水平达到 $S = I + Q$。若供不应求，需要承担缺货损失费；若供过于求，则多余部分入库供下一周期使用，需要支付库存费。因此，本周期的总费用就包括订货费、库存费和缺货损失费。

设货物单价为 K，单位库存费为 C_1，单位缺货费为 C_2，每次订货费为 C_3。假定从订货到入库的滞后时间为零，需求量 r 是随机变量，且其概率分布为 $P(r_i)$ $(r_i < r_{i+1}, i = 1, 2, \cdots, m)$。

总费用 $\begin{cases} \text{订货费} & C_3 + KQ \\[2mm] \text{库存费} & \begin{array}{l}\text{当需求量 } r < S \text{ 时，有 } S-r \text{ 部分入库应付库存费；但}\\ \text{需求量 } r \geqslant S \text{ 时，无须库存。因此库存费的期望值为：}\\ \sum\limits_{r<S}(S-r)C_1 P(r)\end{array} \\[4mm] \text{缺货费} & \begin{array}{l}\text{当 } r > S \text{ 时，有}(r-S) \text{ 部分需付缺货费，其期望值为：}\\ \sum\limits_{r>S}(r-S)C_2 P(r)\end{array}\end{cases}$

总费用的期望值为：

$$C(S) = C_3 + K(S-I) + \sum_{r<S}(S-r)C_1 P(r) + \sum_{r>S}(r-S)C_2 P(r)$$

$$(8\text{—}35)$$

能使 $C(S)$ 达到极小值的 S 就是最优库存水平。

由于 r 的取值为 $r_1, r_2, \cdots, r_m$ 中的一个，从不产生剩余库存的角度出发，可以认为 S 的取值范围也在 $r_1, r_2, \cdots, r_m$ 中，即库存水平 S 正好等于某个需求量。设 $S_i = r_i$，$\Delta S_i = S_{i+1} - S_i = \Delta r_i$，$\Delta r_i = r_{i+1} - r_i \neq 0$ $(i = 1, 2, \cdots, m-1)$。

为求出使 $C(S_i)$ 最小的 S，S_i 应满足下列不等式：

(1) 当 $S_{i+1} \geqslant S_i$ 时，$C(S_{i+1}) \geqslant C(S_i)$。

(2) 当 $S_{i-1} \leqslant S_i$ 时，$C(S_{i-1}) \geqslant C(S_i)$。

式中：

$$C(S_{i+1}) = C_3 + K(S_{i+1} - I) + \sum_{r \leqslant S_{i+1}} C_1(S_{i+1} - r)P(r)$$
$$+ \sum_{r > S_{i+1}} C_2(r - S_{i+1})P(r)$$

$$C(S_i) = C_3 + K(S_i - I) + \sum_{r \leqslant S_i} C_1(S_i - r)P(r) + \sum_{r > S_i} C_2(r - S_i)P(r)$$

$$C(S_{i-1}) = C_3 + K(S_{i-1} - I) + \sum_{r \leqslant S_{i-1}} C_1(S_{i-1} - r)P(r)$$
$$+ \sum_{r > S_{i-1}} C_2(r - S_{i-1})P(r)$$

令 $\Delta C(S_i) = C(S_{i+1}) - C(S_i)$，$\Delta C(S_{i-1}) = C(S_i) - C(S_{i-1})$，由不等式（1）可推得：

$$\Delta C(S_i) = K\Delta S_i + (C_1 + C_2)\Delta S_i \sum_{r \leqslant S_i} P(r) - C_2 \Delta S_i \geqslant 0$$

因 $\Delta S_i \neq 0$，得

$$K + (C_1 + C_2)\sum_{r \leqslant S_i} P(r) - C_2 \geqslant 0$$

即 $\sum\limits_{r \leqslant S_i} P(r) \geqslant \dfrac{C_2 - K}{C_1 + C_2}$。

由不等式（2）可推得

$$\sum_{r \leqslant S_i} P(r) \leqslant \frac{C_2 - K}{C_1 + C_2}$$

令临界值 $N = \dfrac{C_2 - K}{C_1 + C_2}$，则

$$\sum_{r \leqslant S_{i-1}} P(r) \leqslant N \leqslant \sum_{r \leqslant S_i} P(r) \tag{8—36}$$

取满足式（8—36）的 S_i 为 S，从而得到订货量 $Q = S - I$。

下面讨论确定保险库存量 s 的方法。

若本周期的初始库存量 $I > s$，则无须订货，即可节省订货费 C_3。当 $s = S$ 时，订货时的总费用与不订货时的总费用之差是订货费 $C_3 > 0$。当 $s < S$ 时，虽然缺货费会增加，但订货费和库存费却可以节省，因此不订货时的总费用仍有可能小于订货时的总费用。即：

$$Ks + \sum_{r \leqslant s} C_1(s-r)P(r) + \sum_{r > s} C_2(r-s)P(r)$$
$$\leqslant C_3 + KS + \sum_{r \leqslant S} C_1(S-r)P(r) + \sum_{r > S} C_2(r-S)P(r) \tag{8—37}$$

因此只要找到某个 $s \leqslant S$ 使得式（8—37）成立，则 s 就是要确定的保险库存量。因为当 s 由 S 开始逐渐减小时，不订货时的总费用会逐渐下降，直到某个 $s \leqslant S$ 时又会逐渐增加。也就是说，开始时订货费和库存费的节省会超过缺货费的增加，但到某个 $s \leqslant S$ 以后，缺货费的增加又会超过节省的订货费和库存费。

[例 8—8] 某企业对某种材料每月需求量的概率如表 8—1 所示。每次订货费为 500 元，每月每吨保管费为 50 元，每月每吨缺货费为 1 500 元，每吨材料的购置费为 1 000 元，该企业欲采用 (s, S) 库存策略来控制库存量，试求 S 和 s 的值。

表 8—1　　　　　　　　　　例 8—8 数据表

需求量 r_i	50	60	70	80	90	100	110	120
概率 $P(r = r_i)$	0.05	0.10	0.15	0.25	0.20	0.10	0.10	0.05

解：已知 $C_1 = 50$，$C_2 = 1\,500$，$C_3 = 500$，$K = 1\,000$，则

$$临界值 N = \frac{C_2 - K}{C_1 + C_2} = \frac{1\,500 - 1\,000}{50 + 1\,500} \approx 0.323$$

$$\sum_{i=1}^{3} P(r_i) = 0.05 + 0.10 + 0.15 = 0.30$$

$$\sum_{i=1}^{4} P(r_i) = 0.05 + 0.10 + 0.15 + 0.25 = 0.55$$

因 $0.3 < N < 0.55 \Rightarrow S = 80$ 吨，当 $S = 80$ 时，订货时的总费用为：

$$C(S) = 500 + 1\,000 \times 80 + 50 \times \{(80 - 70) \times 0.15 + (80 - 60) \times 0.1$$

$$+ (80-50) \times 0.05\} + 1\,500 \times \{(90-80) \times 0.2 + (100-80)$$
$$\times 0.1 + (110-80) \times 0.1 + (120-80) \times 0.05\}$$
$$= 94\,250$$

分别取 $s = 50, 60, 70, 80$，计算不需订货时的总费用：

$$C(s=50) = 1\,000 \times 50 + 1\,500 \times \{(60-50) \times 0.1 + (70-50) \times 0.15$$
$$+ (80-50) \times 0.25 + (90-50) \times 0.20 + (100-50) \times 0.1$$
$$+ (110-50) \times 0.1 + (120-50) \times 0.05\}$$
$$= 10\,100$$

同理得：$C(s=60) = 96\,775$，$C(s=70) = 94\,100$

所以，$C(s=70) < C(S=80) < C(s=60) < C(s=50)$。

显然，只有 $s=70$ 时，不订货的总费用会小于订货时的总费用，此时订货费和库存费的节省超过了缺货费的增加。否则，当 $s=50$ 或 60 时，缺货费的增加会明显超过订货费和库存费的节省。因此，该企业的库存策略为：若期初库存量 $I \leqslant 70$，补充库存达到 80，否则不补充。

2. 需求是随机连续的多时期 (s, S) 模型

假设需求量 r 是连续型的随机变量，其概率密度为 $\varphi(x)$，其他假设与随机离散的多时期 (s, S) 模型相同。问题仍然是确定 S 和 s 的值使总费用的期望值最小。

总费用 $\begin{cases} \text{订货费} \quad C_3 + KQ \\ \\ \text{库存费} \quad \begin{array}{l} \text{当需求量 } r < S \text{ 时，有 } S-r \text{ 部分入库，应付库存费；但} \\ \text{需求量 } r \geqslant S \text{ 时，无须库存。因此库存费的期望值为：} \\ \displaystyle\int_0^S [(S-r)C_1]\varphi(r)\mathrm{d}r \end{array} \\ \\ \text{缺货费} \quad \begin{array}{l} \text{当 } r > S \text{ 时，有 } (r-S) \text{ 部分需付缺货费，其期望值为：} \\ \displaystyle\int_S^\infty [(r-S)C_2]\varphi(r)\mathrm{d}r \end{array} \end{cases}$

总费用的期望值为：

$$C(S) = C_3 + K(S-I) + \int_0^S [(S-r)C_1]\varphi(r)\mathrm{d}r + \int_S^\infty [(r-S)C_2]\varphi(r)\mathrm{d}r$$

利用含参变量微积分的求导公式，得

$$\frac{\mathrm{d}C(S)}{\mathrm{d}S} = K + C_1 \int_0^S \varphi(r)\mathrm{d}r - C_2 \left[\int_0^\infty \varphi(r)\mathrm{d}r - \int_0^S \varphi(r)\mathrm{d}r \right]$$
$$= K + (C_1 + C_2) \int_0^S \varphi(r)\mathrm{d}r - C_2$$

令 $\dfrac{\mathrm{d}C(S)}{\mathrm{d}S} = 0$，得

$$\int_0^S \varphi(r)\mathrm{d}r = \frac{C_2 - K}{C_1 + C_2} \tag{8—38}$$

定义临界值 $N = \dfrac{C_2 - K}{C_1 + C_2}$，由式（8—38）可以确定 S，故最佳订货批量

$Q^* = S - I$。

确定保险库存量 $s(s \leqslant S)$ 的方法是求解下列不等式：

$$Ks + \int_0^s \left[(s-r)C_1\right]\varphi(r)\mathrm{d}r + \int_s^\infty \left[(r-s)C_2\right]\varphi(r)\mathrm{d}r$$
$$\leqslant C_3 + KS + \int_0^S \left[(S-r)C_1\right]\varphi(r)\mathrm{d}r + \int_S^\infty \left[(r-S)C_2\right]\varphi(r)\mathrm{d}r \tag{8—39}$$

[例 8—9] 某商场经销一种电子产品，根据统计分析，该产品的销售量服从区间 [75 100] 内的均匀分布。每台进货价为 4 000 元，单位库存费为 60 元。若缺货，商场将以每台 4 300 元从其他商场进货后再卖给顾客，以维护自己的信誉。每次订购费为 5 000 元。设期初库存为零，试确定最佳订货批量及 s，S 的值。

解：已知 $K = 4\ 000$，$C_1 = 5\ 000$，$C_2 = 60$，$C_3 = 4\ 300$，$I = 0$。

区间 [75 100] 内的均匀分布为：

$$\varphi(r) = \begin{cases} \dfrac{1}{25}, & 75 \leqslant r \leqslant 100 \\ 0, & \text{其他} \end{cases} \quad \left(\text{因为} \int_0^\infty \varphi(r)\mathrm{d}r = 1\right)$$

临界值 $N = \dfrac{C_2 - K}{C_1 + C_2} = \dfrac{4\ 300 - 4\ 000}{60 + 4\ 300} \approx 0.069$

由 $\int_0^S \varphi(r)\mathrm{d}r = \int_{75}^S \dfrac{1}{25}\mathrm{d}r = \dfrac{1}{25}(S - 75)$，得 $\dfrac{1}{25}(S - 75) = 0.069$。

解得 $S \approx 77$，最佳订货批量 $Q^* = S - I = 77 - 0 = 77$ 台。

由式（8—39）知：

$$4\ 000s + 60\int_{75}^s \dfrac{(s-r)}{25}\mathrm{d}r + 4\ 300\int_s^{100} \dfrac{(r-s)}{25}\mathrm{d}r$$
$$\leqslant 5\ 000 + 4\ 000 \times 77 + 60\int_{75}^{77} \dfrac{(77-r)}{25}\mathrm{d}r + 4\ 300\int_{77}^{100} \dfrac{(r-77)}{25}\mathrm{d}r$$

经积分得方程：

$$87.2s^2 - 13\ 380s + 508\ 258 = 0$$

解得一元二次方程的两个根：$s_1 = 69.147 \approx 70$ 台，$s_2 = 84.292 > 77$（无意义，舍去）。

因此该商场的库存策略是：最佳订货批量为 77 台，最大库存量 77 台，保险库存量 70 台。

本章小结

本章基于库存系统的基本概念，主要讨论了两种类型的库存模型：确定性库存模型和随机性库存模型。确定性库存模型中仅介绍了经典的经济订货批量模型，这是本章的核心内容。随机性库存模型有单时期随机库存模型和多时期随机库存模型，报童问题在经济管理领域具有一定的代表性，多时期库存模型仅介绍了（s,S）库存策略。库存论的研究成果很多，本章的内容仅仅是其中传统或经典的部分内容。希望读者能够领会：库存问题的关键是对库存流程和各种费用的分析和估算，其目的是使库存系统的平均总费用达到最小。

本章内容框架如下：

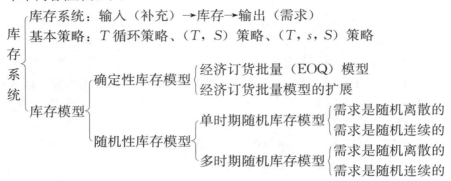

一、计算题

1. 某产品中有一外购件，年需求量为 10 000 件，单价为 100 元，由于该件可在市场采购，故订货提前期为零，并且不允许缺货。已知每组织一次采购需 2 000 元，每件每年的库存费为该件单价的 20%。试求经济订货批量及每年最小的总费用。

2. 某建筑公司每天需要某种标号的水泥 100 吨，该公司每次向水泥厂订购，须支付订购费 100 元，每吨水泥在该公司仓库内每存放一天需支付 0.08 元的保管费，若不允许缺货，并且一订货就可以提货。

(1) 画出该公司的库存状态变化图。

(2) 试问每批订购时间多长，每次订购多少吨水泥费用最省，最小费用为多少？

(3) 从订购之日到水泥入库需 7 天时间，当库存为多少时应发出订货？

3. 某公司有扩充业务的计划，每年需要招聘和培训新的工作人员 60 名。培训采用办培训班的方法，开班一次需要费用 1 000 元（不论学员多少）。每位应聘人员一年的薪金约 540 元，所以公司不愿意在不需要时招聘并训练这些人员；另一方面，在需要他们时却又不能延误。这要求事先进行成批训练，在训练期间，虽未正式使用，但仍需支付全薪。问每次训练几名工作人员才最经济？需要隔多长时间办一期训练班，全年费用为多少？

4. 电视机厂每月需要 10 000 只显像管，每月的生产能力为 30 000 只，每批生产的固定费用为 5 000 元，每月每只显像管的库存费为 1 元。问每批生产多少才能使费用最低？最低费用是多少？

5. 某商店经销收录机，每月可销售 100 台，但若积压一台每月要损失 10 元，缺货一台要损失 40 元，每次订购费为 200 元。最多可允许缺货多少台？

6. 对某产品的需求量为每年 350 件（设一年以 300 个工作日计），已知每次订货费为 50 元，该产品的库存费为每年每件 13.75 元，缺货时的损失为 25 元，订货提前期为 5 天。该产品由于结构特殊，需用专门车辆运送，在向订货单位发货期间每天发货量为 10 件。

（1）求经济订货批量及最大缺货量；

（2）求年最小费用。

7. 某厂采购元件的情况为：若采购数量为 0～1 999 个，则订购单价为 100 元；若采购数量为 2 000 个以上，则订购单价为 80 元。假定年需要量为10 000 个，每次订购的固定费用为 2 000 元，库存费用为每年每个元件 20 元。每批应采购多少个元件？

8. 某服装店某种流行款式时装的春季销量为一随机变量。据估计，其可能销售情况如表 8—2 所示。

表 8—2   某服装店某种流行款式时装的春季销售情况表

销售量 r	15	16	17	18	19
概率 $P(r)$	0.05	0.1	0.5	0.3	0.05

该款式时装进价每套 180 元，售价每套 200 元。因为隔季会过时，则在本季季末抛售价为每套 120 元。设本季内仅能进货一次，则该店本季内进货多少为宜？

9. 对某产品的需求量服从正态分布，已知 $\mu = 150$，$\sigma = 25$。每个产品的进价为 8 元，售价为 15 元，如销售不完按每个 5 元退回原单位。该产品的订货量应为多少个，才能使预期利润最大化？

10. 某厂生产需要某种部件，该部件外购价为每个 850 元，订货费每次 2 825元，若自己生产，则每个成本为 1 250 元，单位库存费为 45 元。该部件的需求量如表 8—3 所示。

表 8—3   某种部件的需求量

需求量 r	80	90	100	110	120
概率 $P(r)$	0.1	0.2	0.3	0.3	0.1

在选择外购策略时，若发生订购数小于实际需求量，工厂将自己生产差额部分。假定期初存货为零，求工厂的订购策略。

11. 已知某产品的单位成本 $K = 5$ 元，单位库存费为 1 元，缺货费为5 元，订购费为 5 元，需求量 x 的概率密度函数为：

$$f(x) = \begin{cases} 0.2, & 5 \leqslant x \leqslant 10 \\ 0, & 其他 \end{cases}$$

设期初库存为零，试确定库存策略 (s, S)。

二、研究讨论题

1. 举出生产和生活中库存问题的实际例子，说明其对改进企业经营管理的意义。

2. 建立库存系统的基本要求是什么？优化的目标函数是什么？

3. 经济订货批量模型的主要假设有哪些？

4. 对比确定性库存模型，说明前三个模型是最后一个模型的特例。

5. 单时期随机库存模型与多时期随机库存模型的区别是什么？

第 9 章

运筹学实践指导

　　实践性是运筹学鲜明的课程特点，本章是为了帮助读者学习应用运筹学思想与方法、加强理论联系实际而收集编写的。大多数案例及素材来自社会实践和科研课题，有真实的背景，数据则根据情况作了适当处理或简化。所增加的"学生习作"选自在校大二学生的小组课程设计，这些学生在将运筹学用于实践方面表现出极大的热情和团队合作精神，他们的作品虽显得稚嫩，却充满活力和创新精神。其艰苦的学习与探索过程、执着地身体力行、历经失败而不气馁、团结战斗力求创新的表现深深地感动着我们。分析与讨论这些案例，相信读者会领略到运筹学的特点、优化模型的灵魂和优化方法的精髓。进一步地可尝试利用提供的背景素材，进行初步的实践。由于问题的规模、数据相对于教材中的例题大得多，因此建议读者使用相应的软件进行计算，比如 Excel、QSB＋等。

§9.1　如何选题

　　选题的标准是：

（1）问题来源于实践，源于对管理实践的细心观察和合理抽象；

（2）明确具体，可操作，易实施；

（3）有一定的理论价值或实际应用价值。

　　观察现实是提出问题的前提和基础。选题之所以困难，主要是因为缺乏对管理实践的细心观察，常常对身边的实际现象熟视无睹。问题明确具体，意味着所研究的问题可以界定清楚，进而可以用数学语言比较准确地表达出来。可操作且易实施，表明研究设计和研究的技术路线是可行的。例如，数据是可获得的，变量是可度量的，方法是有效的、容易实施的，所得结果是有可信度的，等等。有价值和有意义，表明研究是有必要的，研究结果将会有新的发现和新的贡献，对解决实际问题具有一定的指导和借鉴作用。

对于在校大学生的"运筹学实践"课程设计，重要的是理论联系实际，在实践过程中感悟运筹学的思想和理念，加深对运筹学优化方法的认识和理解。同学们可以从自己熟悉的周围环境，从自己的学习和生活中，或者从自己亲友的工作单位去发现问题，收集数据。希望下面的常见选题及评述等内容能起到抛砖引玉的作用，对大家有所启发。

9.1.1　常见选题及评述

1. 营养套餐问题

营养套餐问题是在满足饮食营养要求的条件下，使每天的餐费最省的问题。该问题来自学生就餐的实际背景，选题也具有一定的实际价值。从饮食营养的角度来讲，健康饮食的各项营养指标数据可以从网上获得，建立线性规划模型也没有太大的难度。问题在于中国菜具有复杂的营养成分，比如我们很难得知"干煸豆角"或"宫保鸡丁"的营养成分，而且每个人的饮食偏好不同，正所谓"南甜北咸，东辣西酸"。因此，营养套餐仅仅是从营养角度而言的，并不能解决"有营养但没胃口"的问题。如果有些同学对营养套餐问题感兴趣，建议去研究成分相对简单的西餐，如麦当劳或肯德基套餐的营养状况。

2. 个人投资或储蓄方案设计

投资理财问题具有很好的实际背景，也是同学们在大学生活中经常遇到的理财问题。如果仅仅是几种理财方案的比较，就显得研究问题有些简单。如果是大学四年的理财规划，有可能是一个动态规划问题。每个阶段都有收入来源（父母的资助、奖学金等），也有支出项目，结余的资金可以进行投资或储蓄，如何设计一个四年总收益最大的理财方案是一个有意思的问题。

3. 学习时间的合理安排

学习时间的合理安排问题无疑是有研究价值的实际问题，问题的关键在于"何谓合理"，"合理"的程度怎样度量。换句话讲，该问题的研究中主要是目标的绩效测度比较困难。另外，不同的人具有不同的学习习惯，因而有不同的高效工作时段，研究制定的方案仅适用于个体而没有广泛的适用性。这类问题只能提出合理安排时间的基本原则和充分利用时间的技巧，但不可能得出一个统一的最优安排方案。

4. 图书馆阅览室自习座位的合理摆放

在已知阅览室的结构和面积，也知道桌椅尺寸的情况下，可以寻求最佳的摆放方案以使自习座位数达到最多。这个问题很实际，数据也容易获取。问题很小，但比较具体，也有价值。如果阅览室的面积很大，期末复习时需求又很旺，那么最优摆放方案就非常有价值。若将这一问题进行拓展，可以研究房间装修的最优设计问题，也可以替商场、店铺设计最优的布局方案。

5. 学生选课问题

学生在大学期间需要修满一定的学分，如何选课既能满足学校的各项规定

（约束条件），又能使自己上课门数最少？同学们的兴趣爱好可能有所不同，上一届同学听课后的经验体会也会对你的决策有所影响。这是一个很实际也很有实用价值的问题，不妨设计一个最优选课的小程序，其中线性规划建模是问题的核心。

6. 主楼电梯的调度问题

电梯调度问题是运筹学研究的经典问题之一。学校主楼有两部电梯，一般在上下班时比较繁忙。假如能够仔细调查一下，每天上班或来主楼办事的人员所上楼层的统计信息，那么就可以据此来设计最优的电梯调度方案。该问题很实际、很有价值，研究数据也比较容易获取。优化模型可以考虑电梯运行的路程最短，或者乘电梯的人最方便、最节省时间。

7. 排课问题

排课问题也是经典的运筹学问题，甚至已经有了相应的排课软件，但排课问题的变形花样繁多，仍然有很大的研究余地。例如，系主任给每位教师的排课问题（指派问题），每位教师每年上课的教学时数是有要求的，不同的教师擅长教授的课程有不同（过去三年的上课记录），有些课只有一位老师可以上，有些课有几位老师都可以上，那么怎样根据某年的教学任务来安排各位教师的工作呢？这个问题很实际，也有价值。只要同学们进行认真诚恳的调研，获得数据不难。教务处的排课问题，是课程与教室的指派问题，MBA 教室的安排同样如此。

8. 公交公司车辆更新问题

如果能够获得公交车（出租车等）使用各年的收益和损耗数据，新车价格以及保险费等相关数据，就能提炼出一个典型的设备更新问题。问题很实际，也有价值。

9. 公交公司车辆调度问题

这是典型的车辆调度问题，已有很多文献研究过。问题的难点在于数据如何获取。这一问题很实际，也有应用价值。该问题的变化形式较多，要视具体情况而定，仍有很大的研究余地。

10. 医院护士的排班问题

医院护士值班有早班、晚班和夜班，如何在满足各种约束条件下恰当地安排护士值班表，这是医院住院部经常遇到的实际问题。若有比较便利的条件，可以请教护士长，调查排班情况并帮助其制定排班计划。

11. 旅游景点的黄金路线设计（一日游或三日游）

旅游路线和旅游计划的制定对游客非常有用，这类问题也是学生经常研究的题目。旅游景点的人气指数可以从网上搜索，旅游景点及旅游路线可以参考导游图或网络上的 Google 地图。优化目标往往是旅游路程最短，但约束条件包括游客的满意度约束（最值得看的景点）、时间约束（如一日游）和路径约束（如有些道路不通，有些堵车等）。

12. 排队问题

无论是在超市，还是在银行营业部，排队付款或办理业务都是司空见惯的事情。超市的收银台很多，有些工作，有些暂停服务，如何根据超市顾客结账的排队情况安排工作的服务台数是一个很实际的排队问题。银行营业部都有自动取号机，按照先到先服务来安排服务顺序。但当排队人数较多时，银行会启动备用服务台，也有专门的服务人员对客户进行引导，让可以在自动取款或存款机器上完成的业务进行分流。如何评价银行采取的这些应对措施？排队系统的数量指标会发生什么变化？这些都是很有趣的排队问题。同学们还可以发挥小组讨论的优势，观察其他的排队现象，如出租车在加气站的排队现象，高速公路上堵车后的排队现象，计算机任务处理器面对的排队现象（单核处理器与双核处理器），等等。

13. 输油管道、天然气管道和城市地下管网的铺设问题

与父母、亲友讨论你的运筹学实践选题常常会有意外收获。他们可以提供自己的工作背景素材，告诉你在实际工作中经常遇到的问题，这些都可能是很好的运筹学实践选题。输油管道的铺设问题就是在油田工作的亲友正在从事的工程项目，类似地，天然气管道的铺设、城市地下管网的改造等都可能是很好的实际问题。

14. 地震逃生方案设计

根据学生宿舍及周围建筑物的具体情况，设计一个地震逃生方案，让大家在最短的时间里安全地撤离到空旷的地带，这是一个很不错的实际问题。大家可以根据自己的具体情况，充分发挥自己的聪明才智，设计出切实可行的疏散方案。

15. 校园保安巡逻的调度问题

这也是一个经典的运筹问题。在 *Interfaces* 期刊上，洛杉矶巡警的巡逻安排就是一个运筹学的获奖应用问题。

16. 生产—库存方案或车间生产调度方案

选择自己亲属所在的企业，在实际调研的基础上，制定符合实际的生产—库存方案或车间生产调度方案。借助亲属的有利资源，收集研究数据，并将研究结果和建议反馈给他们。这是培养和锻炼学生研究思维和管理思维的途径之一。

17. 选址问题

选址问题也是经典的运筹学问题，如充气站、急救中心、血站、医院、学校、发电厂、炼油厂、仓库、分销中心等的地址选择。如能获取相关的研究数据，就是一个好的选题。

18. 设计辅助学习工具

针对课程学习中的重点和难点，设计相应的辅助学习工具，如 LP 灵敏度分析活动尺、电子模板法求解网络模型、排队论公式汇总和记忆表格等。

19. 教学网络平台建设

选择运筹学教学网络平台的一个模块进行系统分析、设计与开发，要体现网络教学、辅助运筹学学习的特点。

9.1.2　关于选题的建议

运筹学实践的目的是培养学生运用运筹学来解决实际管理问题的能力，包括观察管理现象的能力、提出问题的能力和研究解决问题的能力。很多好的研究问题往往就在眼前，但我们常常熟视无睹。每个人的生活经历和接触范围是有限的，只有发挥团队的作用，群策群力，才能找到较好的研究问题。因此建议：

（1）运用"头脑风暴法"集思广议，随时将有创意的想法记下来。

（2）用"心像图"法，将每种创意的要点画成图，分析这些要点之间的联系。

（3）开始不要施加任何约束，也不要评判创意的优劣，只要完整地提出来就可以。

（4）将"天马行空"的创造性思维与严格缜密的逻辑思维结合起来，在交流和讨论中让好点子自然而然地浮现出来。

（5）与亲朋好友进行交流，听听他们的工作背景和工作中遇到的问题，尝试用运筹学知识为他们提供帮助。

（6）上网查找适合自己研究的运筹学问题，尤其是国外大学教材中的实际案例或国外运筹学会网站上公开讨论的问题。可以通过电子邮件与国外大学的学者联系，共享对方的研究数据，适当付费也值得。

（7）与指导教师进行"海阔天空"的讨论，通过思想火花的碰撞，提出好的创意，发现好的点子。

（8）按照选题的标准（问题具体明确，研究有价值、有意义，技术路线可操作、易实施），逐个评价每个创意，并进行优先顺序排队，最后确定研究问题和实践题目。

§9.2　案例分析

案例 1　福州市某乡作物种植计划的制定

福州市近郊某乡共有耕地 2 000 亩，其中沙质土地 400 亩，黏质土地 600 亩，中性土地 1 000 亩，主要种植 3 类作物：第 1 类是以水稻为主的粮食类作物；第 2 类是蔬菜；第 3 类是经济作物，以本地特产茉莉花为代表作物。乡政府希望能制定一个使全乡总收益最大的作物种植计划，据此指导各作业小组和农户安排具体生产计划。

研究面临的困难是缺乏历史统计资料及定量数据，只能靠实地调研及与有经验的老农交谈而获得。因此建立的模型及计算结果只能作为乡政府做决策的参考，但整个思路和运作过程无疑为科学决策起到了良好的示范作用。

为了简化问题，只考虑将水稻、茉莉花作为粮食作物和经济作物的代表，蔬菜则以当地出产的主要品种为基础测算出每亩的收益及成本的平均值。

每亩土地的费用，主要统计和测算外购化肥、劳动工时、灌溉用水及用电等可以计算的部分，每亩的收益也是根据可能收集到的数据如粮食市场收购价、收购茉莉花以及在农贸市场上出售蔬菜所得销售收入的平均值（近似值）得到的。通过以上调研和数据处理得到表9—1。

表9—1   种植各类作物所需费用及收益表

作物种类	费用（元/亩）			收益（元/亩）
	砂质土地	黏质土地	中性土地	
水稻	200	160	150	300
蔬菜	300	290	280	500
茉莉花	260	260	240	450

考虑将不同土质土地上种植的各类作物的面积设置为决策变量，用表9—2表示。

表9—2   决策变量设置表

种植亩数　　　土地类别　　作物种类	砂质土地	黏质土地	中性土地
水稻	x_1	x_2	x_3
蔬菜	x_4	x_5	x_6
茉莉花	x_7	x_8	x_9

为防止作物的单一种植倾向，在保证全乡留有足够口粮的基础上，各种作物种植应协调发展。根据前些年的种植情况及取得的收益，乡政府认为水稻、蔬菜、茉莉花三种作物的播种面积比例大致以 2∶1∶1 为宜。按全乡 2 000 亩种植面积计算，可设定三种作物种植面积的最高限额分别为 1 000 亩、500 亩、500 亩。目标函数 Z 取总收益，要求极大化，这样可得如下线性规划：

$$\max Z = (300-200)x_1 + (300-160)x_2 + (300-150)x_3 + (500-300)x_4$$
$$+ (500-290)x_5 + (500-280)x_6 + (450-260)x_7 +$$
$$(450-260)x_8 + (450-240)x_9$$

$$\text{s.t.} \begin{cases} x_1 + x_2 + x_3 \leqslant 1\,000 & \text{（水稻播种面积最高限额）} \\ x_4 + x_5 + x_6 \leqslant 500 & \text{（蔬菜播种面积最高限额）} \\ x_7 + x_8 + x_9 \leqslant 500 & \text{（茉莉花播种面积最高限额）} \\ x_1 + x_4 + x_7 \leqslant 400 & \text{（砂质土地总量限制）} \\ x_2 + x_5 + x_8 \leqslant 600 & \text{（黏质土地总量限制）} \\ x_3 + x_6 + x_9 \leqslant 1\,000 & \text{（中性土地总量限制）} \\ x_i \geqslant 0, \quad i = 1,2,\cdots,9 \end{cases}$$

用 QSB＋软件求解该线性规划模型，计算结果见表9—3。

计算结果表明：最优解 $X^* = (0,600,400,400,0,100,0,0,500)^{\mathrm{T}}$，即在黏质土和一般土地上分别种植水稻 600 亩和 400 亩，在砂质土地和中性土地上分别种植蔬菜 400 亩和 100 亩，而茉莉花共种植 500 亩，全部种在中性土地上。这样安排种植计划全乡可获得种植纯收益 35.1 万元，这是当前条件下的最优种植方案。

表 9—3　　　　　　　　　　　　　　　　单纯形法计算结果

	Summarized	Results	for	AL2	Page：1	
Variables No. Names	Solution	Opportunity Cost	Variables No. Names		Solution	Opportunity Cost
1　x_1	0.000 0	30.000 0	9	x_9	500.000 0	0.000 0
2　x_2	600.000 0	0.000 0	10	S_1	0.000 0	130.000 0
3　x_3	400.000 0	0.000 0	11	S_2	0.000 0	200.000 0
4　x_4	400.000 0	0.000 0	12	S_3	0.000 0	190.000 0
5　x_5	0.000 0	0.000 0	13	S_4	0.000 0	0.000 0
6　x_6	100.000 0	0.000 0	14	S_5	0.000 0	10.000 0
7　x_7	0.000 0	0.000 0	15	S_6	0.000 0	20.000 0
8　x_8	0.000 0	10.000 0				
Maxmum Value of the OBJ＝351 000					Iters.＝5	

结果分析及进一步讨论：

（1）表 9—3 中显示，6 个约束条件的松弛变量取值全为零，说明现有的 2 000 亩土地全部安排完毕无剩余，所有的约束条件实际上全部使等式成立。从另一方面分析，各个松弛变量对应的机会成本却有很大差异，最高的是 S_2 对应的机会成本为 200，其次是 S_3 对应的机会成本为 190。这就意味着，若蔬菜和茉莉花总的播种面积达不到最高限额 500 亩，则每剩余 1 亩将使总收益分别下降 200 元和 190 元。S_4 的机会成本为零，说明砂质土地若有闲置，不会影响总收益。因此安排作物播种面积时，应尽量使三种作物播种面积达到最高限额，特别是蔬菜和茉莉花，这样才有望使总收益尽可能高，目前的最优种植计划已满足了该要求。另外，应注意尽量先安排中性土和黏质土土地，因为砂质土地是否闲置对总收益影响不大。

（2）考察作物种植计划的线性规划模型，可以看出其形式与运输问题完全类似，因此也可以用运输问题模型求解。将"产地"对应为作物品种，"销地"对应为不同类型土质的土地，"调运量"对应为在各种土质土地上计划种植各类作物的亩数，"运输量"对应为纯收益。根据已知数据，设置决策变量如表 9—4 所示。根据不同种类土地种植各类作物得到的单位面积纯收益，列出对应于运输问题"运价表"的收益表（见表 9—5）。

表 9—4　　　　　　　　按运输问题求解的决策变量设置表

种植亩数　作物种类　＼　土地类别	砂质土地	黏质土地	中性土地	各种作物种植面积最高限额
水稻	x_{11}	x_{12}	x_{13}	1 000
蔬菜	x_{21}	x_{22}	x_{23}	500
茉莉花	x_{31}	x_{32}	x_{33}	500
各类土地总面积	400	600	1 000	

表 9—5　　　　　　　　　　　单位土地面积收益表

单位收益（元/亩）土地类别　　作物种类	砂质土		黏质土地		中性土地	
水稻	300—200	x_{11}	300—160	x_{12}	300—150	x_{13}
蔬菜	500—300	x_{21}	500—290	x_{22}	500—280	x_{23}
茉莉花	450—260	x_{31}	450—260	x_{32}	450—240	x_{33}

如果要求将所有土地都安排种植计划，则问题可归结为要求目标函数（总收益）极大化的"产销平衡"运输问题。使用运输问题计算机软件，经一步迭代得到计算结果（见表 9—6）。

表 9—6　　　　　　　　　　按运输问题求解的计算结果

Summary of Results for AL2-2							
From	To	Shipment	Unit Prf.	From	To	Shipment	Unit Prf.
S_1	D_1	0.0	100.0	S_2	D_3	100.0	220.0
S_1	D_2	600.0	140.0	S_3	D_1	0.0	190.0
S_1	D_3	400.0	150.0	S_3	D_2	0.0	190.0
S_2	D_1	400.0	200.0	S_3	D_3	500.0	210.0
S_2	D_2	0.0	210.0				

Maximum Value of OBJ＝351 000　　　　Iters. ＝1

其中，S_1，S_2，S_3 为"产地"，对应作物品种；D_1，D_2，D_3 为"销地"，对应土地种类；Shipment 为"调运量"，对应决策变量即种植亩数。由计算结果可得最优种植计划是：$x_{12}=600$，$x_{13}=400$，$x_{21}=400$，$x_{23}=100$，$x_{33}=500$。其经济含义是：在黏质土地和中性土地上各种植 600 亩和 400 亩水稻，合计 1 000 亩；在砂质土地和中性土地上各种植蔬菜 400 亩和 100 亩，合计 500 亩；在中性土地上种植茉莉花 500 亩。如此可获最大纯收益 35.1 万元。

与建立线性规划模型相比，计算结果完全相同，但模型与计算过程更加简单。因此通常也称该问题为作物布局问题。

案例 2　南方某白泥矿合理配车问题的研究

南方某白泥矿是一个南北狭长的露天矿，划分为北区、中区、南区三个开采区，主要开采制作盆、碗用的白泥。采矿场附近设有 5 个排土场，由于开采条件日趋恶化，矿山运输设备效率又不高，运输问题就成为影响生产的主要矛盾，希望通过改善管理，挖掘运输潜力，提高经济效益。全矿共有 4 种型号的运输车辆 34 台，当前的平均单位运费为 0.649 元/吨，运输车辆的数量和使用费如表 9—7 所示，核定的标准定额如表 9—8 所示。

表 9—7　　　　　　　　运输车辆的数量及使用费

汽车型号	在册台数	可用台数	使用费（元/台班）
太脱拉	5	3	210
贝拉斯	4	2	540
T-20	8	5	340
北京-370	30	24	240
合计	47	34	

表 9—8　　　　　　　　运输标准定额表

标准定额（吨/台班）作业类型　汽车型号	南区运矿	北区运矿	南区运岩	北区运岩
太脱拉	504	378	480	516
贝拉斯	650	600	630	756
T-20	510	374	546	490
北京-370	459	323	448	420

由于不同型号的汽车在各类采区运输不同类型的采剥物时效率和成本均不相同，于是可以考虑按不同型号的汽车分配运输任务。现有 4 种型号的汽车进行 4 类不同的作业，可以归结为指派问题，使运输作业的总成本最小。根据表 9—7 和表 9—8 的数据，用各种型号汽车的使用费与核定的不同作业标准定额相除即可得到单位运输成本（见表 9—9）。

表 9—9　　　　　　　　单位运输成本表

标准定额（吨/台班）作业类型　汽车型号	南区运矿	北区运矿	南区运岩	北区运岩
太脱拉	0.416 7	0.555 6	0.437 5	0.407 0
贝拉斯	0.830 8	0.900 0	0.857 1	0.714 3
T-20	0.666 7	0.909 1	0.622 7	0.693 9
北京-370	0.522 8	0.743 0	0.535 7	0.571 4

设 x_{ij} 表示指派第 i 类汽车完成第 j 类作业的情况，且 x_{ij} 取值为 1 或 0。当第 i 类汽车指派去完成第 j 类作业时，$x_{ij}=1$，否则 $x_{ij}=0$。当每种类型的汽车只担任一种类型的作业时，约束条件可表示为：

$$x_{11}+x_{12}+x_{13}+x_{14}=1$$
$$x_{21}+x_{22}+x_{23}+x_{24}=1$$
$$x_{31}+x_{32}+x_{33}+x_{34}=1$$

$$x_{41}+x_{42}+x_{43}+x_{44}=1$$

每种作业必须有 1 种型号的汽车来承担任务，约束条件可表示为：

$$x_{11}+x_{21}+x_{31}+x_{41}=1$$
$$x_{12}+x_{22}+x_{32}+x_{42}=1$$
$$x_{13}+x_{23}+x_{33}+x_{43}=1$$
$$x_{14}+x_{24}+x_{34}+x_{44}=1$$

目标要求是使单位总运费最小，即

$$\begin{aligned}\min Z=&\,0.416\,7x_{11}+0.555\,6x_{12}+0.437\,5x_{13}+0.407\,0x_{14}\\&+0.830\,8x_{21}+0.900\,0x_{22}+0.857\,1x_{23}+0.714\,3x_{24}\\&+0.666\,7x_{31}+0.909\,1x_{32}+0.622\,7x_{33}+0.693\,9x_{34}\\&+0.522\,8x_{41}+0.743\,0x_{42}+0.535\,7x_{43}+0.571\,4x_{44}\end{aligned}$$

表 9—9 就相当于"指派问题"中的"效益矩阵"。计算结果如表 9—10 所示。

表 9—10　　　　　　　　　　　　　　　指派问题的计算结果

Summary of Assignments for AL-3					
Object	Task	Cost/Prof.	Object	Task	Cost/Prof.
01	T2	0.555 6	03	T3	0.622 7
02	T4	0.714 3	04	T1	0.522 8
Minimum Value of OBJ=2.415 4　　Total iterations=1					

最优解为 $x_{12}=1$，$x_{24}=1$，$x_{33}=1$，$x_{41}=1$。最优方案是：分配太脱拉车去北区运矿，贝拉斯车去北区运岩，T-20 车去南区运岩，北京-370 车去南区运矿。这种分派将使运输单位总费用最小为 2.4154 元（4 种车各运 1 吨），平均单位运费 2.414 5/4＝0.603 8 元/吨，比原来的 0.649 降低了 7% 左右。

由于现有各种运输车辆数量并不平衡，各采区矿、岩采剥量也不相同，因此平均使用所有型号的汽车实际上并非最佳选择。倘若考虑生产任务完成情况及汽车的更新问题还可进一步研究使总运费最省的配车计划。

设生产任务和配车数量设置分别如表 9—11 和表 9—12 所示。

表 9—11　　　　　　　　　　　　　　　生产任务情况

任务量（吨/台班）＼作业＼采区	采矿	采岩
南区	700	3 150
北区	350	1 050

表 9—12 配车数量设置情况

配车数（台）＼作业类型＼汽车型号	南区运矿	北区运矿	南区运岩	北区运岩
太脱拉	x_1	x_2	x_3	x_4
贝拉斯	x_5	x_6	x_7	x_8
T-20	x_9	x_{10}	x_{11}	x_{12}
北京-370	x_{13}	x_{14}	x_{15}	x_{16}

如果目标函数 Z 取每班的总运费，则可建立一个线性规划模型：

$$\min Z = 210(x_1 + x_2 + x_3 + x_4) + 540(x_5 + x_6 + x_7 + x_8)$$
$$+ 340(x_9 + x_{10} + x_{11} + x_{12}) + 240(x_{13} + x_{14} + x_{15} + x_{16})$$

$$\text{s. t.} \begin{cases} x_1 + x_2 + x_3 + x_4 \leqslant 3 \\ x_5 + x_6 + x_7 + x_8 \leqslant 2 \\ x_9 + x_{10} + x_{11} + x_{12} \leqslant 5 \\ x_{13} + x_{14} + x_{15} + x_{16} \leqslant 24 \\ 504x_1 + 650x_5 + 510x_9 + 459x_{13} \geqslant 700 \\ 378x_2 + 600x_6 + 374x_{10} + 323x_{14} \geqslant 350 \\ 480x_3 + 630x_7 + 546x_{11} + 448x_{15} \geqslant 3\,150 \\ 516x_4 + 756x_8 + 490x_{12} + 420x_{16} \geqslant 1\,050 \\ x_i \geqslant 0, \quad i = 1, 2, \cdots, 16 \end{cases}$$

模型的前 4 个约束，表示配车总台数不能超过可用台数；后 4 个约束保证各采区采矿、剥岩任务数能够完成，并全部运出。求解结果如表 9—13 所示。

采用舍入化整的办法求得近似最优解为：$x_2 = 1$，$x_4 = 2$，$x_{13} = 2$，$x_{15} = 7$。其经济含义是：分配 1 台太脱拉车去北区运矿，2 台太脱拉车去北区运岩，2 台北京-370 去南区运矿，7 台北京-370 车去南区运岩。每班的总运费为 2 673.2 元，平均单位运费 0.509 元/吨，比目前的单位运费 0.619 元/吨降低 17.8%。

由此可见，矿山现有的运输能力不仅能保证采剥量运输任务，而且有不少富裕，因此运输问题并非矿山目前影响生产的主要矛盾，关键在于合理调度。而且运输能力尚可保证生产进一步提高的运输需要。

贝拉斯、T-20 型车尽管运输定额高，但运费也高。目前为了充分利用运输设备，可按指派模型中的最优分配方案进行作业，但从长远来看，这两种车型应在不断更新过程中逐步淘汰。由于运输汽车必须是整数，故该问题应作为整数线性规划来讨论。舍入化整的办法只能求得近似解，但即使如此，也收到了很好的效果。

表 9—13　　　　　　　　　　　　　　线性规划的计算结果

Summarized Results for AL3-2					
Variables No. Names	Solution	Opportunity Cost	Variables No. Names	Solution	Opportunity Cost
1　x_1	0.039 2	0.000 0	15　x_{15}	7.031 3	0.000 0
2　x_2	0.925 9	0.000 0	16　x_{16}	0.000 0	25.499 3
3　x_3	0.000 0	6.386 6	17　S_1	0.000 0	53.529 4
4　x_4	2.034 9	0.000 0	18　S_2	2.000 0	0.000 0
5　x_5	0.000 0	200.130 7	19　S_3	5.000 0	0.000 0
6　x_6	0.000 0	121.699 4	20　S_4	15.486 7	0.000 0
7　x_7	0.000 0	202.500 0	21　S_5	0.000 0	0.522 9
8　x_8	0.000 0	153.898 8	22　A_5	0.000 0	−0.522 9
9　x_9	0.000 0	73.333 3	23　S_6	0.000 0	0.697 2
10　x_{10}	0.000 0	79.259 2	24　A_6	0.000 0	−0.697 2
11　x_{11}	0.000 0	47.500 0	25　S_7	0.000 0	0.535 7
12　x_{12}	0.000 0	89.749 2	26　A_7	0.000 0	−0.535 7
13　x_{13}	1.482 0	0.000 0	27　S_8	0.000 0	0.510 7
14　x_{14}	0.000 0	14.814 8	28　A_8	0.000 0	−0.510 7

Minimum Value of OBJ＝267 3.185　　Iters.＝14

案例 3　某开发区养老保险定量分析模型

随着我国养老保险制度的改革，职工退休后的养老保险基金构成，由过去单纯由国家财政负担逐步过渡到基本养老保险金、企业补充性养老保险金和个人储蓄性养老保险金三部分构成。其中，基本养老保险金是职工退休后最基本的生活条件保障，其缴纳带有一定的强制性，这就需要科学地确定基本养老保险金按工资总额提取的比例。研究时，不仅要考虑满足当前的支付需要，更要考虑长远打算。综合分析影响基本养老保险变化的各种因素，预测出若干年后这部分养老保险金的支付额，从动态的角度来确定各年应提取的比例。本着以支定筹、略有节余的原则，在保证每年支付需要的基础上留有一定的储备基金。

基本养老保险金的提取比例一般是一年或若干年调整一次。从数学模型的角度看，两者并无实质性区别，这里定义一年为一个阶段。考虑到养老保险制度是一个长期制度，具体年限并不确定，因而阶段数可以根据实际问题的研究目标制定。例如，要确定 10 年内各年的提取比例，则阶段数就定为 10。为了不失一般性，设整个决策过程分为 n 个阶段。

状态变量 x_k 设为阶段 k 开始时的储备基金。假设初始储备基金 x_1 已知，计划期结束时储备基金为 A，即 $x_{n+1}=A$。状态可能集为：

$$0 \leqslant x_k \leqslant \{M, d_k + d_{k+1} + \cdots + d_n + A\}, \quad k=1,2,\cdots,n$$

式中，$d_k + d_{k+1} + \cdots + d_n + A$ 是从阶段 k 到阶段 n 基本养老保险金的支付总额与阶段 $n+1$ 时的储备基金之和，M 是最大储备金额。

决策变量 u_k 设为阶段 k 基本养老保险金按工资总额提取的比例。按照国际标准，提取比例达到 20% 时即为社会预警线，29% 即达到社会承受的极限，因此我们设定 R 为提取的最大比例，若 s_k 为阶段 k 的工资总额，则有：

$$d_k - x_k \leqslant s_k u_k \leqslant \min\{s_k R, d_k + d_{k+1} + \cdots + d_n + A - x_k\}$$

式中 $s_k R$ 就是基本养老保险金所能提取的最大金额。

已知阶段 k 开始时的储备基金是 x_k，阶段 k 的基本养老保险金收入额为 $s_k u_k$，支付额是 d_k。假定储备基金的年增值率为 i_k，考虑资金的时间价值，则阶段 $k+1$ 的初始储备基金为：

$$x_{k+1} = (1 + i_k)x_k + s_k u_k - d_k$$

这就是状态转移方程。由此可以看出，$k+1$ 阶段的储备基金 x_{k+1} 完全由 k 阶段的储备基金 x_k 和基本养老保险金的提取比例 u_k 所决定，与前面的状态和决策无关（满足无后效性）。

由于资金的投资领域不同而造成的资金年增长额的差额称为资金的机会损失额，这一差额占资金的百分比称为资金的机会损失率。在阶段 k 的基本养老保险金收支过程中，阶段效益定义为基本养老保险金的管理费用与储备基金的机会损失额之和。前者是按照收取保险金的一定比例支付的。设单位资金的管理费用为 L，则阶段 k 的管理费用为：$L s_k u_k$；设储备基金的机会损失率为 j_k，则阶段 k 时储备基金的机会损失额为：

$$j_k x_{k+1} = j_k[(1 + i_k)x_k + s_k u_k - d_k]$$

阶段效益的表达式为：

$$r_k(x_k, u_k) = L s_k u_k + j_k[(1 + i_k)x_k + s_k u_k - d_k]$$

目标函数为各阶段效益之和，即

$$R = \sum_{k=1}^{n} \{L s_k u_k + j_k[(1 + i_k)x_k + s_k u_k - d_k]\}$$

在此基础上，即可写出动态规划基本方程：

$$\begin{cases} f_k(x_k) = \min_{u_k}\{L s_k u_k + j_k[(1 + i_k)x_k + s_k u_k - d_k] + f_{k+1}(x_{k+1})\} \\ f_{n+1}(x_{n+1}) = 0 \end{cases}$$

根据这一模型得到的阶段 k 的提取比例 u_k 对于全过程而言是最优的。

值得注意的是，s_k，d_k，j_k 都是利用预测技术得出的今后若干年的预测值，其本身的准确程度会受到就业率、工资增长率、人口死亡率、退休率、生活费用指数、各种投资利润率等的影响，必须进行理论分析以提高预测的准确程度。

某开发区职工以中青年为主，职工平均年龄为 30 岁。因此，25 年后，开发区养老保险金的支付将达到一次高潮。因而计算过程中可选择整个计划期为 25 年，共分为 5 个阶段，每个阶段代表 5 年。

根据开发区各年龄段人数（见表 9—14），期望寿命按 70 岁计算，推算出今后 25 年中各阶段的退休人数。结合开发区未来 25 年发展规模及经济增长速度，预测出各阶段新增职工人数和新增职工退休人数，在此基础上计算出开发区 25 年中各阶段退休职工人数（见表 9—15）。

表 9—14   开发区职工按年龄段分布人数

年龄	20～24	25～29	30～34	35～39	40～44
人数	6 137	11 552	13 357	3 249	1 805

表 9—15   开发区 25 年中各阶段退休职工人数

阶段	1	2	3	4	5
人数	0	0	3 427	10 830	39 202

各阶段每个职工平均养老保险金支付额的计算以年平均工资 4 800 元为基数，分 90%、80%、70% 三个档次计算。各期职工年平均工资分别按年平均工资增长率 5%、10% 计算。

由于开发区内大多数企业属于电子及化工行业，查得两类企业的平均投资利润率为 14%，按银行三年整存整取利率 10.8% 计算，年机会损失率为 3.2%，基金管理费按缴纳量的 5% 提取。支付额占工资 90%、年平均工资增长率 5% 的计算结果见表 9—16。

表 9—16   支付额占工资 90%、年平均工资增长率 5% 的计算结果

阶段	1	2	3	4	5
提取比例	0.002 5	0	0.917	0.15	0.15
最小费用	307 632	278 624	20 076 992	57 332 536	37 920 152
期初储备量	0	1 000 000	1 670 000	61 617 084	188 480 528

动态规划模型从开发区整体出发，通过退休人员养老保险金的支付额来确定应从在职职工中按工资总额提取养老保险金的比例，并在保证各阶段最大提取比例限制条件的基础上，使得整个计划期内总的费用或损失最小。实际应用中，还可结合其他模型的计算进行对比和调整。

案例 4 利用最短路算法确定自动充气站位置

电缆的气压维护是保障通信完好畅通的重要手段，某城市经调查分析，并结合电缆分布情况确定安装 14 个传感器，建立相应的 14 个遥测点。在选定的测试图上有 3 处可供建立自动充气站（见图 9—1）。

在详细分析了技术上的要求之后，最终将问题抽象成如何确定自动充气站位置，使以充气站为起点，所需建设的遥测点总线路最短的问题。已知建立遥测点每 100 米的造价是 1 200 元，因此也是一个使总造价最小的问题。

图 9—1 所示的网络共有 14 个节点，各点间的距离用百米作单位，以拟建站点 1 为出发点，用 D 氏标号法求该点到各点的最短路。若在第一个节点 v_1 处安装自动充气站，可得从 v_1 到各节点的最短路线和最短路长（见图 9—2）（相应线路在图 9—1 中用虚线标识）。

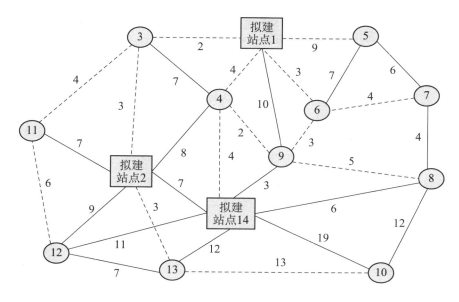

图 9—1　电缆分布网络图

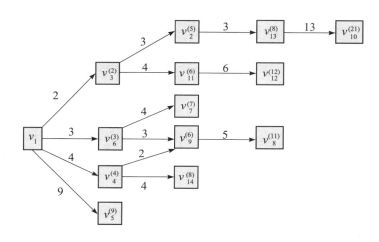

图 9—2　从 v_1（拟建站点 1）到各点的最短路线和最短路长

在图 9—2 中，箭线旁边的数字为相应节点间的距离，节点右上方括号内的数字为点 v_1 到该点的最短路长（如，$v_3^{(2)}$ 表示 v_1 到节点 3 的最短路长是 2）。将所需修建的遥测点线路长度相加，总长为 63 百米，按每百米造价 1 200 元计算，总造价为 75 600 元。

若以拟建站点 2 或站点 14 为出发点，进行类似的计算，结果分别为：需修建线路总长 77 百米、最少造价 92 400 元或需修建线路总长 74 百米、最少造价 88 800 元。经比较，采用了在节点 1 修建自动充气站的方案。

原计划要进行一周的调查、定线工作，现经计算并结合现场情况略加修正，仅用 1 天半的时间就确定了方案，费用比原计划至少节省了 16 800 元，而且缩短了工期，使自动充气站提前投入运行。

案例 5   网络最大流问题

v_1，v_2，v_3为某工厂下属三个分厂所在地。已知三个分厂的产品生产能力分别为 40，20，10 个单位，产品每天均需运往车站仓库 v_t。现有的运输网络如图 9—3 所示，箭线旁的数字为相应运输线路的日运输能力。由于目前的运输网络不能保证每天将所有的产品及时运送到仓库，试分析原因何在。

为了改善目前的运输状况，该厂计划在车站新建一个仓库 $\tilde{v}_t$，并考虑开通 $v_4 \to \tilde{v}_t$，$v_4 \to v_5$ 或 $v_5 \to v_4$ 的单方向行驶运输道路（图 9—3 中虚线所示）。对于新开通的运输通道，如何确定设计运输能力，才能保证每天将所有的产品及时运送到车站仓库？单行道方向如何确定？

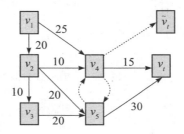

图 9—3   案例 5 的运输网络

该问题可归结为：调度不合理或者现有运输网络的运输能力不足。前者是管理问题，后者是硬件设施问题。事实上，可以把问题抽象成一个网络最大流问题，相应线路上的运输能力相当于容量。对当前的容量网络，可以用网络最大流算法求出最大流流量。如果最大流流量大于等于三个分厂每天总的生产能力，则当前的问题就是调度不合理的管理问题。否则，问题就出在硬件设施上，应当考虑改善运输网络，增加网络的容量。

三个分厂都可以看作源点，是一个多起点的最大流问题，增加一个虚设源点，将问题变成一个单起点最大流问题，将三个分厂的生产能力分别作为相应线路的容量，构成图 9—4 所示网络。为了计算方便，将节点 v_s，v_1，…，v_5，v_t 依次编号为 1，2，…，6，7，然后用标号法求解，最终结果如表 9—17 所示。

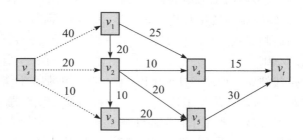

图 9—4   转化后的单起点容量网络

表 9—17　　　　　　　　　　　　案例 5 最大流问题最终结果

弧	净流量
1—2（B1）	35
1—3（B2）	10
2—3（B4）	20
2—5（B6）	15
3—4（B5）	10
3—6（B8）	20
4—6（B9）	10
5—7（B10）	15
6—7（B11）	30
Maximal total flow = 45	Elapsed CPU second = 4.007 813

表 9—17 显示了该容量网络的最大流，其最大流量为 45 个单位。三个分厂的生产能力合计为 40＋20＋10＝70 个单位，所以该网络不能保证每天将所有产品及时运到车站仓库。要解决现存的问题，必须从硬件设施上扩大运输网络的容量。

利用标号过程可以找到最小割为 $(S, \tilde{S}) = \{(v_5, v_7), (v_6, v_7)\}$，最小割容量等于最大流流量 45。因此，该最小割是当前影响运输量的瓶颈，要扩大运输网络的容量，首先应考虑最小割所包含的两条线路的扩容问题。

按计划，若在车站新建一个仓库 $\tilde{v}_t$，并考虑开通 $v_4 \rightarrow \tilde{v}_t$，$v_4 \rightarrow v_5$ 或 $v_5 \rightarrow v_4$ 的单向行驶运输道路，则该网络变成具有三个源点、两个汇点的容量网络。增加一个虚设源点和一个虚设汇点，并将节点重新编号，得到图 9—5 所示的容量网络。

用标号法求解，最终结果如表 9—18 所示。

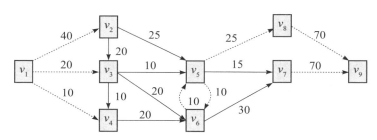

图 9—5　增加虚设源点、汇点后的容量网络

表 9—18　　　　　　　　　　　　案例 5 最大流问题最终结果

弧	净流量
1—2（B1）	40
1—3（B2）	20
1—4（B3）	10
2—3（B4）	20
2—5（B6）	20

续前表

弧	净流量
3—4（B5）	10
3—5（B7）	10
3—6（B8）	20
4—6（B9）	20
5—8（B12）	30
5—7（B13）	25
6—5（B10）	10
6—7（B14）	30
7—9（B16）	45
8—9（B15）	25
Maximal total flow = 70	Elapsed CPU second = 11.039 06

根据计算结果，去除虚设源点和汇点，画出最大流图（见图 9—6）。

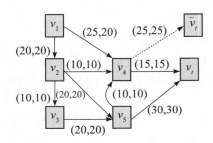

图 9—6　最大流图

若新增 v_4 到新建仓库 $\tilde{v}_t$ 的道路设计容量不低于 25 个单位，同时开通从 v_5 到 v_4 的单向车道，设计容量不低于 10 个单位，则可满足运输要求。届时网络流量的分配方案如下：一分厂 40 个单位产品中 20 个单位直接运送到 v_4，20 个单位运送到二分厂；二分厂本身生产的 20 个单位加上一分厂调运的 20 个单位共 40 个单位产品，将其中一半运往 v_5，其余产品给 v_4 和三分厂各调运 10 个单位；其他线路上的调运量见图 9—6 括号中第二个数字，括号中第一个数字为相应线路（弧）的容量。总调运量达到 70 个单位（最大流流量），可以保证所有产品每天及时运送到车站仓库。

从图 9—6 还可以看到，除 v_1 到 v_4 这条线路不饱和（尚有 5 个单位的余量）外，其余所有线路均已饱和，即已较为充分地利用了现有的运输设施，新增路线也是恰能满足要求。倘若从发展的角度考虑，在设计时应根据产能的未来发展留有扩展余地，同时考虑成本的要求。另外，当增加虚设源点、汇点和新增线路时，对新增线路容量的设置给予不同的值，结果会有相应的变化，这些问题可留给有兴趣的读者继续讨论。

案例6 排队模型在医院科室编制方面的应用

某医院妇产科颇负盛名，慕名而来的患者及孕妇络绎不绝，每天平均接纳病人 200 名，高峰时可达 280 人。因此，"三长一短"的现象非常突出，即候诊时间长、取药交款时间长、辅助检查时间长、看病时间短。排队时间过长，病人很有意见，医院压力也很大。在调查中，具体观察了病人在候诊室的等待时间和医生的服务时间，记录了病人到达的时间间隔，病人到达的频数如表 9—19 所示。

表 9—19			病人到达频数表					
一分钟内到达的 病人数 x	0	1	2	3	4	5	6	合计
频 数 f_i	111	168	78	31	6	3	2	399

由此计算出每分钟的病人平均到达率：

$$\lambda = \sum_{i=0}^{6} x_i f_i / \sum_{i=0}^{6} f_i \approx 1.173 （人/分）$$

假设病人到达服从参数 $\lambda = 1.173$ 的泊松分布，经皮尔逊—χ^2 检验，可以接受该假设。类似可得，检查看病时间服从阶数为 8，参数 $\mu = 0.149\,97$ 的爱尔朗分布。

该医院妇产科共有 4 个诊室，8 位门诊大夫，每天可看病人 280 人。由此确定排队模型为 $M/E_8/C/N$，其中 $C = 8$，$N = 280$。一位门诊医生相当于一个服务台，各服务台相互独立。设平均服务率 $\mu = \mu_1 = \mu_2 = \cdots = \mu_8$。整个妇产科的平均服务率为 $C\mu$，系统的服务强度为：

$$\rho = \frac{\lambda}{C\mu} = \frac{1.173}{8 \times 0.149\,97} = 0.978$$

对 $M/E_k/C/N$ 模型，其排队系统特征量的计算公式为：

平均排队长 $L_q = L_q(M/M/C/N) \times (1 + 1/k)$

式中，k 为爱尔朗分布的阶数。

$M/M/C/N$ 系统各指标的计算公式为：

状态概率
$$\begin{cases} p_0 = \left[\sum_{n=0}^{C} \left(\frac{1}{n!} \right) \left(\frac{\lambda}{\mu} \right)^n + \left(\frac{1}{C!} \right) \left(\frac{\lambda}{\mu} \right)^n \sum_{n=c}^{N} \left(\frac{\lambda}{\mu C} \right)^{n-C} \right]^{-1} \\ p_n = \frac{1}{n!} \left(\frac{\lambda}{\mu} \right)^n p_0, \qquad\qquad n \leqslant C \\ p_n = \frac{1}{C! C^{n-C}} \left(\frac{\lambda}{\mu} \right)^n p_0, \qquad C+1 \leqslant n \leqslant N \end{cases}$$

顾客在系统内的平均人数（队长） $L = L_q + C + \sum_{n=0}^{C-1} (C-n) p_n$

有效到达率 $\lambda_{eff} = \mu \left[C - \sum_{n=0}^{C-1} (C-n) p_n \right]$

平均等待时间 $W_q = L_q/\lambda_{eff}$

平均逗留时间 $W = L/\lambda_{eff}$

上机计算结果如下：

病人到达不须等待就接受服务的概率：

$$P(n \leqslant 7) = \sum_{i=0}^{7} p_i = 0.080$$

病人到达必须等待的概率：

$$P(n \geqslant 8) = 1 - P(n \leqslant 7) = 0.92$$

系统内平均等待的病人数（病人排队长）：

$$L_q = L_q(M/M/C/N) \times (1 + 1/k) = 40.17 \times 1.125 = 45.19（人）$$

系统内的病人平均数（队长）：

$$L = L_q + C + \sum_{n=0}^{C-1} (C-n) p_n = 45.19 + 8 + 0.198 = 53.41（人）$$

有效到达率：

$$\lambda_{eff} = \mu \left[C - \sum_{n=0}^{C-1} (C-n) p_n \right] = 1.17$$

平均等待时间：$W_q = 38.6$ 分钟

平均逗留时间：$W = 45.64$ 分钟

由此算得，医生空闲的概率为 $1 - \rho = 0.022$，全天空闲时间为 10.56 分钟，这样短的时间进行脑力、体力调节以保证诊治质量显然是不够的。分析计算结果可知，病人平均排队时间和平均逗留时间分别为看病时间的 6 倍和 8 倍！

病人排队长、等待时间多必然给医生造成一定的心理压力，为了尽快看完病人，医生往往采取缩短必要的检查诊断时间，从而人为地降低了服务质量。此例中，医生为每个病人看病的平均时间是 6.668 分钟，而卫生部为妇产科规定的标准时间为 10 分钟。根据实际观察和记录，要认真仔细地看一个病人，所需时间为 9 分钟～12 分钟，所以目前的服务状况是无法令人满意的。

为了改善服务水平，尝试进行管理上的调整。假如病人输入状态保持不变，服务时间也维持现状，但增加 1 名医生（服务台），重新计算系统运行指标可得：

$$P(n < 9) = 0.45；P(n \geqslant 9) = 0.55；L_q = 4.48；L = 14.8$$

$$\lambda_{eff} = 1.151；W_q = 3.892；W = 12.86；\rho = 0.869$$

结果表明：医生的服务强度降低了，病人的排队时间和队长状况得到了一定改善，但由于服务时间没有得到提高，仍然会影响服务质量。

如果保证每位门诊医生在全天工作中有 60 分钟的轮换休息，那么服务强度可降至 $\rho = 0.875$。若固定服务强度，用增加服务台的方法保证必要的服务时间，则计算得表 9—20。

结果表明，如果将服务时间逐渐增加到 10 分钟左右，服务台个数（即配备的门诊医生）增加到 12～15 人为宜，8 人的编制显然偏少。

从分析计算过程中还能发现其他有用信息吗？请作进一步讨论并提出改进建议。

表 9—20　　　　　　控制服务强度 $\rho=0.875$ 时相关指标值

服务台数 C	服务时间 $1/\mu$	空闲概率 p_0	平均队长 L_q（人）	系统人数 L（人）	有效到达率 λ_{eff}	等待时间 W_q（分钟）	逗留时间 W（分钟）
9	6.7136	0.489	4.85	15.1	1.153	4.207	13.1
10	7.46	0.453	4.7	16.10	1.152	4.08	13.988
11	8.205	0.473	4.57	17.115	1.153	3.96	14.84
12	8.95	0.368	4.44	17.71	1.203	3.69	14.72
13	9.70	0.507	4.32	19.15	1.151	3.754	16.64
14	10.4	0.523	4.21	20.18	1.155	3.64	17.47
15	11.2	0.533	4.10	21.21	1.152	3.56	18.4

§9.3　学生习作

这里选编的是在校大二学生的小组课程设计作品，是同学们以小组为单位，在教师指导下团队合作独立完成的，选编中仅对文字表述作了适当修改。

习作 1　新疆某地农作物种植计划的布局问题

作者：工双学 11 组——苏春生（组长）、王道辉、王久灵、孙景开

摘要：在土地及人工约束的条件下，合理规划农作物的种植面积，使收益最大。

关键词：农作物；线性规划；灵敏度分析

现在农村实行土地承包责任制，农户可以根据自己的能力、经济状况和劳动力状况自主安排生产计划，他们唯一的愿望就是能在自己的土地上取得最大的收益。但是，限于知识水平和其他种种因素，只能根据自己的经验确定种植计划，很难做到科学地安排种植计划。我们希望用所学的运筹学知识，帮助农户设计一个科学合理的种植计划。

新疆巴州某户农民种了 20 亩地。土地分为三个等级：一等地最好，产量最高，二等次之，三等最差。该农民现有一等地 5 亩，二等地 9 亩，三等地 6 亩。根据本地的气候和土地特点，最适合种以下五种作物：西红柿、甜菜、大瓜子、茴香、小麦。每种作物的产量都随着土地的等级不同而不同，相应的产量预测如表 9—21 所示。

表 9—21　　　　　　作物种植产量表

产量（公斤）　名称　土地	西红柿	甜菜	大瓜子	茴香	小麦
一等地	8 000	6 500	200	100	500
二等地	6 500	5 800	150	60	420
三等地	4 500	500	100	0	350

经过调查，以前几年的收购价格为基础，平均得到每种作物的单价如

表 9—22 所示。

表 9—22 作物的收购单价表

	西红柿	甜菜	大瓜子	茴香	小麦
收购单价（元/公斤）	0.21	0.2	6.2	10.5	1.2

种地的开支很大，各种收费项目也很多，经过调查得种地的各种开支如表 9—23 所示。

表 9—23 农作物种植开支费用表

费用（元/亩）项目 \ 农作物	西红柿	甜菜	大瓜子	茴香	小麦
水费	12（2次）	12（3次）	12（1次）	0（不浇水）	12（2次）
种子、化肥	110	100	100	20	30
农药	5	0	15	5	2
农业税	50	48	25	10	0
耕地费用	15	15	15	15	15
雇用人工费	110	80	0	0	0

需要特别说明的是，由于单个农户的劳动能力很有限，对于劳动力需求大的作物不宜种植太多，所以西红柿的种植面积不能超过 10 亩。此外，农户家中每年都要种一些小麦作为口粮，每年需要 800 公斤小麦，如有剩余，可按当年市价卖掉。

该研究面临的困难是资料有限，如价格方面的数据。由于每年的农作物价格和各种费用开支都不一样，只能靠和有经验的老农交谈，并结合近年来的价格进行处理获得。另外，农户的地块比较分散，也不能精确地按小数划分。为了简化问题，对每种农作物的近年价格进行平均可得到其现价，各地块可以随意划分，对于种地的各种收费，全部转化成每亩的相应费用。

相应的线性规划模型如下：

$$\max Z = 1\,366x_1 + 1\,021x_2 + 1\,073x_3 + 1\,000x_4 + 529x_5 + 1\,051x_6$$
$$+ 881x_7 + 763x_8 + 580x_9 + 433x_{10} + 631x_{11} + 721x_{12}$$
$$+ 453x_{13} + 349x_{15}$$

$$\text{s. t.} \begin{cases} x_1 + x_2 + x_3 + x_4 + x_5 \leqslant 5 \\ x_6 + x_7 + x_8 + x_9 + x_{10} \leqslant 9 \\ x_{11} + x_{12} + x_{13} + x_{14} + x_{15} \leqslant 6 \\ x_1 + x_6 + x_{11} \leqslant 10 \\ 500x_5 + 420x_{10} + 350x_{15} \geqslant 800 \\ x_j \geqslant 0, \quad j = 1, 2, \cdots, 15 \end{cases}$$

式中，$x_1 \sim x_5$，$x_6 \sim x_{10}$，$x_{11} \sim x_{15}$ 分别表示三种等级的土地种植 5 种作物的面积。

用 QSB＋软件求解模型，最优解如表 9—24 所示。

计算结果：最优解 $X^* = (5, 0, 0, 0, 0, 5, 4, 0, 0, 0, 0, 3.7, 0, 0, 2.3)^{\mathrm{T}}$，最优值为 19 084.7 元。其经济意义是：一等地都种西红柿；二等地有 5 亩种西红柿，4 亩种甜菜；三等地有 3.7 亩种甜菜，2.3 亩种小麦；可获得最高纯收益 19 084.7 元。

由于西红柿的经济收益比较高，所以在满足限制条件的情况下，西红柿应尽量多种植。对于大瓜子和茴香，由于市场价格相对较低等原因，最好不种。

表 9—24　　　　　　　　　求解结果

变量名	最优结果	机会成本	变量名	最优结果	机会成本
x_1	5		x_9	0	301
x_2	0	175	x_{10}	0	1.6
x_3	0	123	x_{11}	0	260
x_4	0	1 096	x_{12}	3.714	
x_5	0	135.6	x_{13}	0	268
x_6	5		x_{14}	0	721
x_7	4		x_{15}	2.286	
x_8	0	118			

1. 结果分析及进一步讨论

如果市场价格变动或者成本变化导致各种作物在不同土地上的价值系数发生变化，什么情况下最优方案保持不变？为此我们做了价值系数的灵敏度分析（见表 9—25）。

表 9—25　　　　　　　关于价值系数的灵敏度分析表

变量名	最优解	最小界限	初始C值	最大界限	变量名	最优解	最小界限	初始C值	最大界限
x_1	5	1 243	1 366	$+\infty$	x_9	0	∞	580	881
x_2	0	$-\infty$	1 021	1 196	x_{10}	0	∞	433	435
x_3	0	$-\infty$	1 073	1 196	x_{11}	0	∞	631	891
x_4	0	$-\infty$	100	1 196	x_{12}	3.71	461	721	722
x_5	0	$-\infty$	529	665	x_{13}	0	∞	435	721
x_6	5	881	1 051	1 174	x_{14}	0	∞	0	721
x_7	4	879	881	1 051	x_{15}	2.3	348	349	721
x_8	0	$-\infty$	763	881					

假定成本不变，市场价格的变化反映在目标函数价值系数的变化上。下面分析市场价格在什么范围内变化时，最优解结构不变。由灵敏度分析可得，价值系数（市场价格 P）变化的允许范围如表 9—26 所示。任何一种作物的市场价

格变化若超出这一范围，则最优方案将发生变化。此时必须调整方案以获得新的最优解和最优值。

表 9—26　　　　　　　　　　　价值系数变化的允许范围

变量名	P 最小值	P 最大值	变量名	P 最小值	P 最大值
x_1	0.195	$+\infty$	x_9	$-\infty$	6.99
x_2	$-\infty$	0.227	x_{10}	$-\infty$	15.52
x_3	$-\infty$	6.815	x_{11}	$-\infty$	1.205
x_4	$-\infty$	12.46	x_{12}	0.148	0.20
x_5	$-\infty$	1.472	x_{13}	$-\infty$	8.88
x_6	0.184	0.229	x_{14}	$-\infty$	$+\infty$
x_7	0.199 6	0.204 6	x_{15}	1.163	2.263
x_8	$-\infty$	6.99			

影响作物布局的价格变化允许范围如表 9—27 所示。

表 9—27　　　　　　　　　　　影响布局的价格允许范围

价格		西红柿	甜菜	大瓜子	茴香	小麦
价格	最大	0.229	0.204 6	6.815	12.46	1.205
范围	最小	0.184	0.199 6	$-\infty$	$-\infty$	$-\infty$

2. 问题的延伸

农作物的收益依赖于气候等自然因素，有时会种植失败，从而影响种植收益。因此，有必要讨论在给定各种农作物种植成功率的情况下，农作物种植的布局问题。各种农作物种植成功率的估计值如表 9—28 所示。

表 9—28　　　　　　　　　　　农作物种植的成功率

	西红柿	甜菜	大瓜子	茴香	小麦
成功率	0.85	0.90	0.92	0.70	1.00

考虑种植成功率后，各约束条件并没有变化，但目标函数各变量的价值系数发生了变化，重新建立线性规划模型如下：

$$\max Z = 1\ 161.1x_1 + 918.9x_2 + 987.2x_3 + 700x_4 + 529x_5 + 893.4x_6$$
$$+ 792.9x_7 + 702x_8 + 406x_9 + 433x_{10} + 536.4x_{11} + 649x_{12}$$
$$+ 416.8x_{13} + 349x_{15}$$

$$\text{s. t.}\begin{cases} x_1 + x_2 + x_3 + x_4 + x_5 \leqslant 5 \\ x_6 + x_7 + x_8 + x_9 + x_{10} \leqslant 9 \\ x_{11} + x_{12} + x_{13} + x_{14} + x_{15} \leqslant 6 \\ x_1 + x_6 + x_{11} \leqslant 10 \\ 500x_5 + 420x_{10} + 350x_{15} \geqslant 800 \\ x_j \geqslant 0, \quad j = 1, 2, \cdots, 15 \end{cases}$$

求解结果如表 9—29 所示。

表 9—29　考虑种植成功率时模型的求解结果

变量名	最优结果	机会成本	变量名	最优结果	机会成本
x_1	5		x_9	0	386.9
x_2	0	141.7	x_{10}	1.9	
x_3	0	73.4	x_{11}	0	34.6
x_4	0	361	x_{12}	6	
x_5	0	103	x_{13}	0	232
x_6	5		x_{14}	0	649
x_7	2.1		x_{15}	0	0.09
x_8	0	90.9			

习作 2　康桥苑食堂菜肴的营养问题

作者：电商 22 第十小组——李钊（组长）、王帆、郗辉锋、孙家忠、王强

摘要：康桥苑学生食堂每天提供丰富多样的饭菜和小吃。学生如何选择自己的食谱，在满足营养要求的条件下，买到物美价廉的食物？为提高服务质量，康桥苑在学生口味要求不断提高、蔬菜价格经常变动和满足营养要求的条件下，如何安排供给以最大限度地满足学生的需要？本文通过建立线性规划模型，对上述问题进行了研究，获得了一些有趣的结果。

关键词：线性规划；营养成分；价格；美味程度；最优食谱

俗话说"民以食为天"。在中国，"吃"是一项关乎安定的大问题。那么怎样解决"吃"的问题？在今天物资充沛的条件下，数量不足的难题已经不复存在。需要解决的是如何选择的问题。即卖家如何提供受购买者欢迎的食物，买家又如何在卖家提供的琳琅满目的食物中，选出最实惠的。

与我们自己联系起来，卖家就是康桥苑学生食堂。我们所要解决的问题就是：

（1）如何选择自己的食谱，用最低的价钱，在满足营养要求的条件下，买到最美味的食物？

（2）对于康桥苑来说，在学生口味要求不断提高，而对价格却越来越敏感，对营养越来越关心的条件下，怎样安排供给，以最大限度地满足需要？

1. 问题分析

首先，经过多方探讨，我们总结出了食物的"三要素"：价格、营养和味道。好的食物必须价格低廉、营养丰富并且味道可人。

其次，我们进行了详细分析，康桥苑所提供的饭菜有如下几个大类：

主食类：黍、大米、高粱、小麦、玉米、荞麦、甘薯……

豆类：大豆、蚕豆、绿豆……

蔬菜类：土豆、西葫芦、青椒、茄子、冬瓜、萝卜、木耳……

水果类：桃、杏、梅、苹果、枣、梨、橘子……

肉类：猪肉、牛肉、鱼肉……

对于主食部分，其营养成分大部分大同小异，所以不作为这次研究的重点。而水果类由于大家没有一致的食用习惯，所以也不予考虑。豆类与蔬菜类具有很大的区分度，并且是每个人天天都吃的，所以把这部分作为此份报告的研究目标。

最后，在具体目标的选取上，我们比较了康桥苑各食堂提供食物的种类，最终把学一食堂和学二食堂提供的菜肴作为研究目标。最终要达到的目的是：在满足每餐营养的前提下，用最少的钱，买到最美味的食物。

2. 数据收集和处理

对于菜肴价格，我们直接到康桥苑食堂抄得，与现行价格相同。

对食物美味程度的调查是我们组的一个特色活动，为此花费了很大的精力。由于个人的感觉无法量化，所以迟迟不能找到一个为食物确定美味程度的方法。经过长时间的思考、讨论以及参考别人的经验，决定采取以下方法：通过问卷调查的形式，选取身边的同学为调查对象，进行一对一的访谈式调查。共选取菜肴 24 种、调查 20 人次。问卷调查结果如表 9—30 所示。

表 9—30　　　　　　　　　　问卷调查结果

菜名	价格 （元/每份）	每日都买 的人次	每周经常 买的人次	有时买 的人次	几乎从不 买的人次
醋溜豆芽	0.4		1	6	13
家常豆腐	1.5		1	15	4
西葫芦炒蛋	1.4			6	14
土豆烧排骨	1.5	3	5	8	4
红烧肉	2.0	1	6	10	3
辣子鸡块	2.0	1	3	7	9
尖椒炒蛋	1.8		2	13	5
红烧茄子	1.8	1	6	9	4
黄焖小排	2.0		1	11	8
狮子头	1.5		2	9	9
宫保鸡丁	1.6		3	11	6
红烧鱼块	2.0		1	6	13
苜蓿肉	1.6		3	4	13
小酥肉	2.0		4	8	8
青椒烧肉片	1.8	1	4	10	5
塘坝鱼	2.0		2	6	12
木耳炒蛋	2.0		4	11	5
西芹腊肉	2.0	2	3	4	11
炒萝卜丝	0.6			2	18
虾皮冬瓜	0.8		1	5	14
葱头炒肉	1.4		3	8	9
黄瓜肉片	1.6		4	7	9
豆角炒肉	1.4	2	6	8	4
莴笋肉片	1.6	1	4	6	9

虽然调查的人数并不很多，但已能代表广大学生对康桥苑各式菜肴美味程度的认可情况。对于调查的结果，我们作如下处理，对 4 种评价分别赋予一定的权值：每日都买（4 分），每周经常（3 分），有时（2 分），从不或几乎从不（1 分）。然后对每种菜打分，分值等于各个菜每种食用频率的人数乘以权值。得出结论如表 9—31 所示。

表 9—31　　　　　　　　　　康桥苑各式菜肴美味程度分值表

菜名	分值	菜名	分值	菜名	分值
醋溜豆芽	28	黄焖小排	33	木耳炒蛋	39
家常豆腐	37	狮子头	33	西芹腊肉	36
西葫芦炒蛋	26	宫保鸡丁	37	炒萝卜丝	22
土豆烧排骨	47	红烧鱼块	28	虾皮冬瓜	27
红烧肉	45	苜蓿肉	30	葱头炒肉	34
辣子鸡块	36	小酥肉	36	黄瓜肉片	35
尖椒炒蛋	37	青椒烧肉片	41	豆角炒肉	46
红烧茄子	44	塘坝鱼	30	莴笋肉片	37

这种评价方法巧妙地避开了感知无法量化的问题。通过对日常活动的调查，就可以了解大家对各种菜的认可程度，也就间接地说明了这种菜在大家心目中的美味程度。从调查表可以看到，大家对各种菜的评价还是相对一致的。这也说明我们的这种调查方式是可以说明客观问题的！当然这种方法也有不足之处，后面会有更为详细的分析。

通过前面的数据采集工作，我们的工作有了一定的基础。在这些数据的基础之上，我们选取了 10 种大家最常吃并且具有代表性的菜，同时加入大家每顿必吃的主食进行营养分析，结果如表 9—32 所示。

表 9—32　　　　　　　　　　营养分析表

菜名	主要成分	能量（kj）	蛋白质（g）	维生素 A（μgRE）	维生素 C（mg）	钙（mg）	美味程度（分）	价格（元/份）
醋溜豆芽	豆芽	184	4.5	5	8	21	28	0.4
家常豆腐	豆腐	340	8.1	0	0	164	37	1.5
土豆烧排骨	土豆，排骨	539.7	6.22	4.5	16.2	9	47	1.5
红烧肉	猪肉	1 654	13.2	114		6	45	2.0
红烧茄子	茄子	88	1.1	8	5	24	44	1.8
青椒烧肉片	青椒，猪肉	554	4.8	68.4	37.2	10.8	41	1.8
木耳炒蛋	木耳，鸡蛋	688	11.08	103.2	0	162.6	39	2.0
炒萝卜丝	萝卜	150	1	688	13	32	22	0.6
虾皮冬瓜	虾皮，冬瓜	100.8	3.4	12.3	14.4	114.3	27	0.8
豆角炒肉	豆角，猪肉	571.8	5.46	54	10.8	19.2	46	1.4
米饭/100g	稻米（大米）	1 448	7.4	0	0	13		

注：每份菜按康桥苑所提供的数据 100g 计算。

通过检索得到 20 周岁男性（女性）每餐对各种营养成分的需求量如表 9—33 所示。

表 9—33 营养成分需求表

分类	能量（kj）	蛋白质（g）	维生素 A（μgRE）	维生素 C（mg）	钙（mg）
20 周岁男性	800	25	266	33	266
20 周岁女性	700	21.5	233	33	266

若减去每餐必吃的主食（米饭）的营养（设每名男生每餐约吃米饭 3 两/0.4 元，女生 2 两/0.25 元），则实际菜肴需要满足的营养如表 9—34 所示。

表 9—34 实际菜肴需要满足的营养表

分类	能量（kj）	蛋白质（g）	维生素 A（μgRE）	维生素 C（mg）	钙（mg）
20 周岁男性	0	13.9	266	33	246.5
20 周岁女性	0	14.1	233	33	253

3. 模型的建立、计算

主食由于每顿饭的数量固定，可以不在模型之内考虑，仅对最终要求的营养做相对的调整即可：要求营养 = 每餐需求营养 — 主食中已包含的营养。

（1）建模。

该问题的目标要求为费用极小化。约束条件包括：营养条件限制；美味程度限制；每种菜每餐最大份数限制；每餐食量限制。

以 20 岁男性为例，要满足的条件如下：各种营养必须满足；鉴于康桥苑菜份较小，食量定为 3 份/餐；每份菜最多一份；美味程度：达到平均值；35.2×3（份）$=105.6$。

设置各种菜使用的份数（见表 9—35）。

表 9—35 决策变量设置表

名称	变量	名称	变量
醋溜豆芽	x_1	青椒烧肉片	x_6
家常豆腐	x_2	木耳炒蛋	x_7
土豆烧排骨	x_3	炒萝卜丝	x_8
红烧肉	x_4	虾皮冬瓜	x_9
红烧茄子	x_5	豆角炒肉	x_{10}

建立线性规划模型如下：

$$\min Z = 0.4x_1 + 1.5x_2 + 1.5x_3 + 2x_4 + 1.8x_5 + 1.8x_6 + 2x_7 + 0.6x_8$$
$$+ 0.8x_9 + 1.4x_{10}$$

$$
\text{s. t.}
\begin{cases}
184x_1 + 340x_2 + 539.7x_3 + 1\,654x_4 + 88x_5 + 554x_6 + 688x_7 + 150x_8 \\
\quad + 100.8x_9 + 571.8x_{10} \geqslant 0 \\
4.5x_1 + 8.1x_2 + 6.22x_3 + 13.2x_4 + 1.1x_5 + 4.8x_6 + 11.08x_7 + x_8 \\
\quad + 3.4x_9 + 5.46x_{10} \geqslant 13.9 \\
5x_1 + 4.5x_3 + 114x_4 + 8x_5 + 68.4x_6 + 103.2x_7 + 688x_8 + 12.3x_9 \\
\quad + 54x_{10} \geqslant 266 \\
8x_1 + 16.2x_3 + 5x_5 + 37.2x_6 + 13x_8 + 14.4x_9 + 10.8x_{10} \geqslant 33 \\
21x_1 + 164x_2 + 9x_3 + 6x_4 + 24x_5 + 10.8x_6 + 162.6x_7 + 32x_8 \\
\quad + 114.3x_9 + 19.2x_{10} \geqslant 246.5 \\
28x_1 + 37x_2 + 47x_3 + 45x_4 + 44x_5 + 41x_6 + 39x_7 + 22x_8 + 27x_9 \\
\quad + 46x_{10} \geqslant 105.6 \\
x_j \leqslant 1, \quad j = 1, 2, \cdots, 10 \\
x_1 + x_2 + x_3 + x_4 + x_5 + x_6 + x_7 + x_8 + x_9 + x_{10} \leqslant 3 \\
x_j \geqslant 0, \quad j = 1, 2, \cdots, 10
\end{cases}
$$

可以观察到，由于主食（米饭）已经满足了对营养能量的约束，第一个约束实际上形同虚设，但是为了保持模型的完整性，仍然保留了该约束条件。

（2）计算。

使用 QSB＋软件得到结果（见表 9—36 和表 9—37）。

表 9—36　　　　　　　　　　　　　　求解结果表之一

			Summarized Report for 1z		Page：1	
Number	Variable	Solution	Opportunity Cost	Objective Coefficient	Minimum Obj. Coeff.	Maximum Obj. Coeff.
1	x_1	+0.000 597 47	0	+0.400 000 01	+0.053 530 81	+0.675 210 83
2	x_2	+0.662 720 80	0	+1.500 000 0	+1.181 193 4	+1.696 791 3
3	x_3	+0.633 406 04	0	+1.500 000 0	+1.394 723 4	+1.510 254 6
4	x_4	0	−0.964 124 74	+2.000 000 0	+1.035 875 3	+ Infinity
5	x_5	0	−0.637 204 17	+1.800 000 0	+1.162 795 8	Infinity
6	x_6	0	−0.053 017 90	+1.800 000 0	+1.746 982 1	+ Infinity
7	x_7	0	−0.357 747 38	+2.000 000 0	+1.642 252 7	+ Infinity
8	x_8	+0.335 756 78	0	+0.600 000 02	+0.234 875 02	+0.721 185 39
9	x_9	+1.000 000 0	0	+0.800 000 01	−Infinity	+1.055 040
10	x_{10}	+0.367 518 90	0	+1.400 000 0	+1.388 776 9	+1.486 858 0
Minimized OBJ＝3.460 41		Iteration＝13		Elapsed CPU second ＝ 5.078 125E−02		

表 9—37　　　　　　　　　　　　　　求解结果表之二

			Summarized Report for 1z		Page：2	
Cnstr.	Status	RHS	Shadow Price	Slack or Surplus	Minimum RHS	Maximum RHS
1	Loose	≥0	0	+928.595 09	−Infinity	+928.595 09
2	Loose	≥+13.900 000	0	+1.152 923 5	−Infinity	+15.052 923

续前表

Cnstr.	Status	RHS	Shadow Price	Slack or Surplus	Minimum RHS	Maximum RHS
3	Tight	≥+266.000 00	−0.004 682 4	0	+118.472 34	+266.351 17
4	Tight	≥+33.000 000	−0.024 424 63	0	+29.964 899	+33.038 090
5	Tight	≥+246.500 00	−0.005 861 05	0	+208.344 82	+246.623 25
6	Tight	≥+105.600 00	−0.051 067 61	0	+100.979 00	+105.612 20
7	Tight	=+3.000 000 0	+1.350 713 3	0	+2.999 770 9	+3.383 364 4
8	Loose	≤+1.000 000 0	0	+0.999 402 52	+0.005 974 8	+Infinity
9	Loose	≤+1.000 000 0	0	+0.337 279 17	+0.662 720 80	+Infinity
10	Loose	≤+1.000 000 0	0	+0.366 593 96	+0.633 406 04	+Infinity
11	Loose	≤+1.000 000 0	0	+1.000 000 0	0	+Infinity
12	Loose	≤+1.000 000 0	0	+1.000 000 0	0	+Infinity
13	Loose	≤+1.000 000 0	0	+1.000 000 0	0	+Infinity
14	Loose	≤+1.000 000 0	0	+1.000 000 0	0	+Infinity
15	Loose	≤+1.000 000 0	0	+0.664 243 22	+0.335 756 78	+Infinity
16	Tight	≤+1.000 000 0	+0.255 503 95	0	+0.875 062 70	+1.001 234 9
17	Loose	≤+1.000 000 0	0	+0.632 481 10	+0.367 518 90	+Infinity

Minimized OBJ = 3.460 41　Iteration = 13　Elapsed CPU second = 5.078 125E−02

就这 10 种菜，得到的最终结果是：在每一餐中，最佳菜肴配比及营养如表 9—38 和表 9—39 所示。

表 9—38　　　　大学男生最佳食物配比（仅菜肴，支出为 3.46 元）

名称	比例	名称	比例
醋溜豆芽	0	家常豆腐	0.7
土豆烧排骨	0.6	红烧肉	0
红烧茄子	0	青椒烧肉片	0
木耳炒蛋	0	炒萝卜丝	0.3
虾皮冬瓜	1	豆角炒肉	0.4

表 9—39　　　　相应的营养情况（仅菜肴）

	能量（kj）	蛋白质（g）	维生素 A（μgRE）	维生素 C（mg）	钙（mg）	美味程度（份）	价格总计
本菜谱	936.34	15.29	269	33	251.78	105.6	3.46

再加入米饭，总价格为 3.86 元，可以提供营养如表 9—40 所示，完全可以满足每餐所需营养。

表 9—40　　　　加入主食后的营养情况

	能量（kj）	蛋白质（g）	维生素 A（μgRE）	维生素 C（mg）	钙（mg）
本菜谱	3 108.34	26.39	269	33	271.28

关于结果为非整数的说明：

上述最终结果并没有以整数出现，也就是说，实际上每餐很难精确达到最优结果的要求。但更深入的理解是：所得结果是建立在多次挑选基础上的，是一个概率上的总结。例如：0.2 份并不是说每餐吃 0.2 份，而是说在你长期所吃的菜中，占 20% 的比重。

（3）灵敏度分析。

包括对于目标系数（价格）变化的灵敏度分析结果表和对于约束条件（营养，美食程度，份数）变化的灵敏度分析结果表如表 9—41 和表 9—42 所示。

表 9—41　　　　　　目标系数（价格）变化的灵敏度分析结果表

Sensitivity Analysis for Objective Coefficients						Page：1
Variable	Min. C（j）	Original	Max. C（j）	Variable	Min. C（j）	Original	Max. C（j）
x_1	+0.053 531	+0.400 000	+0.675 211	x_6	+1.746 98	+1.800 00	+Infinity
x_2	+1.181 19	+1.500 00	+1.696 79	x_7	+1.642 25	+2.000 00	+Infinity
x_3	+1.394 72	+1.500 00	+1.510 25	x_8	+0.234 875	+0.600 000	+0.721 185
x_4	+1.035 88	+2.000 00	+Infinity	x_9	−Infinity	+0.800 000	+1.055 50
x_5	+1.162 80	+1.800 00	+Infinity	x_{10}	+1.388 78	+1.400 00	+1.486 86

表 9—42　　　　对于约束条件（营养，美味程度，份数）变化的灵敏度分析结果

Sensitivity Analysis for RHS						Page：1
Constrnt	Min. B（i）	Original	Max. B（i）	Constrnt	Min. B（i）	Original	Max. B（i）
1	−Infinity	0	+928.595	10	+0.633 406	+1.000 00	+Infinity
2	−Infinity	+13.900 0	+15.052 9	11	0	+1.000 00	+Infinity
3	+118.472	+266.000	+266.351	12	0	+1.000 00	+Infinity
4	+29.964 9	+33.000	+33.038 1	13	0	+1.000 00	+Infinity
5	+208.345	+246.500	+246.623	14	0	+1.000 00	+Infinity
6	+100.979	+105.600	+105.612	15	+0.335 757	+1.000 00	+Infinity
7	+2.999 77	+3.000	+3.383 36	16	+0.875 063	+1.000 00	+1.001 23
8	+0.000 597	+1.000	+Infinity	17	+0.367 519	+1.000 00	+Infinity
9	+0.662 721	+1.000	+Infinity				

结果表明，在约束条件变化范围一定的情况下，所得的最优解组合没有变化，这也使得我们的计算结果为同学们今后的食物选择提供了可靠的参考。比如说，经过计算，所得的结果是：家常豆腐：0.7 份，当家常豆腐的价格变化范围在（+1.181 19，+1.696 79）时，计算结果不会变化，也就是说，家常豆腐的最优选择份量仍然是 0.7 份。其他几个菜同样可如此分析，就不一一列举说明。

（4）关于女生食谱的计算结果。

设每餐吃米饭 2 两，计 0.25 元，计算方法与前面完全相同，仅列出最终结果（见表 9—43）。

表 9—43　　　　　　　　女生最佳菜肴配比（份）

名称	比例	名称	比例
醋溜豆芽	0	家常豆腐	0.7
土豆烧排骨	0.8	红烧肉	0
红烧茄子	0	青椒烧肉片	0
木耳炒蛋	0	炒萝卜丝	0.3
虾皮冬瓜	1	豆角炒肉	0.2

共需要花费 3.73 元。

4. 对结果的进一步分析

（1）美味程度变化范围分析。

下界为：美味程度平均值。可以满足大家对美味的基本需求。同时其具有上界，理由是：

1）与营养限制发生冲突：光吃美味程度高的菜未必能满足营养条件。

2）与每餐每种菜份数限制冲突：即使某菜能满足所有营养条件且美食程度很高，但是条件限制为最多只能吃一份。

3）上限难以确定。随着美味程度的升高，价格也升高，这与实际目标背离。美味程度变化范围分析难点在于上限不好确定。我们采取了试值法，发现在 120 时还有解，到 125 时已经没有解，只能暂定为 120。尚需进一步探讨的是，上界究竟应如何确定？即使确定了上界，究竟是由于什么原因而导致无解？

（2）关于价格与美味程度。

经过多次的演算，每餐饭的价格随美味程度的上升有上涨的趋势。可以用美味程度为标准，制作出对美味程度有不同需求，以及对价格有不同要求的食谱。同样以男生的食谱为例，价格随美味程度的上升而上涨的趋势如表 9—44 和图 9—7 所示。

表 9—44　　　　　价格随美味程度的上升而上涨的趋势表

美味程度	80	90	100	110	120
价格（元）	2.69	2.71	3.18	3.79	4.66

注：此价格仅为菜肴的价格，不包含米饭。

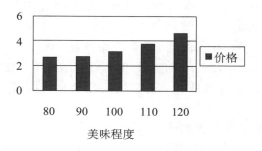

图 9—7　价格随美味程度的上升而上涨的趋势图

由于这部分不是我们研究的重点，所以没有计算不同价格下具体所应选取的菜肴搭配。如果需要，可以通过修改约束条件，轻松地计算出来。

（3）各种菜之间的比较。

在最终结果中，饭菜的推荐份数，也代表了这种菜的竞争力。例如：结果显示，虾皮冬瓜是属于每餐必吃的菜。说明这道菜在营养和美味程度上的表现都是比较优秀的。而推荐份数为 0 的菜，则相对来说缺乏价格、营养或美味上的优势。就营养和美味程度两个要素来说，也是相互牵制的。无营养约束条件的情况下计算结果如表 9—45 所示，无美味约束条件的情况下计算结果如表 9—46 所示。

表 9—45　　　　　　　**无营养约束条件情况下计算结果表**

Summarized Report for 1z				Page：1		
Number	Variable	Solution	Opportunity Cost	Objective Coefficient	Minimum Obj. Coeff.	Maximum Obj. Coeff.
1	x_1	+1.000 000 0	0	+0.400 000 01	−Infinity	+0.815 999 98
2	x_2	0	−0.360 000 04	+1.500 000 0	+1.140 000 0	+Infinity
3	x_3	+0.384 000 18	0	+1.500 000 0	+1.433 333 4	+1.600 000 0
4	x_4	0	−0.572 000 09	+2.000 000 0	+1.427 999 9	+Infinity
5	x_5	0	−0.408 000 02	+1.800 000 0	+1.392 000 0	+Infinity
6	x_6	0	−0.516 000 09	+1.800 000 0	+1.283 999 9	+Infinity
7	x_7	0	−0.788 000 05	+2.000 000 0	+1.212 000 0	+Infinity
8	x_8	+0.615 999 82	0	+0.600 000 02	+0.052 6 316 8	+625 000 06
9	x_9	0	−0.020 000 01	+0.600 000 01	+0.780 000 03	+Infinity
10	x_{10}	+1.000 000 0	0	+1.400 000 0	−Infinity	+1.463 999 9
Minimized OBJ = 2.7456 Iteration = 8 Elapsed CPU second = 5.859375E−02						

表 9—46　　　　　　　**无美味约束条件情况下计算结果表**

Summarized Report for 1z				Page：1		
Number	Variable	Solution	Opportunity Cost	Objective Coefficient	Minimum Obj. Coeff.	Maximum Obj. Coeff.
1	x_1	+0.849 797 07	0	+0.400 000 01	−5.181 168 1	+0.851 645 47
2	x_2	+0.507 250 31	0	+1.500 000 0	1.289 304 4	+1.857 604 7
3	x_3	0	−0.533 093 75	+1.500 000 0	+0.966 906 25	+Infinity
4	x_4	0	−0.708 157 06	+2.000 000 0	+1.291 842 9	+Infinity
5	x_5	0	−2.030 028 1	+1.800 000 0	−0.230 028 06	+Infinity
6	x_6	+0.203 598 86	0	+1.800 000 0	+0.847 874 76	+3.675 433 6
7	x_7	+0.114 142 53	0	+2.000 000	+1.620 728 0	+2.256 253 7
8	x_8	+0.325 311 26	0	+0.600 000 02	+0.111 430 41	+4.117 983 8
9	x_9	+1.000 000 0	0	+0.800 000 01	−Infinity	+1.157 980 4
10	x_{10}	0	−0.705 556 99	+1.400 000 0	+0.694 442 99	+Infinity
Minimized OBJ = 2.690 684　　Iteration = 8　　Elapsed CPU second = 5.859 375E−02						

结果表明，每种菜在这两种情况下的表现都是不同的。我们可以在费用最小化的基础上依次进行分类。

1）美味又营养丰富型：如 x_1；

2）美味但缺乏营养型：如 x_{10}；

3）不美味但营养丰富：如 x_9；

4）既不美味也缺乏营养的：如 x_4，x_5。

这个问题的计算结果可以被食堂方面作为参考。对于美味但缺乏营养的，要尽量改变原材料增加其营养；对于富含营养但味道欠缺的，要改变制作工艺，争取做得更能迎合学生胃口；对于两者都缺乏的，应予撤换，节省资源。

5. 进一步的思考

关于对美味程度思考的反映，表明我们所作的调查是可以体现大家对各种菜品的满意程度的，但是问题在于，在确定权值的时候，即为各种不同的情况确定得分的时候，缺乏一个比较令人信服的尺度。反映在最终数据上，就是对于某些菜的区分度不够。另外，问卷调查的有效样本数量还嫌不足，所以某些个别的菜可能会和大家的实际看法有些出入。

我们所建立的模型对每餐食量的界定是固定的，这是一大缺陷。但是，如果把食量设计成可变的，美味程度的界定就变得很困难。关于这部分问题，我们暂时还难以解决，在日后的学习中，也许会找到令人满意的解决方法。

习作3　管理学院2+4+X试点班最优选课策略

作者： 工硕81小组——龙俊、陈静、徐国军、袁铮禄、张坦

摘要： 管理学院2+4+X人才培养方案是高等教育教学思想和模式的改革，其核心是把学生的培养过程按照一个整体进行设计和思考，如何为学生设计最优选课方案成为管理学院教务处和学生共同关心的问题。本文针对"2+4+X"试点班现行的选课策略进行研究，通过建立多目标整数规划模型，采用分层序列法求解出针对学生的最优选课策略，并进行了灵敏度分析。结果表明，管理学院教务处的排课计划是合理的。

关键词： 最优选课策略；多目标整数规划；分层序列法；灵敏度分析

1. 问题提出

管理学院实行"2+4+X"人才培养模式，即综合基础、实践能力、创新研究的"三段式"创新人才培养教育模式，2010年已经从本校其他各个学院招来第二届（大三）学生。管理学院按照对培养人才综合能力的理解已为学生制定好下学期（大三下）选课计划。学生所关心的问题是：这些课程是否符合学生的兴趣爱好？与不同专业学生的相关程度如何？有没有不合理之处？

针对以上问题，通过相关资料整理出"2+4+X"培养方案中本科阶段涉及的27门课程（见表9—47），并提出了为大三学年制定最优选课方案的问题。该问题的求解目标有两个：首先是不同专业进来的学生如何选择最适合自己的课程；其次是如何使所修的课程门数最少以减轻学生负担。其约束包括：学院培养复合型管理人才所需要的不同大类专业课程数目约束；先修课约束；相似课程不能重复。

表 9—47　　　　　　　　　2＋4＋X 人才培养方案选课及分类表

课程序号	课程名称	学分	所属类别
1	企业战略管理	2	管理类
2	人力资源管理	2	管理类
3	生产与运作管理（Ⅰ）	2	管理类，工程类
4	质量管理	2	工程类
5	创业管理	2	管理类
6	营销渠道管理	2	管理类
7	管理沟通	2	管理类
8	现代物流与供应链管理	2	工程类
9	国际企业管理	2	管理类
10	薪酬与绩效管理	2	管理类
11	供应链管理	2	工程类
12	服务运营管理	2	管理类
13	工程项目管理	2	工程类
14	公司理财	2	经济类，管理类
15	管理会计	2	经济类
16	计量经济学	2	经济类
17	宏观经济学	2.5	经济类
18	运筹学（Ⅰ）	3	管理类，经济类，工程类
19	会计学	2	经济类
20	工业工程基础	2	工程类
21	人因工程	2	工程类
22	先进制造技术	2	工程类
23	现代产品开发与设计	2	工程类
24	生产系统建模	2	工程类
25	工业设计思想基础	2	工程类
26	应用统计分析	2	管理类，经济类，工程类
27	系统工程（Ⅰ）	3	工程类

　　选课结果只有两种情况，即选与不选，故此最优选课策略问题属于 0—1 整数规划问题。该问题的难点在于：（1）多目标；（2）约束条件较为复杂。

　　（1）多目标规划。目前求解多目标规划问题常用的方法有：主要目标法，线性加权法，分层序列法，层次分析法。本文采用分层序列法，即把目标按其某一特性给出一个序列，每次都在前一目标最优解集内求下一个目标最优解，直到求出共同的最优解。具体到本问题，目标序列设定为｛选课最少，最偏好课程｝，也就是先对选课最少目标求出最优解，再将最少选课数目作为约束条件，求出学生选择最适合自己的课程。

　　（2）约束条件。依照对复合型管理人才的理解，管理学院"2＋4＋X"人才培养试点班的学生必须对管理、经济、工程等领域有较为全面的了解。通过咨询相关教师，我们制定出以下约束：学生至少选择 8 门管理类课程；5 门经济类课程；5 门工程类课程。此为第一类约束。某些课程教学具有连贯性，存在先修课约束。通过对课程开设逻辑顺序的相关资料的查阅，我们提出以下先修课约束："管理沟通"需先修"人力资源管理"；"公司理财"和"管理会计"需先修"会计学"；"先进制造技术"和"系统工程（Ⅰ）"需先修"工业工程基础"；"应用统计分析"需先修"运筹学（Ⅰ）"。此为第二类约束。对于某些相似度极高的课程，如"现代物流与供应链管理"和"供应链管理"，我们认为二者不可同时选择。此为第三类约束。

本文试图站在学生立场，为学生选出对其自身发展最有用的课程，因此必须考虑学生对某一课程的偏好和该课程的重要程度。本文利用课程与各不同类学生专业的相关程度，设计出调查表格并进行发放，根据学生打分求出学生对各门课程的偏好值；再假定某一课程的学分就体现该课程的重要程度。于是偏好值与学分的乘积就得到了此门课程对于学生重要性的权值。

依照以上分析可建立多目标整数规划模型，运用 QSB＋软件可求得结果，进而通过与大三下学期学院教务处的选课对比分析，可以检验该问题求解结果的合理性。

2. 模型建立

依据以上分析，可建立多目标整数规划模型。设 27 门课的选课情况为 $x_i \in \{0,1\}(i=1,2,\ldots,27)$，取值 1 表示选择该课程，取值 0 表示不选择该课程。目标 1 为选课数目最少，目标 2 为选课的重要性权值最大。约束条件如表 9—48 所示。

表 9—48 各约束对应公式表

课程序号	课程名称	学分	所属类别	约束条件	约束对应公式
1	企业战略管理	2	管理类		
2	人力资源管理	2	管理类		
3	生产与运作管理（Ⅰ）	2	管理类 工程类		
4	质量管理	2	工程类		
5	创业管理	2	管理类		
6	营销渠道管理	2	管理类		
7	管理沟通	2	管理类	先修"人力资源管理"	
8	现代物流与供应链管理	2	工程类	与"供应链管理"不能同修	
9	国际企业管理	2	管理类		
10	薪酬与绩效管理	2	管理类		
11	供应链管理	2	工程类	与"现代物流与供应链管理"不能同修	
12	服务运营管理	2	管理类		
13	工程项目管理	2	工程类		
14	公司理财	2	经济, 管理类	先修"会计学"	
15	管理会计	2	经济类	先修"会计学"	
16	计量经济学	2	经济类		

续前表

课程序号	课程名称	学分	所属类别	约束条件	约束对应公式
17	宏观经济学	2.5	经济类		
18	运筹学（Ⅰ）	3	管理类 经济类 工程类		
19	会计学	2	经济类		
20	工业工程基础	2	工程类		
21	人因工程	2	工程类		
22	先进制造技术	2	工程类	先修"工业工程基础"	
23	现代产品开发与设计	2	工程类		
24	生产系统建模	2	工程类		
25	工业设计思想基础	2	工程类		
26	应用统计分析	2	综合	先修"运筹学（Ⅰ）"	
27	系统工程（Ⅰ）	3	工程类	先修"工业工程基础"	

由此可得模型：

（1）目标 1：选课数目最少。

$$\min Z = \sum_{i=1}^{27} x_i$$

$$\text{s. t.}\begin{cases} x_1 + x_2 + x_3 + x_5 + x_6 + x_7 + x_9 + x_{10} + x_{12} + x_{14} + x_{18} + x_{26} \geqslant 8 \\ x_{14} + x_{15} + x_{16} + x_{17} + x_{18} + x_{19} + x_{26} \geqslant 5 \\ x_3 + x_4 + x_8 + x_{11} + x_{13} + x_{18} + x_{20} + x_{21} + x_{22} + x_{23} + x_{24} + x_{25} + x_{26} \\ \quad + x_{27} \geqslant 5 \\ x_2 - x_7 \geqslant 0 \\ x_8 + x_{11} \leqslant 1 \\ x_{19} - x_{14} \geqslant 0 \\ x_{19} - x_{15} \geqslant 0 \\ x_{20} - x_{22} \geqslant 0 \\ x_{20} - x_{27} \geqslant 0 \\ x_{18} - x_{26} \geqslant 0 \\ x_j \geqslant 0, \quad j = 1,2,3,\cdots,27 \end{cases}$$

由此解得最少选课数目，作为目标二的约束条件。

（2）目标 2：选课重要性权值最大。

$$\max Z = \sum_{i=1}^{27} c_i x_i$$

$$
\text{s. t.}\begin{cases}
x_1+x_2+x_3+x_5+x_6+x_7+x_9+x_{10}+x_{12}+x_{14}+x_{18}+x_{26}\geqslant 8\\
x_{14}+x_{15}+x_{16}+x_{17}+x_{18}+x_{19}+x_{26}\geqslant 5\\
x_3+x_4+x_8+x_{11}+x_{13}+x_{18}+x_{20}+x_{21}+x_{22}+x_{23}+x_{24}+x_{25}+x_{26}\\
+x_{27}\geqslant 5\\
x_2-x_7\geqslant 0\\
x_8+x_{11}\leqslant 1\\
x_{19}-x_{14}\geqslant 0\\
x_{19}-x_{15}\geqslant 0\\
x_{20}-x_{22}\geqslant 0\\
x_{20}-x_{27}\geqslant 0\\
x_{18}-x_{26}\geqslant 0\\
x_j\geqslant 0, j=1,2,3,\cdots,27
\end{cases}
$$

式中，c_i 表示各门课程的重要性权值。

3. 模型的求解与分析

（1）调查问卷统计结果。

根据问卷调查情况，我们分专业统计了学生对于各门课程重要性的打分情况，进行加权平均计算各门课的平均偏好后，与对应学分相乘即得各课程的重要性权值。统计的数据如图 9—8 所示。

	A	B	C	D	E	F	G	H	I
1	课程序号	课程号	学分	平均偏好	权值	工商管理类平均	权值	管理科学与工程类平均	权值
2	1	企业战略管理	2	0.624	1.248	0.66	1.32	0.6	1.2
3	2	人力资源管理	2	0.6	1.2	0.68	1.36	0.546666667	1.09333
4	3	生产与运作管理（I）	2	0.552	1.104	0.5	1	0.586666667	1.17333
5	4	质量管理	2	0.52	1.04	0.44	0.88	0.573333333	1.14667
6	5	创业管理	2	0.496	0.992	0.58	1.16	0.44	0.88
7	6	营销渠道管理	2	0.536	1.072	0.6	1.2	0.493333333	0.98667
8	7	管理沟通	2	0.6	1.2	0.66	1.32	0.56	1.12
9	8	现代物流与供应链管理	2	0.584	1.168	0.44	0.88	0.68	1.36
10	9	国际企业管理	2	0.528	1.056	0.54	1.08	0.52	1.04
11	10	薪酬与绩效管理	2	0.584	1.168	0.6	1.2	0.573333333	1.14667
12	11	供应链管理	2	0.568	1.136	0.44	0.88	0.653333333	1.30667
13	12	服务运营管理	2	0.536	1.072	0.42	0.84	0.613333333	1.22667
14	13	工程项目管理	2	0.536	1.072	0.38	0.76	0.64	1.28
15	14	公司理财	2	0.552	1.104	0.58	1.16	0.533333333	1.06667
16	15	管理会计	2	0.496	0.992	0.52	1.04	0.48	0.96
17	16	计量经济学	2	0.496	0.992	0.52	1.04	0.48	0.96
18	17	宏观经济学	2.5	0.6	1.5	0.62	1.55	0.586666667	1.46667
19	18	运筹学(I)	3	0.624	1.872	0.6	1.8	0.64	1.92
20	19	会计学	2	0.544	1.088	0.6	1.2	0.506666667	1.01333
21	20	工业工程基础	2	0.496	0.992	0.36	0.72	0.586666667	1.17333
22	21	人因工程	2	0.408	0.816	0.34	0.68	0.453333333	0.90667
23	22	先进制造技术	2	0.424	0.848	0.3	0.6	0.506666667	1.01333
24	23	现代产品开发与设计	2	0.44	0.88	0.36	0.72	0.493333333	0.98667
25	24	生产系统建模	2	0.48	0.96	0.36	0.72	0.56	1.12
26	25	工业设计思想基础	2	0.448	0.896	0.34	0.68	0.52	1.04
27	26	应用统计分析	2	0.616	1.232	0.54	1.08	0.666666667	1.33333
28	27	系统工程(I)	3	0.536	1.608	0.48	1.44	0.573333333	1.72

图 9—8　学生认为各课程的重要性权值统计图

（2）求解目标一（选课数目最少）。

用 WINQSB 软件求得结果如图 9—9 所示。

	Decision Variable	Solution Value	Unit Cost or Profit c(j)	Total Contribution	Reduced Cost	Basis Status	Allowable Min. c(j)	Allowable Max. c(j)
1	X1	1.0000	1.0000	1.0000	0	basic	-M	1.0000
2	X2	1.0000	1.0000	1.0000	0	basic	-M	1.0000
3	X3	1.0000	1.0000	1.0000	0	basic	-M	2.0000
4	X4	1.0000	1.0000	1.0000	0	basic	-M	1.0000
5	X5	1.0000	1.0000	1.0000	0	basic	-M	1.0000
6	X6	1.0000	1.0000	1.0000	0	basic	1.0000	1.0000
7	X7	0	1.0000	0	0	at bound	1.0000	M
8	X8	1.0000	1.0000	1.0000	0	basic	1.0000	1.0000
9	X9	0	1.0000	0	0	at bound	1.0000	M
10	X10	0	1.0000	0	0	at bound	1.0000	M
11	X11	0	1.0000	0	0	at bound	1.0000	M
12	X12	0	1.0000	0	0	at bound	1.0000	M
13	X13	0	1.0000	0	0	at bound	1.0000	M
14	X14	1.0000	1.0000	1.0000	0	basic	-M	2.0000
15	X15	1.0000	1.0000	1.0000	0	basic	0.5000	1.0000
16	X16	0	1.0000	0	0	at bound	1.0000	M
17	X17	0	1.0000	0	0	at bound	1.0000	M
18	X18	1.0000	1.0000	1.0000	0	basic	-M	5.0000
19	X19	1.0000	1.0000	1.0000	0	basic	1.0000	2.0000
20	X20	0	1.0000	0	0	at bound	1.0000	M
21	X21	0	1.0000	0	0	at bound	1.0000	M
22	X22	0	1.0000	0	0	at bound	1.0000	M
23	X23	0	1.0000	0	0	at bound	1.0000	M
24	X24	0	1.0000	0	0	at bound	1.0000	M
25	X25	0	1.0000	0	0	at bound	1.0000	M
26	X26	1.0000	1.0000	1.0000	0	basic	-M	3.0000
27	X27	0	1.0000	0	0	at bound	1.0000	M
	Objective	Function	(Min.) =	12.0000				

	Constraint	Left Hand Side	Direction	Right Hand Side	Slack or Surplus	Shadow Price	Allowable Min. RHS	Allowable Max. RHS
1	C1	8.0000	>=	8.0000	0	1.0000	7.0000	8.0000
2	C2	5.0000	>=	5.0000	0	1.0000	4.0000	5.0000
3	C3	5.0000	>=	5.0000	0	1.0000	4.0000	5.0000
4	C4	1.0000	>=	0	1.0000	0	-M	1.0000
5	C5	1.0000	<=	1.0000	0	0	1.0000	M
6	C6	0	>=	0	0	0	0	0
7	C7	0	>=	0	0	0	-M	0
8	C8	0	>=	0	0	0	-M	0
9	C9	0	>=	0	0	0	-M	0
10	C10	0	>=	0	0	2.0000	0	0

图 9—9　目标一的求解结果

从图 9—9 可以看出最少选课数目为 12 门。

（3）求解目标二（选课最优）。

1）所有学生最优选课方案。将上问求得的结果最少课程数 12 作为此问题的约束条件，并代入抽样班级学生总体认为的各门课程重要性权值，用 WINQSB 求得结果如图 9—10 所示。

2）工商管理类学生最优选课方案。代入工商管理类学生认为的各门课程重要性权值，用 WINQSB 求得结果如图 9—11 所示。

3）工业工程类学生最优选课方案。代入工业工程类学生认为的各门课程重要性权值，用 WINQSB 求得结果如如图 9—12 所示。

4）最优选课方案求解结果与教务处排课实际情况对比分析。

将以上求解结果汇总，并与教务处实际排课情况进行对比分析，得到

	Decision Variable	Solution Value	Unit Cost or Profit c(j)	Total Contribution	Reduced Cost	Basis Status	Allowable Min. c(j)	Allowable Max. c(j)
1	X1	1.0000	1.2480	1.2480	0	basic	1.1680	M
2	X2	1.0000	1.2000	1.2000	0	basic	1.1360	M
3	X3	1.0000	1.1040	1.1040	0	basic	-M	M
4	X4	0	1.0400	0	-0.2600	at bound	-M	1.3000
5	X5	0	0.9920	0	-0.1760	at bound	-M	1.1680
6	X6	0	1.0720	0	-0.0960	at bound	-M	1.1680
7	X7	1.0000	1.2000	1.2000	0	basic	1.1680	M
8	X8	0	1.1680	0	-0.1320	at bound	-M	1.3000
9	X9	0	1.0560	0	-0.1120	at bound	-M	1.1680
10	X10	1.0000	1.1680	1.1680	0	basic	1.0720	1.2000
11	X11	0	1.1360	0	-0.1640	at bound	-M	1.3000
12	X12	0	1.0720	0	-0.0960	at bound	-M	1.1680
13	X13	0	1.0720	0	-0.2280	at bound	-M	1.3000
14	X14	1.0000	1.1040	1.1040	0	basic	-M	M
15	X15	0	0.9920	0	-0.5080	at bound	-M	1.5000
16	X16	0	0.9920	0	-0.5080	at bound	-M	1.5000
17	X17	1.0000	1.5000	1.5000	0	basic	1.1680	M
18	X18	1.0000	1.8720	1.8720	0	basic	-M	M
19	X19	1.0000	1.0880	1.0880	0	basic	-M	1.5000
20	X20	1.0000	0.9920	0.9920	0	basic	0.7280	1.6080
21	X21	0	0.8160	0	-0.4840	at bound	-M	1.3000
22	X22	0	0.8480	0	-0.4520	at bound	-M	1.3000
23	X23	0	0.8800	0	-0.4200	at bound	-M	1.3000
24	X24	0	0.9600	0	-0.3400	at bound	-M	1.3000
25	X25	0	0.8960	0	-0.4040	at bound	-M	1.3000
26	X26	1.0000	1.2320	1.2320	0	basic	-M	M
27	X27	1.0000	1.6080	1.6080	0	basic	1.3440	M
	Objective	Function	(Max.) =	15.3160				

	Constraint	Left Hand Side	Direction	Right Hand Side	Slack or Surplus	Shadow Price	Allowable Min. RHS	Allowable Max. RHS
1	C1	8.0000	>=	8.0000	0	0	8.0000	M
2	C2	5.0000	>=	5.0000	0	0.3320	5.0000	5.0000
3	C3	5.0000	>=	5.0000	0	0.1320	5.0000	5.0000
4	C4	0	>=	0	0	-0.0320	0	0
5	C5	0	<=	1.0000	1.0000	0	0	M
6	C6	0	>=	0	0	-0.4120	0	0
7	C7	1.0000	>=	0	0	1.0000	-M	1.0000
8	C8	1.0000	>=	0	0	1.0000	-M	1.0000
9	C9	0	>=	0	0	-0.3080	0	0
10	C10	0	>=	0	0	0.4000	0	0
11	C11	12.0000	=	12.0000	0	1.1680	11.0000	12.0000

图 9—10　总体学生最优选课方案求解结果图

表 9—49。其中黑体字表示该门课程被选。

由表 9—49 可以看出：

1）工业工程类学生与工商管理类学生最优选课策略差别不大，都选择了"企业战略管理"、"人力资源管理"、"生产与运作管理（Ⅰ）"、"公司理财"、"宏观经济学"、"运筹学（Ⅰ）"、"会计学"、"工业工程基础"、"应用统计分析"、"系统工程（Ⅰ）"这十门课程。二者的区别仅在少数课程，如工商管理类学生选择了"营销渠道管理"和"管理沟通"，而工业工程类学生选择了"薪酬与绩效管理"和"服务运营管理"。

2）不同专业的学生最优选课方案与教务处实际排课情况高度吻合，工业工程类和工商管理类学生选课方案与教务处实际排课吻合度高达 90% 以上，充分体现出本文建模的合理性。

	Decision Variable	Solution Value	Unit Cost or Profit c(j)	Total Contribution	Reduced Cost	Basis Status	Allowable Min. c(j)	Allowable Max. c(j)
1	X1	1.0000	1.3200	1.3200	0	basic	1.2000	M
2	X2	1.0000	1.3600	1.3600	0	basic	1.0800	M
3	X3	1.0000	1.0000	1.0000	0	basic	-M	M
4	X4	0	0.8800	0	-0.2000	at bound	-M	1.0800
5	X5	0	1.1600	0	-0.0400	at bound	-M	1.2000
6	X6	1.0000	1.2000	1.2000	0	basic	-M	1.2000
7	X7	1.0000	1.3200	1.3200	0	basic	1.2000	M
8	X8	0	0.8800	0	-0.2000	at bound	-M	1.0800
9	X9	0	1.0800	0	-0.1200	at bound	-M	1.2000
10	X10	0	1.2000	0	0	at bound	-M	1.2000
11	X11	0	0.8800	0	-0.2000	at bound	-M	1.0800
12	X12	0	0.8400	0	-0.3600	at bound	-M	1.2000
13	X13	0	0.7600	0	-0.3200	at bound	-M	1.0800
14	X14	1.0000	1.1600	1.1600	0	basic	-M	M
15	X15	0	1.0400	0	-0.5100	at bound	-M	1.5500
16	X16	0	1.0400	0	-0.5100	at bound	-M	1.5500
17	X17	1.0000	1.5500	1.5500	0	basic	1.2000	M
18	X18	1.0000	1.8000	1.8000	0	basic	-M	M
19	X19	1.0000	1.2000	1.2000	0	basic	-M	1.5500
20	X20	1.0000	0.7200	0.7200	0	basic	0.3200	0.9600
21	X21	0	0.6800	0	-0.4000	at bound	-M	1.0800
22	X22	0	0.6000	0	-0.4800	at bound	-M	1.0800
23	X23	0	0.7200	0	-0.3600	at bound	-M	1.0800
24	X24	0	0.7200	0	-0.3600	at bound	-M	1.0800
25	X25	0	0.6800	0	-0.4000	at bound	-M	1.0800
26	X26	1.0000	1.0800	1.0800	0	basic	-M	M
27	X27	1.0000	1.4400	1.4400	0	basic	1.0400	1.6800
	Objective Function		(Max.) =	15.1500				

	Constraint	Left Hand Side	Direction	Right Hand Side	Slack or Surplus	Shadow Price	Allowable Min. RHS	Allowable Max. RHS
1	C1	8.0000	>=	8.0000	0	0.1200	8.0000	8.0000
2	C2	5.0000	>=	5.0000	0	0.4700	5.0000	5.0000
3	C3	5.0000	>=	5.0000	0	0	5.0000	M
4	C4	0	>=	0	0	-0.1200	0	0
5	C5	0	<=	1.0000	1.0000	0	0	M
6	C6	0	>=	0	0	-0.3500	0	0
7	C7	1.0000	>=	0	1.0000	-M	0	1.0000
8	C8	1.0000	>=	0	1.0000	-M	0	1.0000
9	C9	0	>=	0	0	-0.3600	0	0
10	C10	0	>=	0	0	0.5900	0	0
11	C11	12.0000	=	12.0000	0	1.0800	10.0000	12.0000

图 9—11　工商管理类学生最优选课方案求解结果图

4. 评价与改进

由于管理学院 2＋4＋X 人才试点班无法"沿着前人的足迹前进",使得本文研究和建模过程中存在一定的不足,具体包括:(1)抽样调查的样本数量太少,影响求解结果精度;(2)课程分类和约束条件的制定含有较大的主观因素。第一点不足正是由于试点班开班只有两届,总体数目不足是客观事实,因此难以避免。下面对第二点给出改进方案。

约束条件中"至少修 8 门管理类的课程,5 门经济类的课程,5 门工程类的课程",这些数字的制定含有较大主观因素,可以通过对其灵敏度分析来讨论其对于最终结果的影响。由于此整数规划不能从求解结果表格中直接读出其灵敏度,因此可以通过改变这些数值来分析其灵敏度。例如约束条件变为:大三学年至少选 8 门管理类、5 门经济类、6 门工程类的课。则由相同的方法求得最少选课数结果如表 9—49 所示。

	Decision Variable	Solution Value	Unit Cost or Profit c(j)	Total Contribution	Reduced Cost	Basis Status
1	X1	1.0000	1.2000	1.2000	0	basic
2	X2	1.0000	1.0930	1.0930	1.0930	at bound
3	X3	1.0000	1.1730	1.1730	0	basic
4	X4	0	1.1470	0	-0.2995	at bound
5	X5	0	0.8800	0	-0.2670	at bound
6	X6	0	0.9870	0	-0.1600	at bound
7	X7	0	1.1200	0	-0.0270	at bound
8	X8	0	1.3600	0	-0.0865	at bound
9	X9	0	1.0400	0	-0.1070	at bound
10	X10	1.0000	1.1470	1.1470	0	basic
11	X11	0	1.3070	0	-0.1395	at bound
12	X12	1.0000	1.2270	1.2270	0	basic
13	X13	0	1.2800	0	-0.1665	at bound
14	X14	1.0000	1.0670	1.0670	0	basic
15	X15	0	0.9600	0	-0.5070	at bound
16	X16	0	0.9600	0	-0.5070	at bound
17	X17	1.0000	1.4670	1.4670	0	basic
18	X18	1.0000	1.9200	1.9200	0	basic
19	X19	1.0000	1.0130	1.0130	0	basic
20	X20	1.0000	1.1730	1.1730	0	basic
21	X21	0	0.9070	0	-0.5395	at bound
22	X22	0	1.0130	0	-0.4335	at bound
23	X23	0	0.9870	0	-0.4595	at bound
24	X24	0	1.1200	0	-0.3265	at bound
25	X25	0	1.0400	0	-0.4065	at bound
26	X26	1.0000	1.3330	1.3330	0	basic
27	X27	1.0000	1.7200	1.7200	0	basic
	Objective	Function	(Max.) =	15.5330		

	Constraint	Left Hand Side	Direction	Right Hand Side	Slack or Surplus	Shadow Price
1	C1	8.0000	>=	8.0000	0	0
2	C2	5.0000	>=	5.0000	0	0.3200
3	C3	5.0000	>=	5.0000	0	0.2995
4	C4	1.0000	>=	0	1.0000	0
5	C5	0	<=	1.0000	1.0000	0
6	C6	0	>=	0	0	-0.4540
7	C7	1.0000	>=	0	1.0000	0
8	C8	1.0000	>=	0	1.0000	0
9	C9	0	>=	0	0	-0.2735
10	C10	0	>=	0	0	0.4335
11	C11	12.0000	=	12.0000	0	1.1470

图 9—12　工业工程类学生最优选课方案求解结果图

表 9—49　　　　　　　　各专业学生最优选课策略汇总表

课程序号	课程名称	学生最优选课策略	工商类学生最优选课策略	教务处工商类学生实际排课	工业工程类最优选课策略	教务处实际排课（工业工程）
1	企业战略管理	企业战略管理	企业战略管理	企业战略管理	企业战略管理	企业战略管理
2	人力资源管理	人力资源管理	人力资源管理	人力资源管理	人力资源管理	人力资源管理

续前表

课程序号	课程名称	学生最优选课策略	工商类学生最优选课策略	教务处工商类学生实际排课	工业工程类最优选课策略	教务处实际排课（工业工程）
3	生产与运作管理（I）	生产与运作管理（I）	生产与运作管理（I）	生产与运作管理（I）	生产与运作管理（I）	生产与运作管理（I）
4	质量管理	质量管理	质量管理	质量管理	质量管理	质量管理
5	创业管理	创业管理	创业管理	创业管理	创业管理	创业管理
6	营销渠道管理	营销渠道管理	**营销渠道管理**	**营销渠道管理**	营销渠道管理	营销渠道管理
7	管理沟通	管理沟通	管理沟通	管理沟通	管理沟通	管理沟通
8	现代物流与供应链管理	现代物流与供应链管理	现代物流与供应链管理	现代物流与供应链管理	现代物流与供应链管理	现代物流与供应链管理
9	国际企业管理	国际企业管理	国际企业管理	国际企业管理	国际企业管理	国际企业管理
10	薪酬与绩效管理	**薪酬与绩效管理**	薪酬与绩效管理	薪酬与绩效管理	**薪酬与绩效管理**	薪酬与绩效管理
11	供应链管理	供应链管理	供应链管理	供应链管理	供应链管理	供应链管理
12	服务运营管理	服务运营管理	服务运营管理	服务运营管理	服务运营管理	服务运营管理
13	工程项目管理	工程项目管理	工程项目管理	工程项目管理	工程项目管理	工程项目管理
14	公司理财	**公司理财**	**公司理财**	**公司理财**	**公司理财**	公司理财
15	管理会计	管理会计	管理会计	管理会计	管理会计	管理会计
16	计量经济学	计量经济学	计量经济学	计量经济学	计量经济学	计量经济学
17	宏观经济学	**宏观经济学**	**宏观经济学**	宏观经济学	**宏观经济学**	**宏观经济学**
18	运筹学（I）	**运筹学（I）**	**运筹学（I）**	**运筹学（I）**	运筹学（I）	运筹学（I）
19	会计学	**会计学**	**会计学**	会计学	**会计学**	会计学
20	工业工程基础	工业工程基础	**工业工程基础**	**工业工程基础**	**工业工程基础**	**工业工程基础**
21	人因工程	人因工程	人因工程	人因工程	人因工程	人因工程
22	先进制造技术	先进制造技术	先进制造技术	先进制造技术	先进制造技术	先进制造技术
23	现代产品开发与设计	现代产品开发与设计	现代产品开发与设计	现代产品开发与设计	现代产品开发与设计	现代产品开发与设计
24	生产系统建模	生产系统建模	生产系统建模	生产系统建模	生产系统建模	生产系统建模
25	工业设计思想基础	工业设计思想基础	工业设计思想基础	工业设计思想基础	工业设计思想基础	工业设计思想基础
26	应用统计分析	**应用统计分析**	应用统计分析	应用统计分析	应用统计分析	应用统计分析
27	系统工程（I）	**系统工程（I）**	**系统工程（I）**	**系统工程（I）**	**系统工程（I）**	**系统工程（I）**

从图 9—13 可以看出，此时最少的选课数变为 13，再以相同的方法可得最终的最优选课方案。

	Decision Variable	Solution Value	Unit Cost or Profit c(j)	Total Contribution	Reduced Cost	Basis Status	Allowable Min. c(j)	Allowable Max. c(j)
1	X1	1.0000	1.0000	1.0000	0	basic	-M	1.0000
2	X2	1.0000	1.0000	1.0000	0	basic	-M	1.0000
3	X3	1.0000	1.0000	1.0000	0	basic	-M	2.0000
4	X4	1.0000	1.0000	1.0000	0	basic	-M	1.0000
5	X5	1.0000	1.0000	1.0000	0	basic	-M	1.0000
6	X6	1.0000	1.0000	1.0000	0	basic	1.0000	1.0000
7	X7	0	1.0000	0	0	at bound	1.0000	M
8	X8	1.0000	1.0000	1.0000	0	basic	-M	1.0000
9	X9	0	1.0000	0	0	at bound	1.0000	M
10	X10	0	1.0000	0	0	at bound	1.0000	M
11	X11	0	1.0000	0	0	at bound	1.0000	M
12	X12	0	1.0000	0	0	at bound	1.0000	M
13	X13	1.0000	1.0000	1.0000	0	basic	1.0000	1.0000
14	X14	1.0000	1.0000	1.0000	0	basic	-M	2.0000
15	X15	1.0000	1.0000	1.0000	0	basic	0.5000	1.0000
16	X16	0	1.0000	0	0	at bound	1.0000	M
17	X17	0	1.0000	0	0	at bound	1.0000	M
18	X18	1.0000	1.0000	1.0000	0	basic	-M	5.0000
19	X19	1.0000	1.0000	1.0000	0	basic	1.0000	2.0000
20	X20	0	1.0000	0	0	at bound	1.0000	M
21	X21	0	1.0000	0	0	at bound	1.0000	M
22	X22	0	1.0000	0	0	at bound	1.0000	M
23	X23	0	1.0000	0	0	at bound	1.0000	M
24	X24	0	1.0000	0	0	at bound	1.0000	M
25	X25	0	1.0000	0	0	at bound	1.0000	M
26	X26	1.0000	1.0000	1.0000	0	basic	-M	3.0000
27	X27	0	1.0000	0	0	at bound	1.0000	M
	Objective	Function	(Min.) =	13.0000				

	Constraint	Left Hand Side	Direction	Right Hand Side	Slack or Surplus	Shadow Price	Allowable Min. RHS	Allowable Max. RHS
1	C1	8.0000	>=	8.0000	0	1.0000	7.0000	8.0000
2	C2	5.0000	>=	5.0000	0	1.0000	4.0000	5.0000
3	C3	6.0000	>=	6.0000	0	1.0000	5.0000	6.0000
4	C4	0	>=	0	1.0000	0	-M	1.0000
5	C5	1.0000	<=	1.0000	0	0	1.0000	1.0000
6	C6	0	>=	0	0	0	0	0
7	C7	0	>=	0	0	0	-M	0
8	C8	0	>=	0	0	0	-M	0
9	C9	0	>=	0	0	0	-M	0
10	C10	0	>=	0	0	2.0000	0	0

图 9—13　最少选课数求解结果

5. 结论与建议

通过学生对于各门课程的重要程度的理解，本文制定出了不同专业学生最优选课方案。经过比较和分析之后，得出以下结论及建议：

（1）工商管理类学生和工业工程类学生的选课偏好略有不同，但总体来说差别不大，这是由于学生刚刚进入管理学院，需要掌握的主要是管理的基础知识。

（2）本文制定的学生最优选课策略与教务处实际排课情况较为吻合，反映了这样的事实，即教务处安排的课大都是符合学生兴趣爱好的，且少数与该选课方案中不同的课程（如"管理沟通"）具有可替代性，总体来说学院排课较为科学，与学生对课程的重要程度评价相符。

（3）研究过程中发现本文主要采用的资料——"2＋4＋X本科课程体系"中并未包含许多大三上学期的课程，而这些课程往往很重要（如"组织行为学"、"市场营销"等）。建议"2＋4＋X本科课程体系"给出更为准确的学生选课表，便于学生全面掌握所学课程。

§9.4　实践背景素材

本节为希望将运筹学理论与方法运用于实践，但一时又收集不到合适资料的读者提供一些可供选择的实践背景，从而可以立即着手进行实践演练，为进一步深入实际解决具体问题打好基础。

素材 1　固光牌马赛克的生产优化

玻璃马赛克是一种用于建筑物室内外表面装饰的材料，也可以用于镶嵌和铺贴大型壁画。它以石英砂为主要原料，并引入多种化合物作为助溶剂、着色剂，经熔融后机压成型。

固光牌马赛克由中国科学院成都光电技术研究所研制、某地区拖拉机配件厂玻璃马赛克分厂生产。经试生产、小批量接单生产之后已进入稳定生产阶段。每年的第 4 季度是建筑施工的淡季和该厂生产的旺季，与来年的第 1 季度正好相反。分厂希望有一个好的开端，科学地制定计划和组织生产，进一步推动管理的科学化和现代化。

该厂现有职工 95 名，其中生产工人 84 名。主要设备是 2 台熔烧炉和 2 台压机，每台熔烧炉有 8 口最大容量为 100 公斤的锅，需要 2 人看管一口锅。24 小时连续生产，节假日不停炉、不停机。原料入锅到成品出机平均需要 10 小时，成品率（成品重量/原料重量）约为 60%。另外，总厂为该分厂配备有 1 辆 4 吨解放牌卡车用于原材料运输。

目前产品根据颜色不同可分为 7 类，所用原料 21 种，有关配方和价格见表 9—50。

表 9—50　　　　　　　　　　　产品配方及有关价格

产品\原料	WH-2 配比(%)	SB 配比(%)	GR 配比(%)	MY-1 配比(%)	BR 配比(%)	GY-1 配比(%)	OR 配比(%)	原料价格(元/公斤)
A	47.10	44.40	47.00	47.10	44.40	46.43	47.70	5.71
B	19.20	21.70	20.30	19.70	19.20	18.40	19.90	0.15
C	9.40	5.54	4.50	1.70	5.60	7.70	2.40	0.215
D	5.50	18.70	20.70	1.90	19.70	18.00	1.90	0.80
E	4.00	7.00	6.56	6.10	6.28	7.40	5.78	0.165
F		0.22	0.60	8.22		1.90	13.90	4.5
G							0.30	136.80
H	11.20							1.45
I	0.70							0.45
J				5.80			6.00	1.50
K				2.50			1.84	52.49
L				0.28			0.28	1.20

续前表

产品	WH-2	SB	GR	MY-1	BR	GY-1	OR	原料价格 （元/公斤）
M					1.10			3.25
N					3.30			1.45
O					0.39			1.80
P			0.10					11.4
Q						0.17		35.84
R	2.90			6.70				3.03
S			0.24					0.20
T		2.44						2.48
U						0.03		3.75
配比 合计	100%	100%	100%	100%	100%	100%	100%	
产品价格 （元/m²）	7.5	8.95	8.30	31.80	9.8	7.90	26.70	
产品耗料 （元/m²）	3.91	2.92	2.72	24.38	3.29	3.72	25.02	据每平方米产品 合6.375公斤折算

以上21种原料中只有A，B，D，I当地可以解决，其余17种原料均需从外地购入，原料C每月只能供应1车（4 000公斤）。在过去的3个月中，6月份订货量较大，具体数据由表9—51给出。

表9—51　　　　　　　　　　　　6月份产品定货量

产品品种	WH-2	SB	GR	MY-1	BR	GY-1	OR
定货量 m²	1500	<50	800	500	100	200	<100

随着生产的稳定发展和产品宣传的进行，预计第4季度的产量和来年第一季度的订货量将有较大幅度增长。另外，用户比较喜爱浅色产品，当地少数民族群众对WH-2，GR两种颜色有特殊偏好。壁画作为该厂的再加工产品，对各种颜色的马赛克均有一定量的需求。原料G是由临近某省一城市供应，因需要量少，因而供应数量不确定，在安排生产计划时，可暂不考虑。

现有的84名生产工人三班倒，每班平均28人，实际上每班最多只有14口锅投入生产，最大产出量为14×100×60%kg。每月按30天计算，可利用总工时是24×30小时。

根据订货情况和市场调查预测WH-2和GR两类产品的产量至少应占总产量的60%～70%；SB类产品的产量最好不要超过总产量的5%；三类浅色产品中，应以WH-2为主，其产量最好不低于其余两类（GR，MY-1）产量之和。

根据以上资料，请对该厂的产品结构和生产计划进行优化分析，并提出相应的建议。

素材2　提高钢板的利用率

某运输公司汽车修配厂是一家承担汽车修理业务的专业厂家，规模大、修配业务繁重，原料消耗特别是钢板耗用量极大，仅冲压保持架一种零件，每年就要耗用优质钢板近 3 000t。然而，材料利用率却很低，据历年统计资料计算，钢板平均利用率仅为 24％，有些规格的利用率还不到 10％，而裁减余下的钢板往往当作废料低价处理掉，不仅造成巨大浪费，而且对企业本身也形成很大负担，因此很有必要研究最大限度地提高材料利用率，特别是合理利用优质钢板的问题。

钢板下料之前，首先要进行排料，即在一定规格的钢板上安排一种规格的零件毛坯，一般采用直排、对排、交叉排、双排、斜排 5 种方式，无论采用哪一种排料方式，均有数量不等的余料。直排和斜排是最常用的两种方式，其中直排对下料操作最为方便，而斜排的材料利用率较高，但下料、落料都不方便，废品率相对也高。为了提高材料的利用率，应采用综合排料的方式，即在 1 块钢板上试验排放 2 种或 2 种以上规格的零件毛坯，同时适当考虑工艺操作的可能性。经业务领导、工程师和操作工人共同讨论，确定了以下几条原则：

（1）对要求钢板厚度相同的零件才考虑综合下料；

（2）对基本无余料或余料极少的零件不考虑综合下料；

（3）计划期内所需数量很少的零件不考虑综合下料；

（4）钢板厚度达到或超过 4mm 或钢板长度大于或等于 2 500mm 时，考虑到劳动强度过大，暂不考虑综合下料；

（5）为了方便操作，目前 1 块钢板最多只排 2 种规格的零件。

根据以上原则进行筛选，首先对 8 244K 和 2 320K 两种规格在 2 000×1 000×2 的钢板上设计排料方案。

若采用直排方式，可以沿 2 000mm 的方向在钢板上剪料 5 条（剪料宽度为 $b=335mm$）即得 8 244K 规格坯料，每条坯料又可冲压得 3 件毛坯，总共可得 15 件毛坯（见图 9—14）；若采用两种规格搭配排料的方式，可以在钢板上沿 2 000mm 的方向以剪料宽度 $b=335mm$ 剪 5 条，同时以宽度 $b=236mm$ 剪 1 条（2 320K 规格坯料，而 1 条 2 320K 规格坯料可冲压得 4 件毛坯，这样共可得 8 244K 毛坯 3×5＝15 件，2 320K 毛坯 4×1＝4 件）（见图 9—15）。

考虑直排方式且 2 种规格搭配排料，列出可能的排料方式；然后根据月生产计划的要求，8 244K 规格毛坯至少需要 300 件，2 320K 规格毛坯至少需要 2 700件，研究如何下料，使在完成计划要求的前提下，所耗用的钢板数最少或剩下的余料料头最少。

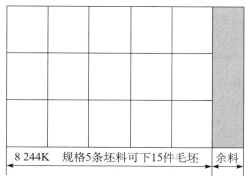

图 9—14 单一下料示意图

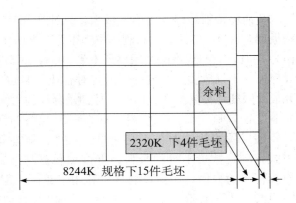

图 9—15　综合下料示意图

素材 3　某公司的最优产销计划

某公司有甲、乙两个工厂，生产 A，B 两种产品，两种产品均销往南北两个地区，有关的资料如表 9—52、表 9—53 所示。

表 9—52　　　　　　　　　　　　市场情况

参数 \ 市场		南方市场		北方市场	
		产品 A	产品 B	产品 A	产品 B
最大销量（件）		900	12 000	7 500	6 000
单价（元/件）		12	17	13	18
销售费用（元/件）		4	5	3	4
运输费用	工厂甲	1	1	2	2
（元/件）	工厂乙	2	2	1	2

表 9—53　　　　　　　　　　　　生产情况

参数 \ 市场		工厂甲		工厂乙	
		产品 A	产品 B	产品 A	产品 B
生产成本（元/件）		5	6	4	5
加工工时	制造	1.5	2	1	2
（小时/件）	装配	3	2	2.5	1.5
工时定额	制造	12 000	16 000	8 000	22 000
（小时）	装配	30 000		40 000	

公司不仅想要制定一个利润最大的生产和销售计划，而且想要知道：

（1）如果要增加利润，应该首先扩大销售量还是增加工时定额？

（2）如果要扩大销售量，应该首选南方市场还是北方市场？

（3）扩大产品销量应该首选 A 产品还是 B 产品？

（4）如果要增加工时定额，应该首先增加哪个工厂哪个车间的工时定额？

（提示：设置产品 A 在甲厂生产南方销售、北方销售的数量，乙厂生产南方销售、北方销售的数量；产品 B 在甲厂生产南方销售、北方销售的数量，乙厂生产南方销售、北方销售的数量等 8 个决策变量建立利润最大化的 LP 模型，求解该线性规划，并求出对偶问题的最优解即影子价格。）

素材 4　某航空公司的运输问题

　　某航空公司是国家骨干航空公司，拥有大中型民用客机 30 多架，客座能力 5 000 余个，货运舱位 100 余吨，担负着国内数十条空中航线及几条国际航线的飞行运输任务。可以这样认为：航空公司的产品就是航班运输，产品种类可以根据不同航线或机型划分，产量就是运送的旅客数或货物重量，质量则是安全、正点和优质服务。目前公司有 6 种机型，按此可划分为 6 个飞行部门，其中 A 部门拥有 A 型民航客机 10 架，所承担的航线均为独家经营，暂无竞争对手。旅客需求量、航线票价、单架飞机容量、日运输能力、飞行的固定成本、单位旅客飞行成本、每个客座的闲置损失（单位储备成本）等数据均可通过统计计算或预测得知。

　　航班是由去程和回程组成，欲使总费用损失最低，只需考察单程运输即可，这里只考虑旅客运输，至于货物运输可作类似的讨论。

　　航线需求量预测是根据过去的统计资料结合计划期可能的变化得出的，一般采用各航线综合除以 2，即单程平均需求总量较为准确。一周内需求量的分布特点是：周 1 至周 4 较小，周 5 至周日较大，特别是周日经常供不应求。飞行储备容量等于飞机全部客座数量，飞行能力则主要取决于飞机的完好程度。若一架飞机维护得好，一天之内能够往返 2 次以上，则飞行能力可达到储备容量的 2 倍以上。每天不论运送多少客人，都要发生固定成本（飞行准备费）。在需求不足的情况下过剩运力体现在生产储备量上，客座闲置造成损失，但不存在产品存储费用；前一日的期末储备量就是后一日的期初储备量，可用来在后一日加班飞行。已知的数据信息如表 9—54 所示。

表 9—54　　　　　　　　　　航空公司数据信息表

	周一	周二	周三	周四	周五	周六	周日
单程平均需求量（人）	2 000	1 500	1 000	1 800	2 500	3 000	3 500
每架飞机容量：200 人；飞行储备容量：2 000 人；日飞行能力：3 000 人							
周初有运力储备量 2 500 人，周末旺销无储备							
固定成本：50 000 元；单位生产成本：5 元/人；票价：1 000 元/人							

　　试为 A 部门安排每周的运输计划，使总运输费用最省。同时展开进一步讨论，比如需求量增加或票价变动对飞行成本有无影响？购买一架新飞机投入运营使储备容量增加对飞行计划有无影响？通过增加飞行员人数和加强飞机维护提高日飞行能力对飞行计划有无影响？如何调整计划以改变每周前松后紧的状况？等等。

素材5 电网的输送能力

某电力公司有 3 个发电站 A，B，C，负责 5 个城市的供电任务，其输电网络如图 9—16 所示。城市 5 由于经济的发展要求供电 65MW，三个发电站在满足城市 1，2，3，4 用电需要量后分别剩余 15MW、10MW 和 40MW，其总和恰好等于 65MW，剩余输电能力标在图中相应节点 A，B，C 上，箭线边上的数据为相应线路的最大输电容量。试研究输电网络的输电能力是否恰能满足城市 5 的用电需要？如果能满足，请通过建模计算说明，如不能满足，则通过建模计算说明需要增建哪些输电线路。

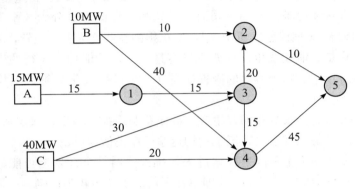

图 9—16 输电网络图

素材6 银行储蓄所的排队问题

银行储蓄所实行单人临柜制度是提高存取速度和工作效率、争取储户、提高竞争能力的有效途径。现行的储蓄所只设一个服务台，业务流程一般由 4 道工序组成：接单—做账—复核—退单，因此至少要配备 3 名工作人员。相对于这样的服务方式而出现的单人临柜则是将以上 4 道工序全部由 1 名工作人员在监控系统下完成，这种新的服务方式不仅是工作形式的改变，而且可以从服务工具（电算化）、服务场地（单人工作间）、人员素质、工作效率等几个方面重塑银行形象，使银行整体跃上一个新台阶。

某专业支行现在就面临这样一个问题：在考虑现有场地条件、日平均业务量、可提供的工作人员数量、单位投资对提高工作效率的边际贡献等前提下，究竟设置多少个单人临柜服务台最好？

已有的信息资料如下：现有场地最多可设置 6 个单人临柜；支行可提供的工作人员最多 6 名；每天的期望业务量为 600 万元，根据测算，每人每天可完成工作量是 200 万元。

根据总行的规定，单笔存取款业务办理时间限制为 3 分钟，顾客到达的情况具体选取了顾客到达比较集中有代表性的时间段作了 15 天的调查统计，频数如表 9—55 所示。

表 9—55 顾客到达频数表

到达顾客数	21	24	33	38	42	45	48	49	52	53	61	合计
出现天数	1	1	2	1	2	2	1	1	2	1	1	15（天）

根据储蓄所工作的特点结合顾客等待服务的期望值给出了排队系统指标的标准参考值为：系统空闲的概率 $p_0=0.4$；队长 $L_s=2$；顾客逗留时间 $W_s=3$。

每增加一个单人临柜工作间需追加投资 10 万元（其中工作间改造、监控系统主机配置 7 万元，人员培训 3 万元）。

请根据上述资料，通过建模计算，对单人临柜的设置数给出一个建议。

（提示：建立适当的排队模型，提出可能设置的服务台数，对特征指标进行比较。可以考虑设计一个综合指标，结合投资额进行评价判断。）

本章小结

案例分析的讨论过程告诉我们，将运筹学应用于实践的过程是一个综合能力的训练过程，除了需要运筹学本身的知识外还需要一定的统计、计算机应用等技能准备，而数据收集及数据处理、实地调研是必不可少的环节。

首先要了解问题的背景，包括概况、问题的提出、相应的工作流程或生产工艺过程、决策的要求。然后调查收集数据资料，并进行资料整理和数据处理，必要时还要进行现场统计、测算以获取必不可少的重要数据。根据掌握的信息和决策要求，界定问题并判断是否可以选择适当的运筹学模型来处理。有时也可能同时运用几种模型或要结合其他的数学模型共同考虑才能解决问题。需要特别强调的是：求解计算之后的结果分析是非常重要的环节，包括对结果的解释、灵敏度分析、判断与实际情况的吻合程度、是否可操作等过程，这往往决定了是否能实际应用或需要修改模型作进一步研究，必须高度重视。

读者可以留心观察周围的环境和事物，提炼出运筹学实践的背景，也可以根据自己的经验和设想修改、增删案例及背景素材中的情景、条件、要求和数据，进行对比建模求解和比较分析，一定会引出许多有趣和值得讨论的新问题。

参考文献

[1] 徐渝，贾涛．运筹学上册．北京：清华大学出版社，2005.

[2] 徐渝．运筹学·第二版．西安：陕西人民出版社，2007.

[3] 杨民助．运筹学．西安：西安交通大学出版社，2000.

[4] 李宗元．运筹学 ABC——成就、信念与能力．北京：经济管理出版社，2000.

[5] 胡运权．运筹学习题集·第三版．北京：清华大学出版社，2002.

[6] 胡运权，郭耀煌．运筹学教程·第二版．北京：清华大学出版社，2003.

[7] 弗雷德里克·S·希利尔，马克·S·希利尔，杰拉尔德·S·利伯曼．数据、模型与决策：运用 Excel 电子表格建模与案例研究．北京：中国财政经济出版社，2001.

[8] 弗雷德里克·S·希利尔，马克·S·希利尔，杰拉尔德·S·利伯曼．数据、模型与决策：运用 Excel 电子表格建模与案例研究·第二版．北京：中国财政经济出版社，2004.

[9] 叶其孝，沈永欢．实用数学手册·第 2 版．北京：科学出版社，2005.

图书在版编目（CIP）数据

运筹学/徐渝等编著 . —北京：中国人民大学出版社，2013.8
教育部经济管理类核心课程教材
ISBN 978-7-300-17682-6

Ⅰ.①运… Ⅱ.①徐… Ⅲ.①运筹学-高等学校-教材 Ⅳ.①O22

中国版本图书馆 CIP 数据核字（2013）第 211219 号

教育部经济管理类核心课程教材
运筹学
徐　渝　李鹏翔　郑斐峰　编著
Yunchouxue

出版发行	中国人民大学出版社				
社　　址	北京中关村大街 31 号		**邮政编码**	100080	
电　　话	010 - 62511242（总编室）		010 - 62511770（质管部）		
	010 - 82501766（邮购部）		010 - 62514148（门市部）		
	010 - 62515195（发行公司）		010 - 62515275（盗版举报）		
网　　址	http://www.crup.com.cn				
经　　销	新华书店				
印　　刷	天津鑫丰华印务有限公司				
规　　格	185 mm×260 mm　16 开本		**版　　次**	2013 年 9 月第 1 版	
印　　张	18.25 插页 1		**印　　次**	2022 年 1 月第 3 次印刷	
字　　数	390 000		**定　　价**	36.00 元	

教师教学服务说明

中国人民大学出版社财会出版分社以出版经典、高品质的会计、财务管理、审计等领域各层次教材为宗旨。

为了更好地为一线教师服务，近年来财会出版分社着力建设了一批数字化、立体化的网络教学资源。教师可以通过以下方式获得免费下载教学资源的权限：

在中国人民大学出版社网站 www.crup.com.cn 进行注册，注册后进入"会员中心"，在左侧点击"我的教师认证"，填写相关信息，提交后等待审核。我们将在一个工作日内为您开通相关资源的下载权限。

如您急需教学资源或需要其他帮助，请在工作时间与我们联络：

中国人民大学出版社　财会出版分社

联系电话：010-62515987，62511076

电子邮箱：ckcbfs@crup.com.cn

通讯地址：北京市海淀区中关村大街甲 59 号文化大厦 1501 室（100872）